环境影响经济分析

贾锐鱼　主编

化学工业出版社

·北　京·

本书着重从定量的角度探讨如何对环境问题进行经济分析，对经济、环境问题进行综合考虑，从而把环境因素纳入经济决策的过程中。全书共分为9章，主要内容包括环境影响经济分析概念、环境影响经济分析程序、环境影响经济衡量、环境影响各种价值评估方法及方法的局限性、案例研究。本书提供的9个完整的典型案例，为价值评估理论的具体应用提供示范，可以根据这些实例再结合具体条件进行移植和运用。

本书可作为高校环境类、管理类、经济类专业研究生教学用书，也可作为环境经济研究人员、公共政策分析人员、经济管理人员、建设项目环境影响经济价值评价人员参考用书。

图书在版编目(CIP)数据

环境影响经济分析/贾锐鱼主编. —北京：化学工业出版社，2018.8
ISBN 978-7-122-32280-7

Ⅰ.①环… Ⅱ.①贾… Ⅲ.①环境影响-经济分析
Ⅳ.①X196

中国版本图书馆CIP数据核字（2018）第112802号

责任编辑：满悦芝　　文字编辑：李　曦
责任校对：王　静　　装帧设计：张　辉

出版发行：化学工业出版社（北京市东城区青年湖南街13号　邮政编码100011）
印　　装：三河市双峰印刷装订有限公司
787mm×1092mm　1/16　印张 $11\frac{3}{4}$　字数286千字　　2018年10月北京第1版第1次印刷

购书咨询：010-64518888（传真：010-64519686）　售后服务：010-64518899
网　　址：http://www.cip.com.cn
凡购买本书，如有缺损质量问题，本社销售中心负责调换。

定　　价：49.80元

前言

环境影响经济分析是连接经济系统与环境系统的桥梁，它是环境经济学的一个重要组成部分。20 世纪 80 年代以来，受现实需要的推动，国内外有关环境影响经济分析的研究广泛地开展起来，特别是我国高等院校环境专业的研究生越来越多的开设环境影响经济分析相关课程，为了满足研究生教学的需要，我们编写了本教材。

笔者在西安科技大学任教期间，一直在讲授“环境影响的经济分析”课程，本书是笔者十几年长期学习和研究的结晶。本书分九章，包括环境影响经济分析的概念、环境影响经济分析程序、环境影响经济衡量、直接市场评价法、替代市场评价法、权变评价法、成果参照法、环境影响经济度量方法的局限性及 9 个相当完整的案例研究。

本书吸收了西方环境经济学的精华，特别重视取材的科学性和广泛性，尽量吸纳大量国内外同类教学用书的优秀成果，准确运用经济学基本知识，紧密结合环境学和中国国情，形成框架完整、知识综合、系统的、具有国际化视野的教学用书。

书中第二、第三、第六、第八章由西安科技大学赵晓光编写，其他部分由贾锐鱼编写并统稿。在本书编写过程中得到了石辉、母敏霞、张民仙、王铮、党小虎、聂文杰、宋世杰、刘永娟、邓月华等同行、同事的支持与帮助，感谢研究生所芳、孟文文、乔靖华、杨索、林友红、李楠、朱万勇、仝婕、刘琦、刘瑞凡、郭丹丹等的帮助和辛勤付出。在此向他们表示衷心的感谢。

由于环境影响经济分析是一个新的领域，限于时间和笔者学术水平，书中难免存在不足之处，恳请读者批评指正。

编者

2018 年 8 月

目录

第一章 绪 论

随着全球公众环境意识的提高，人们越来越多的认识到，无论是对社会福利和生态系统福利，还是对于经济的可持续发展，环境问题都是最根本的。本书的重点在于对环境和资源的影响进行经济分析。

第一节 环境影响经济分析的概念

一、环境影响的概念及其分类

根据 ISO 14001 标准的定义，环境影响是指“全部或部分组织的活动、产品或服务给环境造成的任何有益或有害的变化”。原国家环境保护总局监督管理司编的《中国环境影响评价培训教材》一书中，环境影响的定义是指“人类活动（经济活动和社会活动）对环境的作用和导致的环境变化以及由此引起的对人类社会和经济的效应”。而根据亚洲开发银行编写的《环境影响的经济评价——工作手册》的定义，环境影响是指“一个受体暴露给影响因子的变化后，预期的好的或坏的化学或生物物理后果，而且影响的变化通常可以通过剂量-反应关系量化”。

由此可以看出，所谓环境影响，就是人类活动给环境造成的任何有益的或有害的变化，而且这种变化通常可以通过剂量-反应关系进行量化。按照不同的角度，我们可以对环境影响进行相应的分类。

（1）按照影响的来源可以分为直接影响、间接影响和累积影响。直接影响与人类活动在时间上同时，在空间上同地；而间接影响在时间上推迟，在空间上较远，但是其在可合理预见的范围内。直接影响一般比较容易分析和测定，而间接影响就不太容易。累积影响是指一项活动的过去、现在及可以预见的将来的影响具有累积性质，或多项活动对同一地区可能叠加的影响。当建设项目的环境影响在时间上过于频繁或在空间上过于密集，以至于各项目的影响得不到及时清除时，都会产生累积影响。

（2）按照影响的效果可以分为有利影响和不利影响。这是一种从受影响对象的损益角度进行划分的方法。有利影响是指对人群健康、社会经济发展或其他环境状况和功能有积极的促进作用的影响；反之，对人群健康有害，或对社会经济发展或其他环境状况有消极阻碍或破坏作用的影响，则为不利影响。需要注意的是，不利与有利是相对的，是可以互相转化的，而且不同的个人、团体、组织等由于价值观念、利益需要等的不同，对同一环境的评价会不尽相同。环境影响的有利和不利的确定，要综合考虑多方面的因素。

（3）按照影响的性质可以划分为可恢复的影响和不可恢复的影响。可恢复的影响是指人类活动造成的环境某特性改变或某价值丧失后可能恢复的影响，如油轮泄油事件，造成大面积海域污染，但经过一段时间后，在人为努力和环境自净作用下，又可恢复到污染以前的状态，这是可恢复的影响。而开发建设活动使某自然风景区改变为工业区，造成其观赏价值或舒适性价值的完全丧失，是不可恢复的影响。一般认为，在环境承载力范围内对环境造成的影响是可恢复的，超出了环境承载力范围，则为不可恢复的影响。

另外，环境影响还可以分为短期影响和长期影响，地方、区域影响或国家和全球影响，建设阶段影响和运行阶段影响等。

二、环境影响经济分析的内涵及其基本要素

环境影响评价也称“环境评价”或“环评”。2016 年 9 月 1 日起施行的《中华人民共和国环境影响评价法》中，所谓环境影响评价，是指对规划和建设项目实施后可能造成的环境影响进行分析、预测和评估，提出预防或者减轻不良环境影响的对策和措施，进行跟踪监测的方法与制度。

环境影响评价是一种过程，这种过程重点在决策和开发建设活动开始前，体现出环境影响评价的预防功能。决策后或开发建设活动开始，通过实施环境监测计划和持续性研究，环境影响评价还在延续，不断验证其评价结论，并反馈给决策者和开发者，进一步修改和完善其决策和开发建设活动。环境影响评价是一个循环的和补充的过程。

在实际生活中，评价与评估、评定、计量、度量等词常常混淆使用，它们往往被认为都是同义词，以至于造成了不必要的混乱。究其原因，主要是因为西方学术界对这些术语的用法也很不规范，在英文中就有 evaluation、assessment、appraisal 和 measurement 等词。所有这些都影响着人们对评价概念的理解以及方法的准确运用。正因为如此，人们对环境影响经济评价这一概念也有多种说法，诸如“环境影响的经济分析”“环境影响经济价值的评价”“环境影响的经济损益分析”“环境影响的价值评估”“环境影响的费用-效益分析”等。很显然，这些看法都有一定的道理，它们都在一定程度上解释了环境影响的经济评价。不过，这些定义都过于概括，它们往往让人难以准确地把握环境影响经济分析的含义。

应该说，有关环境影响经济分析的含义，还没有公认的说法，其完整概念尚在探索之中。总的来讲，所谓环境影响经济分析，是指有关人员为了特定的目的，采用科学的评价方法，依据相关的标准和程序对环境影响所导致的损害和效益进行货币化计量的过程。

根据以上定义，可以看出环境影响经济分析必须包括分析评价主体、评价目的、评价标准、评价程序、评价方法和评价客体等几个要素。

(1) 环境影响经济分析工作必须由相应的评估人员操作。在市场经济条件下，环境影响经济分析人员必须具有一定的专业知识，取得相应资格后方可从事环境影响经济分析业务，没有取得相应资格的人员不得进行环境影响经济分析工作。

(2) 环境影响经济分析的目的必须十分明确，即必须清楚为什么进行环境影响经济分析。只有明确了环境影响经济分析的目的，才能采用相应科学的评估方法来进行评估。

(3) 环境影响经济分析必须执行统一的标准，这些标准主要是剂量-反应关系标准、价格标准和时间标准。剂量-反应关系标准要求所有的环境影响必须按照一定的标准进行量化；价格标准要求环境影响经济分析自始至终采用统一时点的市场价格，价格水平、汇率水平都要以特定时点的水平为标准，不能随时变化；时间标准要求环境影响经济分析应该以特定的时点为标准，环境影响经济分析只是对特定时点的环境资产状况进行评估。

(4) 环境影响经济分析必须按照法定程序进行。法定程序是由环境影响经济分析的管理机构制订的有关环境资产评估必须遵循的程序。只有遵循这样的程序，才能保证评价信息获取的客观性，从而保证环境影响经济分析的科学性和可接受性。一般来说，不同类型的环境影响具有不同的评估程序。

(5) 环境影响经济分析必须采用科学的评估方法。目前采用的主要方法是直接市场评价

法、替代市场评价法、权变评价法和成果参照法，这些方法是在理论和实践经验总结的基础上形成的，具有一定的科学性。同时，这些方法分别适应于不同的评估目的，且所适用的评估条件和评估范围也有所不同。

(6) 环境影响经济分析的结果是被评估环境影响的现时经济价值（或称即时价值）。虽然评估结果既不是被评估环境影响的过去价值，也不是将来价值，但是在评估时必须充分考虑环境影响的过去和未来状况，因为这些都是决定环境影响经济价值的重要因素。

环境影响经济分析的关键在于评价主体（评价者）如何获取有关评价客体（评价对象）的信息以及采用何种评估方法对这些信息进行处理。环境影响经济分析是对被评估环境影响的评定和估算的统一，评定意味着客观精确，而估算则意味着主观粗略。因此，环境影响经济分析的结果与环境影响的客观价值之间总是存在一定的误差，而不可能完全准确；而且对于被评估环境影响而言，客观价值总是未知的，否则，环境影响经济评价就会变得毫无意义。从这个角度来看，环境影响经济分析就是探求被评估环境影响实际价值的过程，是主观评价与客观计算的统一。环境影响经济分析是一种跨学科、跨层次的综合性工作，它既要求社会科学与自然科学的综合，又要求决策层、执行层和研究层的结合。

第二节　环境影响经济分析的研究现状

环境影响经济分析是连接经济系统与环境系统的桥梁，它是环境经济学的一个重要组成部分，甚至有人说环境影响经济分析就是狭义上的环境经济学。因此，长期以来，有关环境影响经济分析的研究一直受到人们的高度重视。

一、环境影响经济分析理论的产生和发展

环境影响经济分析实际上就是对环境影响进行费用-效益分析，因此，它的理论源于费用-效益分析。费用-效益分析的产生最早可以追溯到1667年英国经济学家威廉·配第，而现代的费用-效益分析则是由法国人杜波伊特（Jules Dupuit）提出的，他于1844年发表了题为《论公共工程项目效益的衡量》，在此文中使用了“消费者剩余”的概念，并认为一个公共项目的全社会所得总效益是一个公共项目的净生产量乘以相应市场价格所得的社会效益的下限与消费者剩余之和。这个总效益就是一个公共项目的评价标准。

但是，Jules Dupuit的“消费者剩余”思想在刚开始时并未引起人们的注意。在20世纪30～40年代，由Hicks和Kaldor等人建立起了现代的福利经济学。按照E. J. Mishan的定义，“福利经济学研究的是为了寻求一些规范作为标尺，使我们可以评比社会福利的增减及高低，以排列出可供选择的不同的社会经济情况”。

以福利经济学为基础的费用-效益分析，最先应用于美国的水利部门，使用这种方法的总目标是要评价与水利开发项目投资有关的费用和效益。1936年，美国出台了《洪水控制法》，该法要求对于任何人来说，洪水控制项目的效益都必须超过费用，只有这样，项目才是可行的。在这些强制性的法律要求下，费用-效益分析不断地完善和发展。1946年，美国联邦机构流域委员会任命了一个费用-效益小组委员会，协调联邦各部门费用-效益分析的具体工作。1950年，这个小组委员会发表了一个里程碑式的报告，题为《关于流域项目经济分析实践的建议》，这一文件曾被一代水利工程分析人员视为“绿皮书”。虽然它从未被上级委员会或相应的联邦机构完全接受，但这份报告为水资源开发的费用-效益分析研究奠定了一定的理论基础。

20世纪60年代以后，费用-效益分析进一步向其他领域扩展，比如公路运输、城市规划和环境质量管理等。将费用-效益分析拓展到环境领域具有非常重要的意义，最起码来说，它使得费用-效益分析变得更为全面了。如果费用-效益分析被宣称是计量一个项目或者政策所有的福利变化，那么根据物质平衡原理，所有的项目和政策都会涉及环境影响。因此，我们必须对环境影响进行费用-效益分析。最早把费用-效益分析原理应用于污染控制研究的是美国人Hammond（1958），他分析了水污染控制的费用与效益；而美国的未来资源研究所则为费用-效益分析的理论和方法的不断发展做出了重大贡献，使费用-效益分析得到了广泛的应用和重视。成立于1952年且位于美国首都华盛顿的未来资源研究所（RFF），是世界上最早的环境与资源经济学专业研究机构。作为环境经济学的奠基人，约翰·克鲁梯拉（John V. Krutilla）和艾伦·克尼斯（Allen V. Kneese）早期从事发展经济学研究，后来转为研究环境经济问题。克鲁梯拉侧重于公共投资的环境影响和自然资源价值的评估，其于1967年发表的《自然资源保护的再思考》为自然资源经济学的奠基之作；后来他又与费舍尔（Anthony C. Fisher）合著《自然资源经济学——商品型和舒适型资源价值研究》，被广泛应用于指导公共项目投资和政策选择。

卡特政府曾经规定所有对环境有影响的项目，在环境影响评价中都必须进行费用-效益分析。1973年，美国颁布了《水和土地资源规划原则和标准》的文件，使得费用-效益分析的重点放在了国民经济发展、环境质量、区域发展和社会福利等方面。1982年2月，美国政府发布命令要求任何重大管理行动都要执行费用-效益分析，以保证政府任何决策措施所产生的效益都要大于它所引起的费用。该命令的发布使得以前局限于小范围的费用-效益分析扩展到政府政策水平，使得费用-效益分析成了政府决策的必要程序和必需工具，这对非市场物品的价值评估产生了重大影响，这种影响尤其集中在对环境影响进行价值评估上。美国国家环保署因此制定了自己的费用-效益分析手册，并且开始大量资助环境影响经济分析的基础研究和应用研究。

自此，费用-效益分析的应用范围已经超出了对开发项目的评价范围，并扩展到对发展计划和重大政策的评价。并且，其他一些国家和国际机构也都纷纷采用了环境影响的经济分析，以此作为评价项目是否可行的一个重要依据。于是，自20世纪80年代以来，受现实需要的推动，有关环境影响经济分析的研究也就广泛地开展了起来。

1983年，美国东西方中心环境和政策研究所著名环境经济学家梅纳德·胡弗斯密特（Maynard M. Hufschmidt）和约翰·狄克逊（John Dixon）撰写了《环境、自然资源与开发——经济评价指南》《环境的经济评价方法——实例研究手册》等著作，第一次较为系统地介绍了环境影响经济评价的理论和方法，并且进行了相关的案例研究。1984年，美国未来资源研究所的克尼斯（Allen V. Kneese）等人，出版了《环境保护的费用-效益分析》一书，具体介绍了费用-效益分析，并对如何确定清洁空气和水的价值进行了研究。1993年，著名的环境经济学家A. M.弗瑞曼出版了《环境与资源的价值评估》，介绍了对环境与资源进行价值评估的经济理论基础，并对各种价值评估方法进行了系统的理论阐述，但是该书没有对各种方法的实际应用进行具体分析。1994年，约翰·狄克逊等著的《环境影响的经济分析》（J. A. Dixon），对出版于1988年的《开发项目环境影响的经济分析》进行了修订，进一步阐述了环境影响经济分析的理论和方法，并对各种评价方法的局限性进行了分析，同时添加了一些案例研究。

而且，自从20世纪90年代以来，在英国伦敦大学全球环境社会经济研究中心的大卫·皮尔斯（David W. Pearce）教授和克里·特纳（Kerry Turner）教授等的领导下，研究人员围绕可持续发展和全球性环境问题，进行了大量的环境经济问题研究，在环境价值计量及实现代际公平的途径等方面进行了重要探索，并出版了一些重要著作，其中最著名的有皮尔斯和特纳合著的《自然资源与环境经济学》(1993)、皮尔斯等编著的环境经济学丛书《绿色经济的蓝图》(已有5册译成中文)、皮尔斯和杰瑞米·沃福德（Jeremy J. Warford）合著的《世界无末日——经济学、环境和可持续发展》(1993)。

另外，一些国际组织也开始对环境影响经济分析进行研究，并且取得了丰硕的成果，但是他们的研究主要集中在实际应用上。1996年，经济合作与发展组织编著了《环境项目和政策的经济评价指南》（OECD），具体分析了环境影响经济分析方法的基本原理、优缺点、应用领域及其信息来源。与此同时，亚洲开发银行编著了《环境影响的经济评价——工作手册》(ADB，1996)，系统分析了环境影响经济评价的一般步骤，并使用它分析了各种具体开发项目，如农业项目、工业项目、电力和能源项目等。

环境影响经济分析理论的形成和发展为人类知识的发展做出了重要贡献。这主要体现在两个方面：一是扩展了环境科学的内容，使人们对于环境问题的认识增添了经济分析的视角；二是使经济科学在更为现实和客观的基础上得到发展，增强了经济学对于社会现象和人类行为的解释力，而这两者又都为人类克服环境危机的现实行动提供了极大的帮助。环境影响的经济分析虽然仅有50～60年的发展历史，却产生了非常明显的理论和实践意义。

二、环境影响经济分析的实践

虽然调整国民经济核算体系也需要对环境影响进行货币化的评价，但是真正促使环境影响经济分析方法产生和应用的则直接源于更早的项目评估以及最终的政策评估。传统上环境影响评价的一个明显的弱点就是，环境影响并未完全包含在评估过程之中，也就是说在项目评估中只是简单地对环境影响进行分析，而不考虑这些环境评估是如何影响到项目设计和最终的项目决策的。因此，有关环境影响经济分析的早期实践就是努力地将投资项目评估中的环境影响评价做进一步拓展，使之包括一些形式的环境影响的费用-效益分析。

美国在1969年成为世界上第一个把环境影响评价在《国家环境政策法》中作为一项法律制度确定下来的国家。在该法的第一章第二节中，明确规定了“应尽一切可能制定并完善各种方法和程序，确保在做出决策时，环境价值亦能与经济和技术问题一并得到适当的考虑”，也就是说，对所有具有环境影响的经济活动都应该尽可能地进行费用-效益分析。从这以后，美国广泛地开展了环境影响经济分析的实际工作。

但是，真正推动环境影响经济分析实践的现实需求，则来自于1980年12月开始生效的一个法令《综合的环境影响、赔偿和责任法》（CERCLA)。该法令指定政府有关部门是政府所有或控制的自然资源的受托人，资源受托人有权要求污染或破坏这些自然资源的责任者对污染造成的损失进行赔偿。这样就涉及环境污染损失的计量问题，它与污染者的法律责任和赔偿额直接相关。为此，CERCLA要求总统制定出自然资源损害评估的原则和方法程序，每2年修订1次，以吸收最新的经济分析研究成果。

值得一提的是，1997年，Constanza等人综合了国际上已经出版的用各种不同方法对生态系统服务价值评估的研究结果（表1-1)，在世界上最先开展了对全球生物圈生态系统服务价值的估算。该项研究成果发表之后，在国际上掀起了对生态系统服务价值研究的热潮。从一定意义上说，这项研究对人们深入研究环境影响经济分析的理论和方法起到了非常大的促进作用。

表 1-1 全球生态系统年服务价值

项目	单位面积服务价值/[美元/(a·hm²)]	总服务价值/(10^8 美元/a)	构成/%
海洋	577	20949	62.97
远洋	252	8381	25.91
海岸	4052	12568	37.78
海湾	22832	4110	12.35
海草	19004	3801	11.43
珊瑚礁	6075	375	1.13
大陆架	1610	4283	12.87
陆地	804	12319	37.03
森林	969	4706	14.15
热带森林	2007	3813	11.46
温带森林	302	894	2.69
草地	232	906	2.72
湿地	14765	4879	14.67
湖藻湿地	9990	1648	4.95
沼泽湿地	19580	3231	9.71
湖泊河流	8498	1700	5.11
农田	92	128	0.38
全球价值		33268	100.00

注：根据《Nature》The value of the world's ecosystem services and natural capital（R. Costanza，R. Arge，R. Groo ect，1997，V01. 338：253-260）整理。

在美国，人们对环境影响经济分析方法进行了广泛的实践，与此同时，其他的一些国家也对环境影响经济分析的具体应用进行了有益的尝试。例如，德国对其在 1983～1985 年间的环境污染损失进行了估算，结果是年均经济损失为 339 亿美元/年，占国民生产总值（GNP）的 6%；荷兰对其在 1986 年的环境污染损失进行了估算，结果是 6 亿～11 亿美元，约占 GNP 的 0.5%～0.9%；英国在 20 世纪 80 年代后期进行了大规模的旅行费用法应用研究，估算出了各大森林公园的娱乐价值（表 1-2）。而且，在一些发展中国家，人们也在积极地开展环境影响经济分析的实际工作。另外，一些国际组织也在环境影响经济分析实践方面做了大量的工作。例如，世界银行提出的一项研究报告《面向 21 世纪的中国环境》（1997），其中，专门详细计算和论证了中国大气污染的经济损失。

表 1-2 英国的环境价值评估研究 单位：英镑/(人或家庭·年)

研究来源	价值估算	方法
Button，Pearce(1989) 运河的舒适性	517000	HPM，总价值
Green，Tunstall(1991)，Green 等	9.6	CVM，用户价值
(1988，1989，1990)河水质量；1987～1988	14.0～18.0	CVM，用户价值
海岸舒适性；1988～1989 海岸带，1989	21～25	CVM，用户价值

续表

研究来源	价值估算	方法
Hanley(1988) 烧草	WTP,5.2 WTA,9.6	CVM,用户价值
Hanley(1989) 森林娱乐	0.34～15.1/次旅行 1.2/次旅行	TCM,用户价值 CVM,用户价值
Hanley,Hanley(1989) 自然保护区	1.2～2.5/次旅行 2.0～3.5	CVM,用户价值 TCM,用户价值
Turner,Brooke(1988) 海滩舒适性	15 18	CVM,当地用户 CVM,非当地用户
Willis,Benson(1988) 自然保护区	46～251 英镑/(hm^2·年) 6～34 英镑/(hm^2·年)	TCM,所有用户 TCM,观看野生生物的人
森林娱乐	25 英镑/(hm^2·年) 1.91/次访问	CVM,非使用价值 TCM

注：WTP，支付意愿；CVM，意愿调查法；WTA，接受意愿；TCM，旅行费用法；HPM 内涵房地产价值法。

资料引自《世界无末日：经济学·环境与可持续发展》，Pearce D W and Jeremy J Warford. 张世秋译. 中国财政经济出版社，1996.

第三节　环境影响经济分析的必要性

对环境影响的经济分析进行研究具有重要的理论意义和实践意义，这主要体现在以下内容。

1. 实施可持续发展战略的需要

自 1987 年世界环境与发展委员会的报告《我们共同的未来》中首次提出了“可持续发展”概念以来，“可持续发展”逐渐在世界范围内得到普遍认可。20 世纪 80 年代中后期至今，“可持续发展”逐步完善为系统观念和系统理论，并上升到人类 21 世纪的共同发展战略。我国政府在 20 世纪 90 年代就制定了明确的可持续发展战略，并在《21 世纪议程》中特别指出“要将环境成本纳入各项经济分析和决策过程，改变过去无偿使用环境并将环境成本转嫁给社会的做法”。

2. 提高环境影响评价的有效性

对于建设项目或区域开发，一般是企业从自身的角度先进行财务分析和国民经济评价，然后由环评单位进行环境影响评价。也就是说，我国传统的项目可行性研究对于环境影响只是定性描述，这种以经济效益为主要目标，没有具体考虑环境影响所产生的费用和效益的评价模式，不可避免地存在诸多弊端，诸如未对环境资源价值进行系统分析、过分集中于建设项目、忽视了环境外部不经济性等。对环境影响没有价值计量，环境影响难于纳入常规的项目经济分析，从而对项目可行性决策影响不足。对环境影响进行价值计量，把环境影响纳入项目经济分析，使现在的项目可行性研究在进行经济分析时，不仅要考虑经济上合理，还要考虑环境可持续性。这可以使我们更全面地了解项目的实际价值，预见项目的经济和环境后果，避免实施使自然环境退化的项目，当资源稀缺时，还可以对不同项目进行比较和排序。

环境影响经济分析绝不只是警示作用。它不仅体现在开发项目的本身环境影响上，更主要的是要参与和影响与环境有关的决策或政策制定，而且后者才是根本性的，也是环境影响经济评价的真正意义所在。

3.有助于对传统的国民经济核算体系进行改造

早在60多年以前，K. William（1950）就指出，人们对发展进程的认识及国民收入的核算方式限制了发展计划的制订。无论在理论上还是在设计经济发展指标上，我们都没有考虑资源与环境的作用。到19世纪60年代末，这一概念性问题成了发达国家普遍注意的问题。因为当时随着发达国家对污染及环境管理问题重视程度的日益增强，国内生产总值（GDP）核算方式的缺陷就已暴露出来，人们开始逐步意识到，长期以来一直使用的GDP值实际上是以牺牲后人利益为代价的，是用耗竭有限资源的方法来加快其增长的。不仅恶化环境可以使GDP增长，而且改造恶化的环境也同样可以使GDP增长。

因此，要想真实地反映国民财富状况，就必须对现有的国民经济核算体系进行改造，将环境的变动状况综合地反映到国民经济核算体系中去，从而为国民经济管理提供一个经济运行的真实显示和总体绩效考核标准；而只有通过对环境资源进行货币化估值，才有可能用货币价值这一共同的量度将环境资源与其他经济财富统一起来。进入20世纪80年代以来，对资源和环境进行核算的工作在一些发达国家已经逐步展开。中国自1992年起对原有核算体系也进行了改造，但是尚未考虑环境资源核算问题。对环境影响经济分析进行的研究，将会有利于早日把环境核算纳入到中国国民经济核算体系中，即“绿色GDP”（绿色国民经济核算体系）。“绿色GDP”就是把资源和环境损失因素引入国民核算体系，即在现有的GDP中扣除资源的直接经济损失，以及为恢复生态平衡、挽回资源损失而必须支付的经济投资。将环境损益计入国民经济计量体系中，标志着一种新的发展战略的贯彻实施。

4.环境管理科学化的需要

环境系统所提供的服务与市场有着直接或间接的联系，因此它对市场规律比较敏感。但是由于外部性、公共物品属性以及其他因素的存在，市场往往不能准确反映甚至完全忽略了环境服务的价值，并导致环境服务在市场上低价甚至无价的状况。这就意味着，在一个自由化的市场体系中是不可能产生出最优的环境资源配置的。因此，在环境管理中，公共政策发挥着重要的作用。

环境资源的服务功能有物质性资源功能、环境容量资源功能、舒适性资源功能、自维持性资源功能四大类。在对环境系统提供的服务进行货币化估价时，有些是比较简单的，如治理洪水损害的成本可以用来衡量控制洪水所带来的效益；但是有些则是非常困难的，如生物多样性的损失、舒适性的改善和视觉享受等。这些曾经没有被认识到的或者被认为与经济分析无关的事物，现在已经被认为是非常重要的价值资源，它们往往成为环境管理过程中政策分析的核心问题。为了对这些环境服务进行有效的评估，我们必须进行环境影响的经济分析研究。

5.为生态补偿提供明确的依据

生态补偿是由生态建设的特殊性、环境保护的迫切性决定的，也是企业布局调整、产业结构升级过程中协调利益关系的需要。环境保护需要补偿机制，需要以补偿为纽带，以利益为中心，建立利益驱动机制、激励机制和协调机制。人们参与生态环境建设的积极性要通过完善的利益机制才能维持，生态环境建设能力与技术的提高，要以补偿资金不断注入为基础。没有利益驱动和资金保障，必然会导致生态环境建设活动的失败，即使是已经兴建或投入运营的生态环境工程项目也会陷入困境。生态补偿制度的建立和完善，已经成为重大的现实课题。

要实行生态补偿，首先面临的一个难题就是如何确定生态补偿的数额。生态补偿金的最终确定必须要有明确的科学依据，其基础就是对生态环境影响进行经济分析，确定生态环境影响的货币化价值。但是目前的环境影响评价主要是定性评估、定性判断，未进行定量评估，很多“环评”人员未掌握环境损益的定量化技术，无法运用数量化评估技术评价环境影响；同时，“环评”人员的专业大多为自然科学类，难以从经济学和环境经济学角度去研究和评估环境影响的数值和范围。这样就无法运用环境损益的数量化技术，迅速地定量评价环境影响，确定生态补偿的数量，划定生态补偿金的上限和下限，生态补偿也就难以展开。因此，我们必须进行环境影响的经济分析研究。

6.有利于环境保护的公众参与

1992年联合国环境与发展会议（简称环发大会）的《里约宣言》第十条指出：“环境问题必须在公众的参与下才能得到最有效的处理。在国家水平上，每个人都应能通过适当渠道获得公共权利当局掌握的有关环境方面的信息以及有机会参与决策过程。国家必须通过广泛地提供信息来促进公众意识的提高，鼓励公众参与，公众必须能够有效参与司法或行政的程序”。

我国已经明确规定公众参与是建设项目环境影响评价中的重要内容。一些环评单位在实际工作中也进行了这方面工作的尝试，但大多数只局限于到建设项目所在地访问或召开座谈会或问卷听取和征求所在地单位的意见，形成意见证明作为公众参与环境影响评价的内容。这种调查形式简单，存在项目情况介绍不详、公众没有真正了解拟建项目所产生的对环境影响的范围、程度及危害和对经济社会的影响，被征询公众评价方法简单、主观性强，不能进行定量分析，公众参与意见的结果难以作为决策的应用等问题。应该说，如果我们能够将环境影响进行经济评价，将环境影响的具体物理量转化为价值量，在市场经济体制下，这些货币化的指标必然更能引起人们的共识。因此，为了真正赋予公众参与环境与发展战略实施过程的监督管理权利，逐步建立起公众参与社会经济发展决策的机制，我们就必须加强环境影响的经济分析研究，使公众能够真正了解环境影响的经济损益。

7.适应加入世界贸易组织新形势的需要

加入世界贸易组织（WTO）后，我国的经济总量会大规模扩张，所需的资源和能源会大大增加，加剧对生态环境的破坏。同时，加入“WTO”后，根据“市场经济和自由贸易”原则，外商将享受“国民待遇”，它们将会通过各种渠道，向我国转移其本国优势衰减的传统资源密集型产业，而我国一些地区和企业由于存在持续的投资饥渴及特有的发展速度偏好，可能会不顾环境影响评价制度的有关规定而盲目招商引资，这些都将造成我国的环境资源如土地、矿产、森林和水资源等的过度消耗和浪费，使生态环境受到进一步的威胁。

因此，如果不对开发建设过程中受影响的生态环境进行公平合理的经济评价，必然造成我国自然资本存量的大量减少，并导致国有环境资产（我国法律规定环境资源所有权为国家所有）的大量流失，显然，这不符合我国的可持续发展战略。为了在新形势下保证我国可持续发展的潜力，就必须开展环境影响的经济分析。

第四节 环境影响经济分析的基本原则

环境影响经济分析的最终目的是为有关决策提供信息支持，而如果评估结果不具有说服力，甚至不能为人们所接受，那么环境影响经济分析工作就是失败的。为了保证环境影响经济分析结果的真实、准确，我们在评价的过程中必须遵循一些原则。一般来说，这些原则主要体现在两个方面，即环境影响经济分析的工作原则和环境影响经济分析的经济原则。

一、环境影响经济分析的工作原则

环境影响经济分析的工作原则是指评价机构和评价人员在对环境影响进行经济分析时所必须遵循的基本原则，主要有客观公正性原则、科学性原则、独立性原则、专业性原则。

（1）客观公正性原则　环境影响经济分析要求环境影响经济价值评估计算所依据的数据资料必须真实可靠，对数据资料的分析应该实事求是。在评估前，评估人员要对评估对象进行深入细致的调查，全面准确地掌握被评估的环境影响的真实数据资料。在评估过程中，评估人员要排除人为因素的干扰，坚持客观公正的态度，所进行的预测、推算等主观判断要建立在客观的现实基础之上。在分析整理有关数据时，要从实际出发，对占有的大量数据资料进行去粗取精、去伪存真的分析综合，然后进行科学的计算。而且，在实际评估工作中，评估人员还必须坚持公正公平的原则，只有这样，才能保证评估结果的真实性与科学性，客观准确地进行评估。因此，公平与公正是环境影响经济分析人员的基本道德标准之一。

（2）科学性原则　科学性原则是指在环境影响经济分析过程中，必须根据特定目的，选择适用的标准和科学的方法，制订科学的评估方案，使环境影响经济分析的结果准确合理。一般来说，环境影响经济分析的规范、标准、程序和方法必须是统一的，但由于评估对象的不同和评估目的与要求的差异，也要相应地调整评估的标准、程序与方法。各类环境影响不仅存在数量的差异，而且还存在质量的差异；而且，各类环境影响在不同的时间和空间范围内还会经常变化。因此，在对环境影响的经济价值进行评估计算时，要把定量分析与定性分析结合起来，把静态分析与动态分析结合起来，这样才能使评估结果具有科学性与真实性。

（3）独立性原则　独立性原则是指环境影响经济分析机构及其人员应该依据国家指定的有关法律、法规和规章制度及可靠的资料数据，对被评估的环境影响的经济价值，独立地做出评定。环境影响经济分析机构应始终坚持第三者立场，不为环境影响价值评估业务当事人的利益所左右。环境影响经济分析机构是独立的社会公正机构，在评估中处于中立地位，环境影响经济分析人员应该坚持自己的法人地位，公正客观地进行评估工作，而不应受到外界的干扰和委托者意图的影响。坚持环境影响经济分析的独立性原则，是保证评价结果具有客观性的基础。

（4）专业性原则　专业性原则要求环境影响经济分析机构必须是提供环境影响价值评估服务的专业技术机构。环境影响经济分析机构必须拥有一支由懂得环境影响评价业务和工程、技术、经济管理等多学科的专家组成的环境影响经济分析专业队伍；这支专业队伍的成员必须具有良好的教育背景、专业知识和丰富的经验，这是确保环境影响经济分析方法正确、评估结果公正的技术基础。此外，专业性原则还要求环境影响经济分析行业内部存在专业技术竞争，以便为委托方提供广阔的选择余地，这是确保环境影响经济分析公平的市场条件。

二、环境影响经济分析的经济原则

环境影响经济分析的经济原则是指评价机构和评价人员在对环境影响进行经济分析过程

中进行具体技术处理的原则。它是环境价值评估原则的具体体现，是在总结环境影响经济分析工作经验、国际惯例以及市场能够接受的评估准则的基础上形成的，主要有持续利用原则、替代原则、预期原则、贡献原则。

（1）持续利用原则　持续利用原则是指在进行环境影响经济分析时，必须根据被评估的环境资产目前的用途和使用方式、规模等情况继续使用，或者在有所变化的基础上使用，相应确定评估方法、参数和依据。持续利用原则也被认为是进行环境影响经济分析的一个重要假设，从评价的角度上继续使用假设是指环境资产将按现行用途继续使用，或转移用途继续使用来对环境资产进行评估。如一片10年生的森林，如按现在直接采伐进行评估，可能每公顷（1公顷＝10000平方米）仅值1000元，而让其继续生长10～20年生时采伐，可值15000元；扣除这10年的成本费用，并将其折为现值，则评估值为每公顷6000元。因此，同一环境资产按照不同的假设用作不同的目的，其价格差异是很大的。

（2）替代原则　替代原则是指当同时存在几种效用相同的环境资产时，最低价格的环境资产需求最大。这是因为，有经验的买方对某一资产不会支付高于能够在市场上找到相同效用替代物的费用。因此，在市场充分竞争的条件下，具有相同服务功能的物品，能够互相替代，并且必然会形成相同的价格。遵循这一原则，在环境影响经济分析时对某项环境服务功能进行评估，应提出多种评估方案进行对比分析，选择其中最优的方案，以使其评估结果更接近实际。如果某项环境服务功能有多种替代物，且通过不同的替代物所得到的环境资产价值差异很大，那么，我们就应该选择其中价值最低的替代物作为最后的评估标准。

（3）预期原则　预期原则是指在环境影响经济分析过程中，环境资产的经济价值可以不按照过去的生产成本来决定，而是基于对未来费用或效益的期望值来决定。环境影响经济价值的高低，取决于现实环境资产的未来效用的大小，未来效用越大，评估值越大；反之，一项环境建设尽管花费了很大的成本，但目前却无多大效用，则评估值不会高。而且，当现实环境资产的未来效用越来越大时，此时表现的就是环境影响所带来的效益；而当现实环境资产的未来效用越来越小时，此时表现的就是环境影响所带来的费用。预期原则要求在进行环境影响经济分析时，必须合理预测环境资产未来的效用水平及其拥有这种效用水平的有效期限。

（4）贡献原则　贡献原则也称为重要性原则，即指环境资产所具有的各种属性在其总价值中所占有的地位和贡献。在环境影响经济分析过程中，环境资产的各种属性的边际贡献往往是评估人员确认环境资产价值的尺度。换句话说，环境资产的价值取决于它所拥有的各种属性对环境资产总体的贡献，或者根据这些属性对整体环境资产价值下降的影响程度来衡量其价值。贡献原则要求在评估一项由多种环境服务功能构成的整体环境资产价值时，必须综合考虑各种环境属性的服务功能及其在整体环境资产构成中的重要性，而不是孤立地决定该项环境属性的价值。

思考题

1. 什么是环境影响的经济分析？环境影响经济分析的基本要素有哪些？
2. 为什么要进行环境影响的经济分析？环境影响经济分析的根本目的是什么？
3. 环境影响经济分析的基本原则是什么？

第二章　环境影响的经济分析程序与优先序设置

环境影响的经济分析程序，在项目确认和优先序设定的初期阶段是很有价值的。对环境影响进行经济分析，主要有两个要素，其一是必须对影响加以确认和测定，其二是必须找到一些方法来给这些影响加上货币价值，从而可以将它们包含到项目的正规分析中去。评估环境影响的经济价值，是将环境问题纳入项目经济分析的基本前提，是项目可行性决策的重要依据。

第一节　环境影响经济分析的程序

一般来说，环境影响经济分析的具体程序包括：确定和筛选影响、影响量化、影响的货币化、估算因素分析、把评估结果纳入项目经济分析。具体程序可见图 2-1。

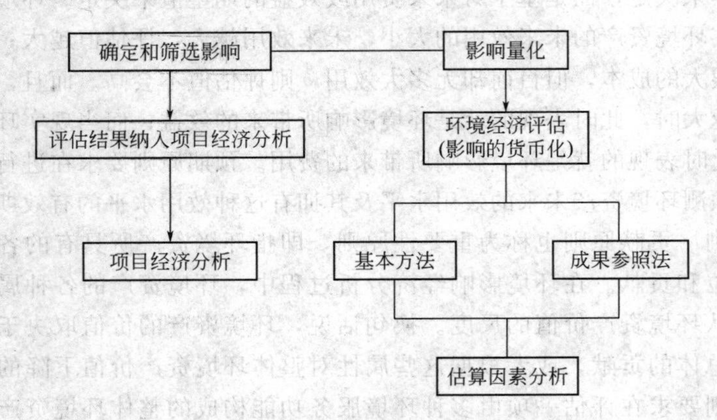

图 2-1　环境影响经济分析的程序

一、影响因子和影响的确定

1. 环境影响因子的确定

影响因子是指由于人类活动改变环境介质（即空气、水体或土壤），而使人体健康、人类福利、环境资源或全球系统发生变化的物理、化学或生物因素。影响因子是经济活动的结果，能够影响人和敏感的生态系统。例如从发电厂（一项活动）排放的颗粒物（一种影响因子）可能引起肺部疾病（一种影响）。识别环境影响因子是环境影响经济分析的第一步，目的是确定一个项目所有实际的和潜在的环境影响因子，并建立影响因子名录。

影响因子所产生的影响可能发生在项目的建设、运行、终止或全过程。相同的项目，其影响因子相同；不同的项目，也可能有相同的影响因子。根据影响因子与被评价的项目、项目所在地以及所在地周围区域的相关性，深入考察这些影响因子在项目中的具体情况，并注意发现和补充其他影响因子，建立项目的影响因子名录。表 2-1 和表 2-2 为环境影响的分类及影响因子的定义。

表 2-1　环境影响的分类

	环境影响因子	影响类别											
		人类健康		人类福利				环境资源					全球系统
		死亡率	发病率	材料	美学	资源利用	社会/文化	海岸/海洋生态系统	地下水	淡水生态系统	生物多样性/濒危物种	陆地生态系统	
影响空气质量的因子	1 非金属无机物												
	2 金属												
	3 有机物												
	4 农药												
	5 CO												
	6 SO_2												
	7 NO_x												
	8 氧化剂												
	9 温室气体												
	10 气溶胶/微粒												
	11 异味												
	12 颗粒物（大于 PM_{10}）												
	13 电磁辐射												
	14 噪声												
影响水体质量的因子	15 非金属无机物												
	16 金属												
	17 有机物												
	18 农药												
	19 疾病/病原体												
	20 BOD/COD												
	21 外来物												
	22 酸/碱												
	23 肥料												
	24 废弃物												
	25 酸沉降												
	26 盐渍化												
	27 颗粒物/沉积												
	28 水源改变/采水												
	29 水渠/蓄水												
	30 温度变化												
	31 过度利用												
	32 异味												

续表

环境影响因子		影响类别											
		人类健康		人类福利				环境资源					全球系统
		死亡率	发病率	材料	美学	资源利用	社会/文化	海岸/海洋生态系统	地下水	淡水生态系统	生物多样性/濒危物种	陆地生态系统	
影响土壤质量的因子	33 非金属无机物												
	34 金属												
	35 有机物												
	36 农药												
	37 酸/碱												
	38 盐渍化												
	39 肥料												
	40 废弃物												
	41 酸沉降												
	42 颗粒物/沉积												
	43 土壤侵蚀												
	44 外来物												
	45 过度利用												
	46 土地利用												
	47 其他影响因子												

表 2-2 影响因子的定义①

无机物(非金属):有害无机化学品(例如氟、氯、氨)	疾病/病原体:细菌、病毒和其他致病因素
金属:有害金属(例如铅、汞)	BOD/COD:生物需氧量/化学需氧量
有机物:有机化学品(例如烃类,挥发性有机物——VOCs,氟氯烃——CFCs)	外来物:偶然或故意引入的非本地生物物种
农药:植物农药,昆虫农药,真菌农药	酸/碱:水酸碱值的改变,存在腐蚀或易燃物
一氧化碳:CO	肥料:植物营养(例如氮、磷、钾)
二氧化硫:SO_2	废物:动物或人的排泄物,其他生物废物
氮氧化物:NO_x	酸沉降:干或湿的酸沉降
氧化剂:光化学烟雾和臭氧	盐渍化:水/土壤中盐分的增加
温室气体:二氧化碳、甲烷和其他可能影响全球气候的化学物质	颗粒物/沉积:增加扬尘和降尘
气溶胶/颗粒物(PM_{10}):直径小于或等于 10μm 的颗粒物	水源改变/采水:改变水的自然来源
颗粒(直径大于 PM_{10}):粉尘	水渠/蓄水:引水或储水
电磁辐射:传输电力产生的电磁场	温度变化:通常是温度增加
噪声	过度利用:收获超过可持续产量
臭味:腐败的气体	土壤侵蚀:土壤损失
	土地利用②:植被、工业或人类活动占用的土地;土地利用可能包括火烧、取土/造地,以及有机氮储存变化

① 影响因子是影响人和/或环境的物理、化学或生物因素。

② 土地利用将影响人的福利,例如农作物产量的增减会改变食物营养结构。

2. 影响的确定

影响是指一个受体暴露给影响因子的变化后,所发生的化学、生物或物理后果。根据影响的对象,可将影响分为对人体健康的影响、对人类福利的影响、对环境资源的影响和对全球系统的影响(或对人体健康的影响、对生产力的影响、对舒适性的影响、对选择价值的影响)4 类。

影响的确定就是要决定项目的哪些影响是最重要的。《世界保护战略》[世界自然保护联盟（IUCN），1980] 中提议了确认重大环境影响的 3 项准则。第一项准则是将会感受到影响的时间区段和地理区域。这项准则包括对将会受到影响的人数做出评价，某种特定的资源将会退化、消失或者——取决于将要采取什么行动——保护到什么程度。第二项准则是有关紧急程度的。重要的是要认识到某个自然系统的恶化速度，以及还有多少时间来稳定或加强这一自然系统。最后，是对植物群落或动物群落、对生命支持系统以及对土壤和水将要造成的不可逆转的破坏的程度。

同这一影响确认过程相关的还有其他一些准则。考虑的一个重要的因素就是这种影响的性质。例如，同人类健康相关，还是对生产力有影响，或是某个自然系统的结构或功能发生变化。这种评价还应当考虑到项目的不同部分与其他项目的累积性影响与协同性影响。单个项目或者其组成部分的影响可能并不大，但是累积起来，影响可能就会变得很可观，甚至于远远超过通过将其各自的影响简单加和起来所预测到的影响。

在很多情况下，一个影响因子的影响对不同的项目是相同的，而与项目类型或影响产生的阶段无关。因此，这种分类是跨项目领域的。例如电力部门的燃煤电厂项目和工业部门的纸浆造纸项目，SO_2 影响因子在这两个项目中都会对人类健康和人类福利产生影响，但影响的程度不同。影响程度通常可以通过剂量-反应关系量化。当需要评价的活动不止一个时，就存在潜在的累积的影响。影响一般是随着影响因子的增加而增加，随着影响因子的减少而减少。

有关环境影响因子影响的定义见表 2-3 所示。

表 2-3　影响的定义

人体健康 死亡率：死亡或死亡增加的概率 发病率：癌症、疟疾、呼吸系统疾病、头痛等 人类福利 材料：对建筑材料等的损害或污染 审美：视觉、噪声、交通拥挤和其他的审美影响 资源利用：森林（如木材）、农田（农作物）、渔业（如食物结构）、野生生物（如生态旅游）等自然资源的生产率、商业价值、存在或娱乐利用发生改变① 社会/文化：选址不当、家园的丧失、被迫移民、对基层人群（如农民、土著人）的影响、对宗教信仰或文化的影响	环境资源 海洋生态系统：包括礁石、鱼类和其他海洋生物资源 地下水：地表下面的水 淡水生态系统：包括湿地、流域和其他淡水生物资源 生物多样性/濒危物种：对植物和动物多样性、特有的或唯一的物种、物种栖息地和廊道（例如鸟的飞行路线）的影响 陆地生态系统：植物和动物、矿物、土壤、森林或草原栖息地 全球系统：气象模式和全球气候变化、臭氧层的破坏

① 当一个项目对商业或娱乐价值产生影响时，资源利用可以视为一种人类福利影响。例如一个红树林保护项目能够增加渔业产量（商业价值），为游人保留一片水域（娱乐价值）。当一个项目影响一个生态系统的质量时（例如红树林保护项目使得种群兴旺多样），这种影响可以视为一种环境资源影响。

二、影响的筛选分析

筛选环境影响的目的在于决定在经济分析中是否提出或应该怎样提出这些影响。作为这一过程的结果，并非所有被确定的影响都可以货币化；一些影响可能只是以定性描述的方式提出，而另一些影响则可以被量化和确定价值。虽然筛选影响和从定量或货币化评价中删除一些影响是符合逻辑的，但是取舍取决于分析专家对这些删除的证明和解释。在典型情况下，可以使用四种筛选标准，如图 2-2 所示。

1. 筛选 1：影响是否内部化或被控抑？

这一步骤要考虑两个问题。首先，要决定该影响是否代表一个内部成本或效益（是否预

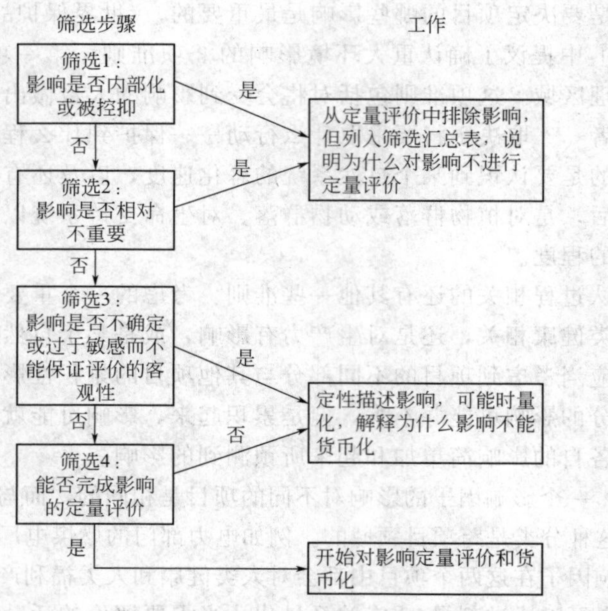

图 2-2　环境影响的筛选过程

计受影响的只是造成影响的一方）。如果一个影响是内部的，那么它就应该已经包含在项目的经济分析中，在这儿就会导致重复计算。其次，要决定该影响是否能够全部（或大部分）被控抑（造成影响的一方是否要采取一些措施消除对他人的影响或使其影响最小化）。如果影响被控抑，那么所发生的控抑成本（如污染控制）就应该已经包括在项目的估算成本中，不应该遗留任何重要的环境影响需要评价。

① 如果对这些问题中的一个回答是“是”，那么就不需要明确考虑该影响的货币化问题，但是应该在表中列出和描述这一影响，并明确提出支持删除的理由。

② 如果回答是“否”（或不确定），那么就继续筛选。

例如，一个铁路项目要把一些湿地的水排走，而这些湿地是当地人们薪柴和食物的来源。这些影响对铁路项目来说就是外部的，应该得到进一步考虑。然而，该项目也可能要在附近另建一个湿地，可以有效地控抑该项目的不利影响。在这个例子中，控抑措施可能会消除潜在影响，可能没有必要做进一步分析。然而，在决定建立一个新湿地是否有一对一抵消影响的作用时，应该持谨慎态度。如果没有，就应该进一步考虑该影响。

2. 筛选 2：影响是否相对不重要？

这一步骤将考虑该影响是否是绝对小（几乎没有预期发病率、从来没有超过污染影响的临界值等），或与别的影响相比不重要。因为在一定程度上这是一个判断问题，所以对于后面的逻辑程序非常重要。

① 如果对这个问题的回答是“是”，那么就不需要明确考虑该影响的货币化问题，但是应该在表中说明。

② 如果回答是“否”（或不确定），那么就继续筛选。

例如，一个工业项目可能排放低水平的污染物。这些水平可能低于产生不利影响的临界值。在这一例子中，该影响可能会被排除在分析之外。然而，如果要决定几个小的影响累积结果的重要程度，就应该进一步考虑这些影响。

3. 筛选 3：影响是否不确定或过于敏感而不能保证评价的客观性

本筛选步骤考虑的问题是，是否会由于不确定性（例如由于科学不确定）或敏感性（例如由于文化价值、政治考虑、法律要求），使得无论取得什么结果，任何评价都是不可能的或是没有用的。在这种情况下，对争论的评价对于决定一个项目的取舍可能是至关重要的，但是超出了经济学方法的领域。此时，应该明确认识到，对于这个例子经济分析可能是不够的或者是没有意义的。

① 如果对这个问题的回答是“是”，那么就做一个定性评价（描述和定性评价影响），在可行范围内量化影响，并用证据说明为什么不能量化或货币化影响。

② 如果回答是“否”（或不确定），就继续筛选。

例如，禁止在指定的宗教建筑周围一定距离内建设的法律，引起民众冲突、宗教对抗的可能性，都可能妨碍对一个项目的影响进行客观和完整的定量评价。在一些情况下，这些非环境问题可能十分重要，足以阻止一个项目的实施，即使客观上该项目是经济可行的。

4. 筛选 4：能否完成影响的定量评价？

这个筛选步骤考虑有没有足够的数据或其他信息支持对潜在影响进行定量分析。

① 如果对这个问题的回答是“是”（或不确定），那么就要进行定量分析。

② 如果回答是“否”，那么就要进行定性分析（描述和定性评价影响），在可行范围内量化影响，并用证据说明为什么不能量化或货币化影响。

例如，精确计算全球气候变化对海洋渔业的影响大概是不可能的，因为科学界还在争论什么是模拟温室气体排放对海洋生态系统的影响的最好方法。在这种情况下，在对已知影响进行一些量化的同时，定性评价总体影响或许是可能的。但是也可以使用替代方案和假设，并通过敏感性分析决定方案是否影响项目评价，再进行定量分析，也可能会有帮助。

量化和筛选影响的结果应该在汇总表中列出，汇总表将根据影响是否和应该怎样被进一步评价分组，并且包括对所使用的汇总方法的评论，或说明为什么不进行其他评价。表 2-4 为影响因子和筛选分析汇总表的编制样本。

表 2-4　筛选分析汇总表

筛选分析汇总表
进行全面或部分经济评估的影响（对筛选 4 回答“是”）
○ ________________
○ ________________
要求定性评估的影响（对筛选 3 回答“是”）
（　）________________
（　）________________
不必进一步分析的影响（对筛选 1 或筛选 2 回答“是”）
可完全控抑的影响：
○ ________________
○ ________________
○ ________________
○ ________________
可能相对较小的影响：
○ ________________
○ ________________

注：要求定性评估的影响前面的（　）中填“＋”或“－”号，表明正面或负面影响；也可以是“＋/－”号，表明可能为正面影响，也可能为负面影响。

三、影响的量化

量化影响，即用一个合理的物理量化单位来表述每一种影响的大小。这是数据整理与数据校准关键的一步。量化应确保量化结果的一致性，从而使这些结果之间可以相互比较，并能用来确定各种经济价值。

在环境预评估或环境影响评价中，应将环境影响采用剂量-反应函数予以量化，将环境污染物的预期剂量与受体的量化影响联系起来。如果在环境影响评价的结论中能找到量化的物理影响，这些量化应该经过检验以确保其精确性及一致性，影响特征与评价方法相一致。如果影响没有经过统一的量化，那么，在经济评价之前应先做这一步。然而，在许多情况下，环评报告只给出了项目排放影响因子（SO_2、TSP、COD 等值线图）的数量，而不是这些因子对受体影响的大小。因此，应重新评估量化结果。

影响量化的方法有共同的部分，又各有其特殊性，涉及多学科的知识，它们之间共同的原则性步骤有以下几个方面。

第一步，查找出需要全面或部分经济评估的影响，然后确定与这些影响相对应的环境影响因子。

第二步，确定这些环境影响因子的量纲和数量。量纲的确定可能需要参考相关领域的文献或听取专家的意见，以此量纲来衡量影响因子的数量。不同的建设项目，其环境影响因子的量纲应该是相同的，其数量可以是不同的。

第三步，确定受体和影响因子对受体的传播途径。尤其是易感受体。受体既包括直接受影响因子影响的受体，也包括通过受体传播而受到影响的间接受体。影响因子的传播途径是计算受体所受影响的基础。

第四步，确定受体所受影响的指标及其量纲。这一步需要参考相关领域的文献或听取专家的意见。描述受体所受影响的指标也许会随着对影响因子产生影响的机制的认识而发生变化，量纲也就随之变化。

第五步，量化影响。一个影响因子所产生的影响可能是四类影响中的一种，也可能是多种。影响是影响因子的数量、影响的地理范围、时间和受影响地区人口密度的函数。各种影响因子与受体之间的数量关系，可以采用剂量-反应函数来反映。

在进行影响量化的时候，尽可能地量化所有可能因项目而产生的生物物理变化和社会经济变化。为尽可能地扩大量化范围，可以将定性信息与定量信息相结合。这种定性分析的重要性不可低估。如果分析发现涉及敏感的政治与文化范畴，则有必要考虑推迟对该项目的定论，直到获得更多的信息。

四、影响的货币化

环境影响的货币化就是将每种环境影响的量级从物理单位转换为货币单位。为了获得环境影响的货币化价值，我们通常需要用一种或多种“基本”的环境影响经济分析方法来对其进行估算。但是，这往往需要付出巨大努力，耗费大量资金和时间。当应用基本的环境影响经济分析方法进行研究不现实时，我们可以采用辅助评估法——成果参照法，成果参照法是采用对基本经济评估法研究的价值进行估算，也称为间接评价方法（该部分内容见本书第四至第七章）。

五、估算因素分析

有关环境影响经济分析的各种方法，无论是基本评估法还是成果参照法，均包含有一定程度的估算成分。环境影响的货币价值只是真实价值的近似值，其中包括有省略、偏差和不确定性因素。采用的贴现率及其他因素也影响货币价值的估算。在考察并估算环境影响的经济价值时，必须认真分析这些问题。

（1）省略　确定有关环境影响的哪些信息在环境预评估或环境影响评价中被省略了，哪些信息在经济评价中被省略了。在项目经济分析报告中明确阐述这些省略信息，并且指出这些省略将如何使定量分析结果产生偏差。在项目的初始特征揭示和项目准备阶段，明确需要收集的数据，以改进今后的项目评价。

（2）偏差　此处的偏差指能够引起收益或成本的定量估算值高于或低于其实际值的情况。例如，如果所有的项目成本均包括在评价中，但因缺乏数据忽略了某些项目收益，那么，净收益的量化数值就会偏低。对某些偏差进行调整有利于估算值的准确性。如果偏差的效果不能精确量化，那么至少应就偏差对分析的影响方式和偏差的大致方向，即净收益值的偏高或偏低，在报告中加以阐述。

（3）不确定性　在一定程度上，因为涉及对自然和社会经济关系变化的估算或预测，所有评估均包含不确定性。例如，反应模型可能不准确，对一给定的危害水平，所得的关于健康风险的估算值可能相差几个数量级。不确定性的类别与来源，决定着其对项目收益率或净收益的影响，需要加以考察。在大多数情况下，描述评估的不确定性将是有益的。可以将不定性分级，划为“高度”“适中”“轻度”，并用敏感分析加以评估，例如，对具有不确定值的参数用边界设定。

所有关键性的省略、偏差和不确定性，如果它们影响评价结论，就应在项目经济分析报告中列出，其可能影响应以“+”或“-”号来表现，以使人们能够理解这些影响如何改变所估算的现值收益或收益率，或者更简单地说，这些省略、偏差或不确定性是否影响项目的经济可行性。最后，应该试着用一些简单的但却是专一的敏感性分析，专门考察高度不确定的主要假设条件，并改变这些假定，看它们对项目的经济分析结果有什么影响。

六、将环境影响经济评价结果纳入国民经济评价

在对项目进行环境影响经济分析之后，我们需将其评价结果——货币化的环境影响成本和效益纳入常规的项目成本和效益。只有这样，我们才能更为精确地描述一个项目的真实价值，并将环境影响经济分析结果纳入项目的国民经济评价，从而为项目最终的经济决策提供服务。一般来说，将环境影响经济评价与国民经济评价进行结合的过程主要包括如下五个步骤。

（1）审查假设　审查所有项目的成本和效益（环境的和非环境的），以保证基于相似的假设。环境和非环境影响的效益和成本计算当中，最基本的假设是货币类别和基准年。假如用成果参照法来评价环境影响，要特别注意一定要用标准汇率来将价值转换成项目经济分析中所用的货币。同样，所有货币化的价值必须以一致的基准年（如1996年的价格水平）来计算。所以，当所有货币化的价值是从一个单一的基准年以同一种货币来报告，并且在整个计算过程中用标准化的汇率来进行分析，那么就可以认为这是规范化的基本假设。

另一个至关重要但不十分明显的假设是建设项目的预期环境保护水平。对于一个待建项目，如一个电厂，粉尘排放的控抑措施，如静电除尘或袋式除尘将包括在电厂设计中，以达到国家污染控制标准。项目财务成本分析中将包括这些控抑成本。因此，增加的项目环境成本，应反映因污染控制排放水平下降所预期的影响水平，即必须运用安装适当的污染控制设施之后预期达到的粉尘排放率，来计算粉尘排放对人类健康影响的价值。仔细审查这个假设，将确保不会误将控抑的影响包括在其他的环境影响价值计算之内，因而过高地估计预期的消极影响。

(2) 计算各时间段的成本流和效益流　在整个项目寿命期内追加上以年度为基础评价的成本和效益（环境的和非环境的），以便确定年成本流和效益流。一旦将假设规范化，必须计算项目寿命期中每一年的成本和效益。但是，在确定一个足以包揽所有预期的环境成本和效益的时间框架时，可能出现复杂性。例如，一个电厂可能有30年的寿命期，而邻近严重受到工厂热污染的渔业可能需要30年以上的时间才能恢复到它们正常的生态状态。因此，超过电厂运行寿命之后，当地渔民仍将支付实际成本。这样的复杂性在许多案例中是显而易见的。在此类案例中，应当用一个项目的标准寿命期，例如，热电厂30年，来做经济分析。同时，也应注意记录超过项目寿命期的所有成本和效益。这些扩展的成本应结合到风险分析和敏感性分析之中。

(3) 运用规范的投资标准来比较成本和效益　使用规范的投资标准，即净现值（NPV）和经济内部收益率（EIRR）(该部分在下一章中介绍)，比较成本流和效益流。把经济内部收益率（EIRR）作为项目经济分析的一个基本指标已成惯例。如果经济内部收益率超过项目的资本机会成本，就可认为项目在经济上是可行的。因为在大多数发展中国家，资本市场不健全，国内资本的成本很难准确估计，10%～12%可视作可接受的内部收益率的下限。对内部收益率低于10%的项目，只有强有力的社会经济评价来证明它们，并且这些论证得到很好的说明，才有可能获得支持。经济分析的另一个投资标准是净效益现值，通常称为净现值。在应用的时限内估算所有的项目成本和效益（环境的和非环境的）净值。当效益总净现值超过成本总净现值，则净现值大于0，这意味着总体而言，项目将获得净的社会福利，因而值得投资。也可以将预选项目排序，根据项目产生净现值大小的顺序，确定优先投资的项目。

当把环境影响经济评价纳入国民经济评价时，无论是运用内部收益率标准还是净现值标准，至关重要的是要考虑和报告所有潜在的重大环境（和其他）成本和效益，这些成本和效益可能在定量和货币分析中被遗漏，这样的遗漏可能非常大，以至于得出错误的投资结果。这些遗漏可能是由于缺乏数据和/或无法确定某些项目影响有意义的货币价值，这些遗漏以及潜在的偏差和不确定性，需要在项目的经济分析中予以定性描述。此外，运用敏感性分析能帮助决定这样的遗漏、偏差或者不确定性是否非常大，以至于会改变经济分析的结果。

(4) 对关键项目变量进行敏感性分析　对关键的环境和财务项目变量，必须进行敏感性分析；对于那些根据敏感性分析确定的、对投资标准产生重大影响的变量，应当进行概率分析。在可行性研究阶段，应考虑对主要环境和社会风险采取令人满意的控抑措施，对主要的环境及社会经济变量进行敏感性分析。敏感性分析的一个主要目标是决定内部收益率或净现值对哪一个变量最敏感，特别是决定这样一些变量，即如果这些变量的价值发生变化，会引起内部收益率下降到可接受的水平以下或其净现值下降到0以下。敏感性分析可应用于下面的情况，以找到不同假设条件下可能结果的范围。它包括运用几个对环境影响及其货币价值上、下限的假定方案，来计算项目的净现值或经济内部收益率；比较计算的净收益和经济内部收益率范围，从而确定不同方案和假设是否严重改变净现值和经济内部收益率的结果。

如果净现值或经济内部收益率对假定的环境影响价值是敏感的，那么在项目经济评价中应强调这一点，并且应考虑附加分析以缩小可能的价值范围。对那些净现值（NPV）或经济内部收益率（EIRR）表现最为敏感的环境影响经济价值，在分析中应充分讨论一些特定风险和任何可应用的控抑措施。

在环境影响价值敏感性分析过程中，可以改变的关键假设包括以下几点。

① 货币价值的上限与下限；

② 预期的可望物质化影响的时间区段；

③ 受影响的人口比例；

④ 自然资源、环境服务或评价计算中所用变量的市场价值；

⑤ 用于现值净收益分析中的贴现率。

（5）将非货币化的环境成本和效益纳入国民经济评价　风险和敏感性分析应当扩展到包括那些不能评估的环境成本和效益。对已经货币化的环境变量的敏感性分析，按常规的敏感性分析程序进行。而对于一些非货币化的环境影响也要在项目国民经济评价报告中加以说明。可以采用各种有用的方法来分析非货币化的成本和效益，以决定它们是否且怎样影响项目的国民经济评价结果。

在对非货币化影响的敏感性分析中，可以采用近似的上、下限价值。例如，看看包括一个非货币化成本是否会将一个正净现值降至0，或相反地，看看遗漏的效益影响是否会使一个负的净现值上升为一个正的净现值。另一种办法是“反向分析”或“转折点”分析。这种方法用来计算被遗漏的效益或成本超过什么样的货币化价值，才能改变净现值结果的符号，使经济内部收益率从投资临界值的一边转向另一边。然后，可以用常识、文献中的价值或其他分析法，针对这个非货币化影响是否真有可能达到这样一个转折点价值做出判断。

还有一种方法是运用“模糊评价”或相关的“费用有效性”技术。对不同的选择进行比较，看每一种选择方案产生单位非货币化环境效益的成本是多少。如每单位健康风险减少的成本，每公顷野生栖息地保护的成本。以最低单位成本产生效益的那种选择方案就是成本有效的。也可以表达为产生单位效益的成本是多少，在决策者考虑增加的价值是否肯定小于或大于单位成本时，允许运用“模糊评价”来判断。

这些均是比较直接的方法，用来帮助在项目国民经济评价中评价和描述非货币化影响。

第二节　项目周期与环境影响经济评价的时空边界

项目从立项阶段的环境筛选开始，就应该确定评价范围。

一、项目周期

项目通常是通过一个称为项目周期的过程来确认和开发的。图2-3为项目周期与环境影响经济分析之间的关系。很重要的一点是对环境和资源的关注，应当在项目周期的初期，即设计阶段就开始考虑。只有这样，才能把过多的资金和精力投入一个方案之前就对备选方案加以考虑。

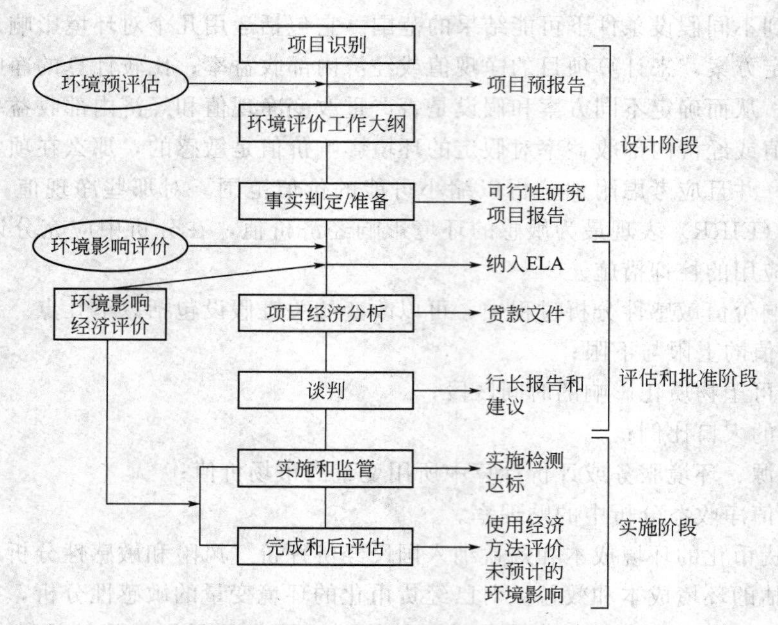

图 2-3 项目周期与环境影响经济分析之间的关系

我国正处在经济快速发展的时期，建设投资规模非常大。许多项目都对环境产生持续的甚至是永久的影响。只有对建设项目的环境影响进行经济分析，并将环境评估分析结果纳入到项目的经济分析之中，才能真正地做到环境与发展的综合决策，才能有效地解决我国经济发展与环境保护之间的矛盾。

二、环境影响经济分析的时空边界

除了确认对环境的影响以及确定它们的货币价值外，仍然有两个重要的概念性难题，即确定分析的边界和设定适宜的时间区间。

环境影响的经济分析有赖于对项目或备选项目的设计所造成的生物物理变化进行细致的确认和衡量。自然系统是整体而且内在联系着的。因此，重要的是从设计过程的最初阶段就仔细确定哪些自然系统将受到影响，也就是环境影响经济分析时空边界的确定——“划界过程”，可能被用来设置各种适宜的边界的有：地理边界、时间区段与问题范围、行动范围、内在关联、备选方案和其他需要考虑的问题。

一个建设项目的环境影响，在空间上不仅包括对项目区内的影响，而且还包括对项目区外的影响；在时间上，不仅包括对近期的影响，而且还包括远期的影响。因此，我们在确定建设项目环境影响经济分析的时空边界时，绝对不能“就项目论项目”。一般来说，建设项目环境影响经济分析的时空边界肯定要大于建设项目本身的时空边界。不过，要想弄清楚建设项目环境影响究竟在空间上和时间上是如何分布的却不是一件简单的事情。这是因为建设项目环境影响存在时空异质性，并且建设项目对自然环境影响的时空分布和建设项目对社会经济环境影响的时空分布两者并不是一致的，这就使得环境影响经济评价时空边界的确定更加复杂化。由于确定评价边界的复杂性与困难性，所以很难建立进行边界选择的一般理论与方法。

评价边界的选择应该主要是为了确定影响分析的范围、合理安排评价工作，而不应该成为影响分析的人为限制，因为环境影响的分布并不遵循人为划定的时空范围。所以，时空边界的选择应该富有弹性。在初步选定一套边界后，应根据累积影响识别、环境监测与调查，甚至累积效应预测的结果，随时调整和修改，以建立新的评价边界。也就是说，建立一种动态选择评价边界的方法。

1. 环境影响经济分析空间边界的确定

经济分析的边界是指要选择好哪些应当包含在内，而哪些应当排除在外。外部性的确认意味着对分析的概念与自然边界的扩展。究竟扩展到多远，这要看具体的项目。一个棕榈油加工厂将产生废水，对下游用水（包括饮用、灌溉与捕鱼）将产生不利影响。我们认为，项目的经济分析应当在一个实施与不实施项目的框架中纳入这些影响。

对环境的其他影响可能更为遥远，或者更难确认。电厂排放的废气对生成酸雨的影响就是一个例子。高地农业发展及与之相伴的土壤与化学品、径流同低地与沿海的生态系统之间的相互关系就提供了一种复杂的、长期的关系的又一例证。对于评估，我们相信，最好从可以直接观察到的与可以测量的影响开始。项目工程师、经济学家与环境专家可以集体地来确定这种边界。

根据目前的研究，环境影响经济分析空间边界的确定一般采用以下几种方法。①现有的行政边界，包括区、县、市、省等；②根据自然环境的特征划定边界，例如，流域水资源开发项目的环境影响经济分析研究的边界为流域的自然边界；③根据环境污染的扩散模型来确定边界；④根据人类活动的类型或社群分布划定边界；⑤评价者根据自身经验划定的几何边界。

上述边界有时是合理有效的，例如西南川贵两省的酸雨区基本上是互相独立的，尽管存在污染物的输送问题，但其范围还在省级范围之内（蒋大和，1996），所以分析两省项目开发活动的酸雨累积影响时可采用各自的行政边界。但当出现跨边界的影响时，上述边界就不太有效。可见，上述的五种划定边界的方法并不能客观地反映建设项目环境影响在空间上的分布范围，而且使用不当还会产生一些负面影响。

① 采用行政边界不当可能引起地区之间甚至国家之间的纠纷。例如，官厅水库上游地区如果只考虑省界内的环境影响，势必引起下游地区的不满。

② 自然界使用不当可能造成生态系统的割裂和破碎。例如只考虑流域内部，可能造成河口鱼类洄游产卵通道的切断。

③ 人群活动边界使用不当可能造成民族纠纷。例如，大面积的森林开发和垦植如不考虑对各民族居住区的影响，可能引起民族不和。

④ 几何边界使用不当可能会掩盖环境影响的客观分布，给决策者造成错觉，从而误导决策。

一般来讲，空间边界的划定应以建设项目环境影响累积的过程为重要依据。因为累积的过程最能客观地反映建设项目环境影响的分布范围，而且不同的累积过程会有不同的空间累积与分布范围。例如，北京市大气中 TSP 的累积范围主要在城区和近郊，而 O_3 的累积形成范围主要在近郊和远郊，所以应采用不同的分析边界。此外，北京市大气污染对自然环境（动植物）的累积影响主要在广大的郊区，而大气污染对社会环境（人群）的累积影响主要在狭小的城区，显然应对两者采取不同的评价边界。

当然，目前在以累积过程为主要的边界划定依据的同时，还要兼顾其他的边界划定方法。例如，以累积过程划定边界时，可能会兼顾行政边界或人群活动边界，因为大部分数据资料的统计是按行政边界或人群活动单元进行的。但是，随着国家级、区域级社会经济、环境管理信息系统的建立和完善，以累积过程为主要依据的边界划定方法对其他边界的依赖就会逐步减少。

2. 环境影响经济分析时间边界的确定

通常所选择的时间应当长到足以涵盖所议投资的实用周期，这样，一个工厂就会有一个明确的"项目周期"。对于另外一类项目，预期其收益将在很长一段时间内增加（例如，一个预期生命为300年的大坝或水库），所选择的时间区间就应当能够抓住其收益与成本中的大部分——例如30～50年。在任何正的贴现率下，收益与成本的目前数量在50年后计算其净现值时都会变得非常小。例如，一个10%的贴现率将意味着大部分收益与成本在经过20年之后都将变得微不足道。

开发项目的环境影响分析提出了一个特殊的挑战。如果环境影响的持续时间低于项目预计的经济运行时间，这样就没有什么问题——项目对环境的影响可以包含在标准的经济分析过程中。例如，一个预期项目寿命为25年的油棕种植园在项目开始阶段可能要修建公路。公路的修建可能导致水土流失增加，使下游沉积物增加。大约5年后，修建公路开挖的部分已经稳定了，水土流失停止，下游也不必再为清淤支付额外的费用。这样，一个项目所产生的环境影响就可以包括在该项目的标准分析中，评价的时间等于该项目的预计生命周期。另一方面，如果项目对环境产生的影响预计可能超过所资助的项目的生命周期，对项目必须进行考察的时间就应当延长。例如，要用开挖河道的方法来建设一个港口，这个过程预计会破坏一个已经建立起来的鱼类产卵地以及与之相联系的渔业，港口项目预计会持续25年，评价也在这个时间范围内进行。但是，考虑到鱼类养殖业不可能再恢复，那么，25年以后的渔业生产的损失也应当纳入分析当中。

通常情况下，时间边界的确定也应该以累积过程为主要依据。目前，建设项目环境影响经济分析的时间边界一般就是项目的建设期边界。显然，这种边界远不能满足对建设项目环境累积影响在时间上分布的评价。

首先，时间边界应该延伸至过去的一段时期。因为目前的环境质量现状是过去开发活动对环境影响累积的结果，目前加上去的开发活动对环境造成的影响是一种"边际的"累积影响。所以，必须采取一种历史发展的观点，尽可能地多了解项目所在区域内过去环境累积影响发展变化的趋势和规律，为现状分析和预测未来打下基础。时间边界的划定虽然要以累积过程为主要依据，但容易受到历史资料缺乏和不完整的限制。

其次，时间边界还应该延伸至未来尽可能长的一段时期。因为有些累积过程是比较漫长的，例如黄河河床的泥沙沉积、全球的温室效应、DDT通过食物链的累积等。而且，可持续发展战略也要求现在的人们在发展上能考虑后代人的需要。这就要求人们在进行建设项目环境影响经济分析时，采取较为超前的时间尺度以分析建设项目对未来环境的长期影响。不考虑长期影响，只考虑短期影响，往往会产生严重后果。

同空间边界一样，不同的累积过程会有不同的时间边界。例如，采暖期SO_2在大气中形成浓度场的累积过程和SO_2浓度场对植物或人群的累积影响过程就具有不同的时间边界，后者的时间边界会远远大于前者的时间边界。因此，在环境影响经济分析中应对不同的累积过程采用不同的时间边界。

通过以上分析，我们可以知道建设项目环境影响经济分析的时空边界不是单一的，而是由若干不同的时空边界组成的混合体。一般来说，边界的确定要以分析的累积过程为主要依据，同时兼顾其他一些约定俗成的边界依据，只有这样，才能客观真实地反映建设项目给环境可能造成的所有影响。

关于分析边界的确定，适当时间的设置是一个涉及多学科的任务，需要不同领域的专家的合作来加以确定。除此以外，还有一些环境影响几乎是不可能量化的，有时甚至是很难确定和识别的。美学的、社会文化的和历史的因素等都是难以处理的影响类型。对于生物多样性和基因库的影响分析也有同样的问题，这些因素可能是非常重要的，但是很难对它们进行经济分析。这些问题将在第八章中讨论。

第三节　环境影响经济分析参数的确定

对建设项目的环境影响进行经济分析，关键取决于两方面的数据来源，即在经济分析过程中必须要确定的经济评价参数以及在经济分析之前必须要确定的剂量-反应关系。这些参数的选择通常会对评价结果产生重要的影响，应该说，它们是保证各类环境影响经济分析标准的统一性和评价结论的可比性的关键，只有在这些参数取值合理的情况下，评价结果才具有客观性。因此，在实际的环境影响经济分析工作中，这些参数的确定往往是一件比较棘手的事情。

一、经济评价参数的确定

经济评价参数是按照一定的经济评价理论和评价方法要求测定的，用以计算、衡量项目经济效果的一系列经济数值。按照经济评价参数的重要性和使用范围不同，可将其分为国家级和项目级参数。

(1) 国家级参数　在全国范围内通用的参数，它们反映了国家对项目投资的宏观调控意图。对它们的测算和取值都需要遵循一定的科学方法，并需要大量的基础资料，这类参数需要由国家组织统一测定和发布。属于这类参数的有社会折现率、影子汇率和影子工资。此外，基础性项目的行业基准收益率、标准投资回收期和基准投资利润率等财务参数是由国家组织各行业进行测算的，由国家统一分布，也是国家级参数。

(2) 项目级参数　这些参数通常因项目而异，应由项目评价人员根据项目的具体条件加以确定，属于这一类参数的有项目投入物和产出物的影子价格。项目投入物的影子价格虽然原则上应由项目评价人员自行确定，但是有些物品的分解成本资料、口岸预测价格资料等，往往评价人员难以获得，因此，由国家统一测定以减少许多重复劳动并缩短评价时间；有些物品的影子价格对项目评价的结果影响不大，没有必要让项目评价人员花费大量时间对它进行测算，对于这一类参数虽属项目级参数，也由国家统一测算和发布。

由于国家级参数和国家统一测算和发布的项目级参数，是在一定的经济条件下测算的，因此，各类参数都具有一定的时效性。从理论上讲，随着经济形势的发展与变化，应随时对参数进行调整。但是，参数的测算工作需要投入大量的人力、物力和时间。所以，实际上只是对其做阶段性调整。在每次调整之前往往需要积累大量的经济信息，并且还需要各个部门的密切配合。

一般来说，在两次修改参数的期间内，采用统一发布的影子价格时，可按下式进行修正：

$$E_{sh}=E_{sh_0}K$$

$$K=\prod_{t=1}^{n}(1+k_t)$$

式中，E_{sh} 为项目实施或投产时投入物的影子价格；E_{sh_0} 为现行的最近的一次发布的影子价格；k_t 为以最近一次发布影子价格所依据资料的年份为0算起第 t 年的资本货币价格上涨百分数（含实际的和预计的）；n 为从最近一次发布影子价格所依据资料的年份算起至项目实施或者投产时的年数。

二、剂量-反应关系的确定

量度所有建设项目环境影响的关键在于确定污染物浓度、浓度变化和对受体影响之间的关系。这一关系可以被定义为剂量-反应关系（dose-response function，DRF）。剂量-反应关系通过一定的手段来估计环境变化给受者带来的影响的物理效果，如空气污染造成的材料腐蚀、酸雨带来的农作物产量的变化、水和空气污染对人体健康的影响等。确定剂量-反应关系的目的在于建立环境损害（反应）和造成损害的原因（比如污染剂量）之间的关系，评价在一定的污染水平下产品或服务产出的变化，并进而通过市场价格（或影子价格）对这种产出的变化进行价值评估。剂量-反应关系可以为其他的环境影响经济分析方法提供信息和数据基础，特别是它将提供环境质量的边际变化与受影响的产品（或服务）产出的边际变化之间的关系。

剂量-反应关系所量度的是环境条件强度与对受体可测影响之间的关系。剂量-反应关系具有下述一般形式：

$$\Delta E=b_{ij}pop_j\Delta A_{jt}$$

式中 Δ——某变量的变化；

E——环境污染所导致的影响（如健康）；

b_{ij}——污染物 j 的第 i 种影响的变化率，也即是剂量-反应关系的斜率；

pop_j——处于污染物 j 所致风险之下的受影响的人口或其他受体的数量；

ΔA_{jt}——污染物 j 于 t 年在环境中的浓度，也即是分析的基年。

例如，可以在这样的意义上定义关于总悬浮微粒的剂量-反应关系，即地面大气中总悬浮微粒浓度每增加 $1\mu g/m^3$，所预期的患慢性支气管炎的病人数的增加量。

大多数环境影响经济分析方法的应用都是以剂量-反应关系为基础的，而这种剂量-反应关系的建立通常是由环境科学家、植物学家、农业学家、医学家（尤其是流行病统计分析专家）、材料专家等各类自然科学、工程技术专家等来完成的。从目前来看，关于人体健康与二氧化硫和总悬浮微粒有关的剂量-反应关系已被适当地加以确定，但关于诸如挥发性有机化合物和臭氧等大气污染物的剂量-反应关系则并不是那么健全。而且，关于酸雨沉降对植物和树木的剂量-反应关系也并不那么容易建立，因为它们在很大程度上取决于诸如土壤酸性和气候等其他条件。

应该说，目前环境科学技术的发展在一定程度上限制了环境影响经济分析方法的应用，尤其在我国有关剂量-反应关系的研究更是非常薄弱。尽管有一些专家在这方面进行了一些探索，如重庆大学关于“酸雨沉降对重庆地区金属材料造成损失的研究”，西南农业大学“关于酸雨沉降造成土壤和主要农作物损失的研究”，重庆建筑大学对“酸雨沉降造成建筑材料损失的研究”以及重庆医科大学关于“酸雨沉降对人体健康的影响的研究”，还有世界银行在重庆进行的“空气污染对公共健康影响的流行病学调查”等。但从总体上讲，由于研究经费与研究人员的缺乏，我国在剂量-反应关系研究方面的基础尚十分有限。加之我国地域辽阔，地理、气候、经济的地域差异很大，针对某一地区情况建立的剂量-反应关系很难具有普遍适用性。

从我国现有的有关环境影响经济分析的研究来看，它们大多数都是采用国外［主要是OECD（经济合作与发展组织）国家］有关剂量-反应关系函数的研究成果。但是，需要指出的是，这些国外建立的剂量-反应函数是否适用于我国，也就是说，这些剂量-反应函数是否具有可转移性尚待进一步研究。从美国的分析工作中已经得到了大多数的剂量-反应函数，但如果将这些数值外推到其他国家，尤其是若这些国家的发展状态极其不同，则需要十分小心。贫困程度较高和健康总水平可能较低的发展中国家的公民对于任何给定污染物浓度或许比发达国家公民更易受到伤害，因此影响可能被低估。社会与文化的差异将影响人们在给定暴露水平上所花费的时间量。如果发达国家公民在室内比生活在炎热地区的人们（如南亚）度过他们更高比例的时间，那么他们对污染物的实际暴露就要低一些，而这将被反映到剂量-反应函数中。因此，运用产生于美国或其他发达国家的剂量-反应函数就可能低估在室内耗时较少的炎热国家中对人体健康影响的意义。

第四节　设置优先序

经济发展面临大范围的环境问题，而用来处理这些问题的资源又是有限的，为了使环境投资的收益最大化，必须设置优先序。在环境问题中设置优先序是一项艰巨的任务，因为必须考虑的因素众多且数据质量通常十分可疑。

优先序的设置是建立在环境评估和经济分析结果的基础之上的，它是这样一种简明的认识，即需要解决的问题是很多的，而资源——无论是财政的还是人力的和机构的却是有限的。因此，重要的是应当确认哪些环境问题是最重要的，需要予以最迫切的关注，而哪些干预是最有效果和最有经济效益的。根据需要解决的问题，用来确认优先序的准则会有所不同。当环境问题对资源生产力或人类健康具有影响时，经济价值对于优先序的确认是很有用处的。

许多国家，特别是在里约会议（1992年联合国环境与发展会议）之后世界上那些环境意识更强的政府，都在建立国家环境保护行动计划（有时被称为NEAPs)，以便确认投资与政策变化的优先领域。在其他情况下，可以在部门一级进行分析，以便确认哪些是城市地区或者农业部门的优先投资等。

虽然评估和减缓开发项目的负面影响都很重要，但是，项目一级的行动并不足以减少所有的环境问题。许多环境问题的根本原因并不直接同某个特定的项目相关，而是来自于政策失灵和市场失灵。

政策失灵是指政府政策的无意识的、扭曲的副作用，或者导致了某种从社会的观点出发认为是不适当的资源利用行为。例如，政府常常对一些资源的使用给予补贴，包括对水、能源、农药及化肥等关键性农业投入提供补贴，鼓励了这些资源的过度使用，导致了环境退化(以对国家财政的巨大支出为代价)。市场失灵是指在某些特定的条件下，市场价格不能够准确地反映环境产品或服务的价值。例如，土地市场不能够抓住红树林地区所提供的多种多样的产品与服务的价值。这是因为，这些地方的产权不明晰，生存型的使用而不是商业性的开发支配着开采出来的产品，例如薪柴、单宁（植物酚类物质）和鱼类，以及从当地生态和海岸线保护的贡献中获得的利益，而这种贡献是通过红树林自然增殖成为一个大而广为分布的群体所提供的。类似地，如果定价或法规不能强制该行业将其产生的外部破坏（经济外部性）的成本内在化，那么，一个排放有害大气或水污染物的行业是没有主动性来削减这些排放物的。

在这些案例中，要求政府通过干预来纠正这些失灵，而这些干预可能包括财产权的变化以及其他对资源利用进行管理的机构的变化；基于市场的激励措施与法律措施等政策工具；以及直接公共投资。评估技术对于在环境问题和可能的干预之中建立优先序而言是非常重要的。

思考题

1. 环境影响经济分析的一般程序是什么？
2. 项目周期与环境影响经济分析之间有什么关系？
3. 环境影响经济分析的时空边界是如何确定的？
4. 环境影响经济分析的主要参数有哪些？这些参数是如何确定的？
5. 什么是优先序的设立？

第三章　环境影响的经济衡量

在项目评估时必须进行经济分析和财务分析，财务分析主要是从企业角度着重分析市场价格和现金流量，经济分析则应包含项目建设对环境产生影响的所有经济价值的分析，而不管这些影响是否已经反映在市场之中。

第一节　环境影响经济分析的理论基础

一、新古典福利经济学的概念

新古典福利经济学是由庇古（1920 年）和希克斯（1939 年）等人创立和发展的，其基本前提是经济活动的目的是为了增加社会中的个人福利，并且每个人都能够绝对正确地判断自己的福利状况，而且可以通过观察每个人对不同物品或服务组合的选择来推断其福利状况。每个人的福利不仅取决于其所消费的私人物品以及政府提供的物品和服务，而且还取决于其从资源-环境系统所得到的非市场性物品和服务的数量与质量，如健康、视觉享受、户外娱乐的机会等。

对环境影响的经济价值进行计量的理论依据在于它们对人类福利的影响。如果一个社会想让它的所有资源都发挥最大的效用，就必须在环境变化和资源使用所带来的效益与这些资源和要素所带来的成本之间进行权衡。然后，根据权衡的结果，社会必须对环境和资源的配置进行适当的调整，以便使个人福利得到增加。既然这种效益和成本是通过它们对个人福利的影响来衡量的，那么“经济价值”和“福利变化”这两个词在使用上就是可以互相替代的。因此，所谓环境影响所导致的损害实际上就是指个人福利的减少，而环境影响所导致的效益则是指个人福利的增加。

起初，计量个人福利变化的规范经济学原理只是用于解释在市场上进行交易的物品的价格和质量变化。近些年来，这一理论已经开始用来解释诸如环境质量和健康之类的公共物品或其他的非市场性服务。该理论假设人们对可供选择的物品集中有精确的偏好（包括各种各样的可在市场上交易和不能在市场上交易的物品），而且还假设人们很清楚地知道自己的偏好，这些偏好在该物品集中都有其替代物。对于这种偏好的可替代性，经济学家是这样解释的：如果在个人物品集中有一种物品数量减少，就会有其他某种物品的数量增加，以使这种变化不导致个人福利的降低。换句话说，第二种物品数量的增加替代了第一种物品数量的减少。可替代性理论是福利经济学价值概念的核心，因为它在人们所需的各种物品之间建立了相应的替代率。

人们在选择过程中，减少对某种物品的需求而增加购买其替代物，其实这种权衡本身也就反映了人们对这些物品的评价。如果某一物品有一具体的货币价值，则该权衡所反映的价值也就是其货币价值。而能够在市场上进行交换的物品的货币价格仅仅是替代率的一个特例，因为我们购买物品集中一单位物品所需支付的货币，代表着因该购买而必须减少的该物品集中另一种或多种物品的数量。这种以可替代性为基础的经济评价可以用“支付意愿（WTP）”和“接受补偿意愿（WAC）”来表示，支付意愿和接受补偿意愿可以根据人们愿意用来替换被评价物品的其他任何物品进行确定。

二、个人经济福利和社会经济福利

1. 个人经济福利

（1）效用理论　通过消费经济商品和劳务，获得的个人满足称作效用。在一定的消费范围内，一个人消费得越多，则他的总效用水平越高。在图 3-1 中纵坐标表示总效用，横坐标表示单位时间内消费商品 X 数量的增长。总的效用是在逐步降低边际效用率情况下上升的，在 X_s 点达到饱和，在这以后，总的效用下降。商品 X 的个人边际效用函数可以用图 3-2 来说明。边际效用是在单位时间内商品 X 的消费增加一个小单位时，效用变化的速率，它可以用总的效用曲线的斜率来表示。典型的情况是边际效用开始是正的，并逐步减少，在 X_s 达到零，然后成为负的。

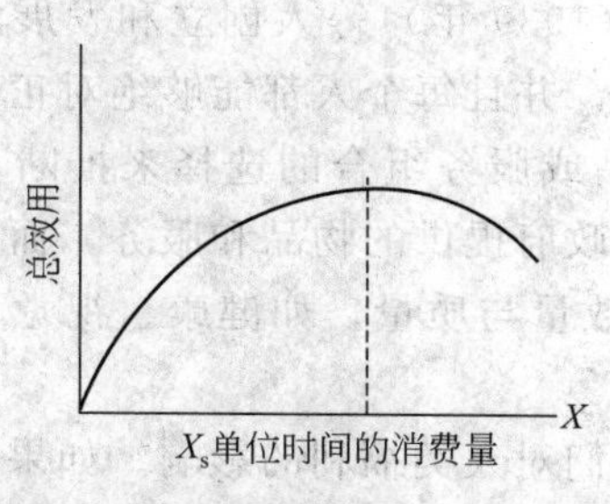

图 3-1　典型的个人总效用函数

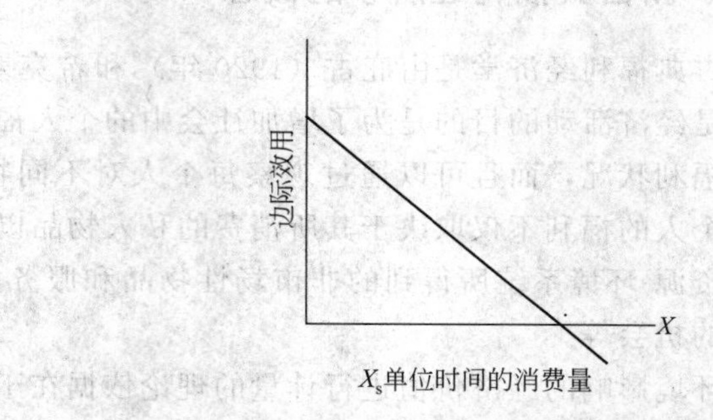

图 3-2　典型的个人边际效用函数

效用本身不能按绝对项目来计量。关于个人总效用函数和边际性质的有关资料，必须从表现出的“偏好”中获得，即从描述个人不同的经济情况下的消费行为和偏好的经验资料中获得。西方经济思想坚决主张，在每一个时期配给个人一定的货币，并由个人用货币价格表现对商品和劳务的偏好或支付愿望，从而获得最可靠的资料。这就导致了个人需求曲线的产生。

（2）个人需求　在一个固定的货币收入和对所有其他商品在不变边际价格的条件下，可以观察个人对商品 X 支付的愿望，即通过商品 X 单价的变化来观察不同时期中商品 X 消费量的变化。给定 X 消费量时，一个人愿意支付的价格反映了他在这个消费水平上的边际效用。根据观察到的消费量的变化可以确定基于边际效用函数的个人支付意愿，这就产生了个人对商品 X 的需求曲线（图 3-3），因为边际效用曲线斜率向右下方倾斜，需求曲线也是这样。这条曲线称作马歇尔需求曲线，因英国经济学家马歇尔（Alfred Marshall）而得名。这条曲线可以在自由交易体系中观察到。但是，从理论上讲，它在任何经济体系中都存在。

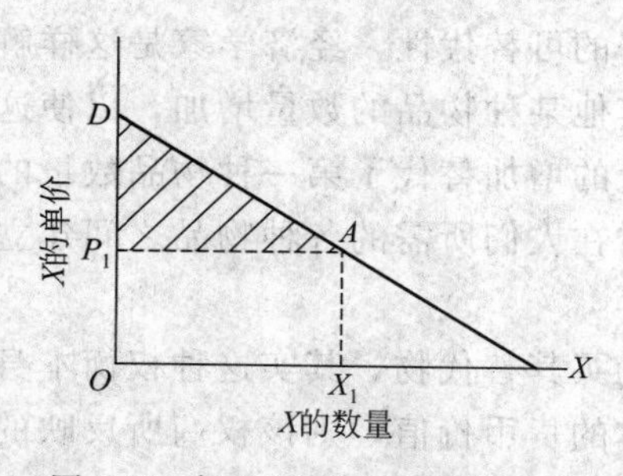

图 3-3　商品 X 的个人需求曲线

（3）消费者剩余 在图 3-3 中，假定对个人供应商品 X 的量为 OX_1，X 的边际值应该是 OP_1。购买商品 X 量及 OX 支付的货币将是单价乘以消费的量，或者是矩形 OP_1AX_1 的面积，然而，总的支付意愿明显地超过了这个数量。总的支付意愿包含从 O 到 X_1 所有商品 X 边际价值的总和，也就是 $ODAX_1$ 区域的面积，这个面积代表总效用水平，并且在效益费用计算中应该作为全部效益或总效益。阴影区域 DAP_1 的面积叫作马歇尔消费者剩余，并以此度量最大支付意愿超出实际消费的现金费用。为了正确估计总经济效益，就应该把消费者剩余加到消费商品和劳务的市场价值上。

2. 社会经济福利

（1）市场需求和社会效益 在以市场为基础的经济中，假定现行收入的分配是可以接受的，并且市场运行合乎理想，则可用市场需求函数来计量社会效益。把所有个人对特定商品的需求曲线相加，就可以得到对该商品的市场需求曲线。图 3-4 表示商品 X 的市场需求曲线。在市场价格为 OP_1 时，商品 X 的消费量为 OX_1。总的支付意愿等于区域 $OCDX_1$ 的面积，它包括现金支付的 OP_1DX_1 和消费者剩余 CDP_1。

（2）市场供应和社会费用 产生社会效益就一定要使用资源，相应地也就产生费用。以一种特殊的方式使用任何一种稀缺资源，总会涉及费用问题，不管它是不是在市场价格中反映，这个费用用机会成本能准确地计算出来。机会成本就是该资源在下一个最佳使用方案中的经济价值。例如，用于制造运输设备的钢材就不能用于建设石油化工厂。市场系统在理想的运行中，所提供的商品价格将反映生产中所使用的全部资源的边际机会成本。

用图 3-5 表示商品 X 的市场供给曲线。在给定的时期内，若生产较多的商品 X，由于工艺技术和资源稀缺的原因，生产的边际成本将增加。为了弥补增加生产成本，生产者所收价格等于边际成本。因此，供应曲线向上倾斜。生产给定量为 OX_1 时的商品 X 需要的资源总成本等于从 O 到 X_1 边际生产成本的和，也就是供应曲线下的 $OFGX_1$ 面积。

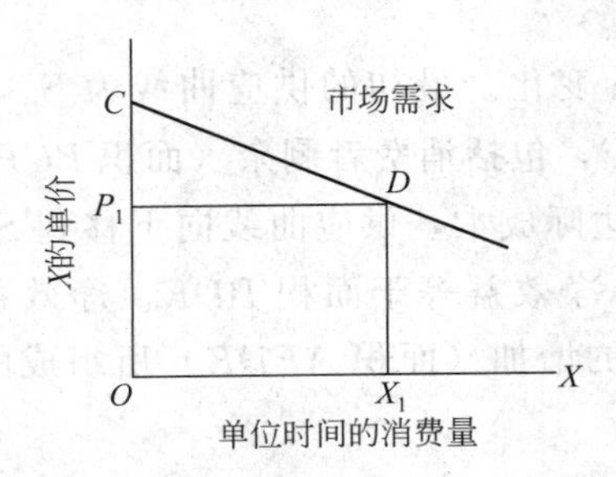

图 3-4 商品 X 的市场需求曲线

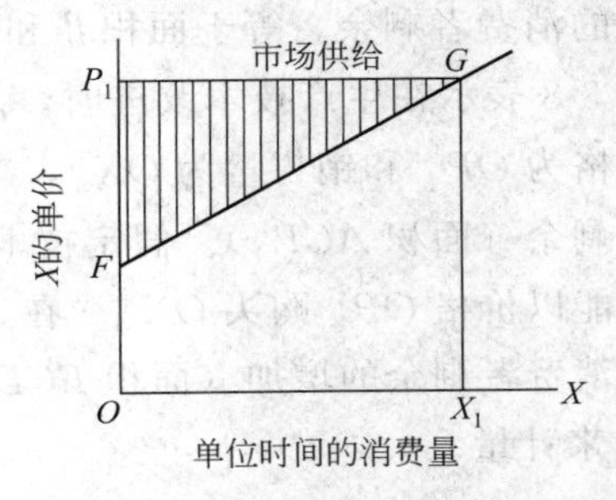

图 3-5 对商品 X 的市场供给曲线

如果生产者向市场供应 OX_1 时的所收价格是 OP_1，生产者收到的总现金为 OP_1 乘以 OX_1，或矩形 OP_1GX_1 的面积。这明显地超出了总的生产成本。阴影区域 P_1GF 为生产者额外增加的效益，叫作生产剩余。

（3）社会经济福利最大化 在前面所有假定的条件下，在任何商品 X 的生产和消费过程中，社会因有最大净效益而取得了最大经济福利。净效益就是总货币效益与总货币费用之间的差。图 3-6(a) 说明用总效益曲线和总费用曲线的倾斜来表示的边际效益和边际费用是相等的，生产和消费最优的水平是 OX_3。理想的市场系统会获得完全相同的结果，如图 3-6(b) 所示，这时市场供应曲线和需求曲线相交于一点，市场出售的价格是 OP。用市场供应

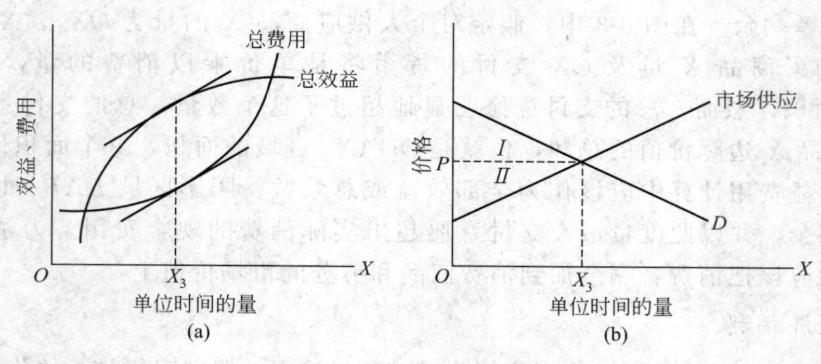

图 3-6 商品 X 生产和消费的最优水平

和需求曲线之间的面积计量净经济效益，这个面积是由消费者剩余（区域 I 的面积）和生产者剩余（区域 II 的面积）的和构成的。净效益等于对商品 X 的总支付愿望与水平 OX_3 时的总生产成本之间的差。

(4) 净经济效益的变化　由市场资料获得消费者和生产者剩余，它的计量对于评价社会经济净效益的变化是有用的，这个变化是由于供需条件的改变而引起的。在图 3-7 中，假设商品 X 的固定量 OX_1 以总成本 OP_1AX_1 供给市场。在点 X_1 有一条垂直的供应曲线，平衡的市场价格是 OP_1。在这种情况下，净经济效益等于面积 I、II 和 III 的总和，并采取消费者剩余的形式。如果这个固定量等于 OX_2，那么净效益将减少，减少量等于面积 P_2BAP_1。

图 3-7 也可以用于说明当商品以固定价格供应市场，而市价变化时将发生的情况。开始时销售商品 X 的固定价格是 OP_1。供应曲线在点 P_1 是一条横线，OX_1 是购买量，用 DAP_1 区的面积计量净社会效益。在这种情况下，净社会效益全部由消费者剩余组成。当价格上涨到 OP_2 时，需求量落到 OX_2，消费者剩余减少为区 I 的面积。净社会效益的减少是失去的消费者剩余，等于面积 II 和 III 之和。

图 3-8 表示在生产技术改进时，怎样计量净效益的变化。最初的供应曲线为 S_1，给定平衡价格为 OP_1 和销售量为 OX_1，净效益为面积 ABC，包括消费者剩余（面积 BCP_1）和生产者剩余（面积 ACP_1）。假定技术改进降低了生产边际成本，供应曲线向下移到 S_2，这样，就能以价格 OP_2 购买 OX_2。在这种新的情况下，净效益等于面积 BDE。净效益的变化则由消费者剩余的增加（面积 FCD）和生产者剩余的增加（面积 $AFDE$）所组成的面积 $ACDE$ 来计量。

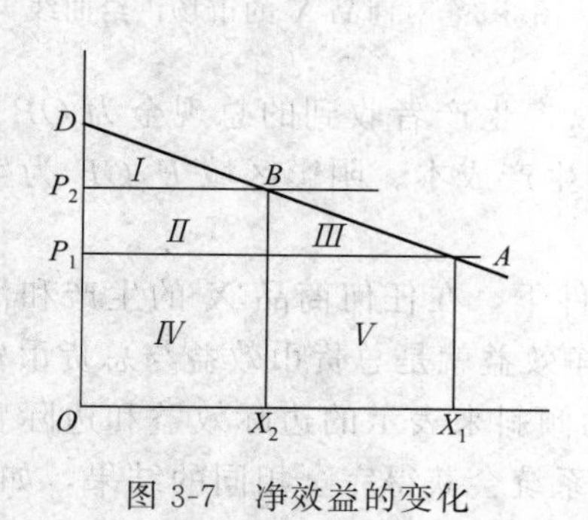

图 3-7 净效益的变化

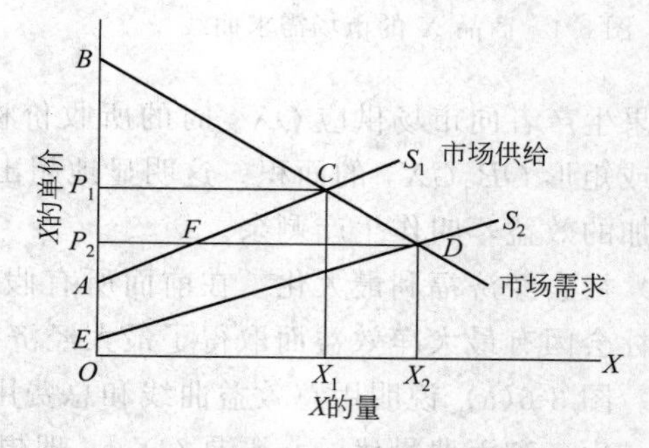

图 3-8 新技术引起净效益的变化

三、支付意愿和消费者剩余

1. 支付意愿

支付意愿（willingness to pay，WTP）是指消费者为获得一种物品或者服务而愿意支付的最大货币量。支付意愿是福利经济学中的一个基本概念，它被用来表征一切物品和服务的价值，是环境资源价值评估的根本。目前，支付意愿已被美、英等西方国家的法规和标准规定为环境效益评价的标准指标，并用来评价各种环境影响的经济价值。

福利经济学认为，价值是人们对事物的认识、态度、观念和信仰，是人的主观思想对客观事物认识的结果。因此，价值是公众的态度、偏好和行为的反映。人们每时每刻都用支付意愿来表达自己对事物的偏好，支付意愿实际上已经成为“人们行为价值表达的自动指示器”，也是一切物品价值表征的唯一合理指标。因此，所有物品和服务的价值就可以用公式表示如下。

任何物品和服务的价值＝人们对该物品和服务的支付意愿

从消费者的角度来看，支付意愿是“人们行为价值表达的自动指示器”。如果从出售者的角度看，人们接受补偿的意愿（willingness to accept compensation，WAC）也应该是“人们行为价值表达的自动指示器”。因此，所有物品和服务的价值也可用公式表示如下。

任何物品和服务的价值＝人们对该物品和服务的补偿意愿

WTP 和 WAC 都是“人们行为价值表达的指示器”，因此，WTP 和 WAC 都可用来表达环境影响的经济价值，其具体方法如下。

① 环境影响的经济效益测定：用 WTP，即人们获得环境效益的 WTP；用 WAC，即人们放弃环境效益的 WAC。

② 环境影响的经济损失测定：用 WTP，即人们阻止环境损失的 WTP；用 WAC，即人们容忍环境损失的 WAC。

从理论上看，环境影响的经济效益或损失既可用 WTP 测定也可用 WAC 测定，并且两者应该相等。那么，实际上 WTP 和 WAC 有没有差异呢？国外的研究表明，WAC 无一例外地大于 WTP，并且 WAC 约是 WTP 的 1～10 倍。怎样解释这种差异呢？心理学家认为，这种效益和损失评价中的不对称现象产生的主要原因是 WTP 属于“购买结构”，而 WAC 属于“补偿结构”。与“购买结构”相比，人们常常更注重“补偿结构”。值得一提的是，由于 WTP 和 WAC 之间存在着较大差异，所以环境影响的经济评价一般都采用 WTP，而 WAC 只用于一些比较研究。

2. 消费者剩余

消费者剩余（consumer surplus，CS），亦称净支付意愿（net willingness to pay，NWTP）。有关消费者剩余的概念马歇尔是这样解释的：个人为获得一种物品或服务而愿意支付的最大货币量与他实际的货币支出之间的差。消费者剩余是福利经济学中的一个基本概念，目前已被广泛用于环境经济学，并被美、英等国的法规和标准规定为资源环境效益评价标准指标，特别是游憩价值的指标。

消费者剩余的本质是什么？它为什么会被西方经济学家用来作为环境价值的表达指标？根据大量的国外经济学文献，其理由主要有以下三条。

① 从定义看，消费者剩余是消费者购买商品愿意支付的资金与实际支出资金的差，它

的本质反映了消费者购买商品的“心理收益”。

② 环境商品的价格很低，甚至为零。由消费者剩余概念可知，当商品的价格接近零时，消费者的实际支出也接近零，消费者剩余约等于支付意愿，而支付意愿是“一切商品价值表达的唯一合理指标”，因而此时的消费者剩余可表达商品的经济价值。

③ 环境商品消费者剩余的本质超出了“心理收益”范围。对于受政府补助的商品来说，其价格一般按没有包括补助金的成本来确定，价格小于总成本。西方国家把大量资金投入到环境商品的生产，如建设国家公园、参观中心、游憩区和保护区等，为公众提供免费或廉价的服务。因此，环境商品的消费者剩余超出了“心理收益”范围，并代表了消费者的部分“实际收益”，可用来表达环境商品的经济价值。

在福利经济学中，私有商品的消费者剩余可以通过其价格资料来求得，那么对于公共物品，其消费者剩余怎样求得呢？根据国外目前的研究成果，公共物品消费者剩余的计算主要有以下两种方法。

① 利用“影子价格”。与私有商品类似，可以根据公共商品的“影子价格”来求其消费者剩余。例如，对于游憩商品的消费者剩余，可以把人们游憩支出的费用（交通费、住宿费、门票费和时间花费）作为游憩商品的“影子价格”，再根据游憩费用资料即可求出游憩商品的消费者剩余。

② 利用支付意愿。直接询问人们对某商品的支付意愿和实际支出的费用，其两者的差就是消费者剩余。

3. 支付意愿和消费者剩余之间的比较

表征资源环境效益价值的三个指标都是价格。“影子价格”的本质是环境商品的替代市场价格，它亦是一种实际存在的市场价格；支付意愿是环境商品的模拟市场价格，其事先是市场上不存在的一种假设价格；消费者剩余是支付意愿与实际支出的差，即假设的市场价格与实际市场价格的差。

市场价格、支付意愿和消费者剩余三者之间既密切相关，又存在差别，我们可以用下列等式和图 3-9 来表达它们之间的区别和联系。

消费者剩余(a)＝支付意愿($a+b$,本质是假设价格)－实际支出(b,本质是市场价格)

根据图 3-9，我们可以得出以下三个方面的结论。

① 支付意愿不仅是“人们行为价值表达的自动指示器”，而且是一切商品、效用和服务经济价值的唯一合理的表示方法。但是，假设市场与实际市场毕竟不同，它缺少反馈调节机制，因此，假设价格的精度没有实际市场价格高，这正是假设市场的一个最大缺陷。

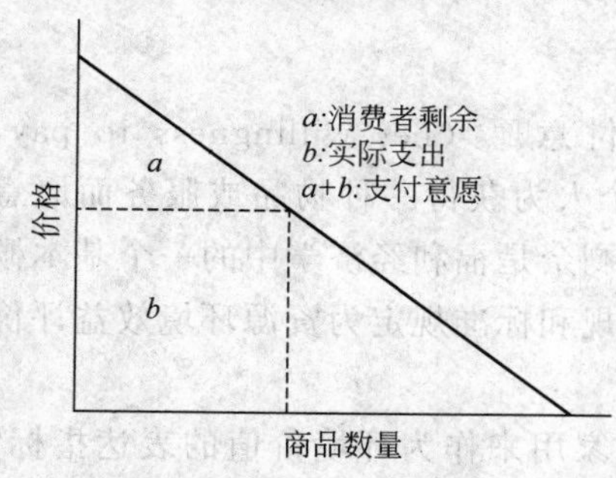

图 3-9 支付意愿、消费者剩余和市场价格示意图

② 市场价格仅是支付意愿的一部分，并且小于或等于支付意愿，因此对于消费者剩余等于零或小到忽略不计的商品，我们可用市场价格来近似表征商品的经济价值。这也说明了经济学中这样一个事实：“市场价格只是商品经济价值的近似表达”。

③ 消费者剩余是支付意愿的一部分，并且小于或等于支付意愿，因此市场价格很低或者等于零的商品，消费者剩余也就更等于支付意愿，并可以用消费者剩余表征其经济价值。

第二节　环境成本和环境效益

一、环境成本和环境效益的概念

以往的项目分析通常着重于那些易于计算的直接效益与费用，常常忽略经济外部性——其中有些可以用市场价格来直接衡量，但其中很多包含着消费者剩余的损失（也可能是获得，但很少见）。所谓经济外部性（环境外部性），是指一个经济主体的经济活动对其他经济主体的影响。环境影响的经济分析着重于对环境外部性进行货币化的技术分析。

经济外部性的确定和相关理论主要是以环境经济学为基础。在一个良好的效益与费用分析中，必须同时考虑到物品和服务的地点及其价值。以红树林为例，地点和服务之间的关系见表 3-1。在表 3-1 中，横向表示物品和服务的地点（当地和域外），纵向表示价值评估（无论其市场价格是否可得）。传统的对红树林的分析着重于第 1 象限中的资源——那些能在当地发现并在市场上买卖的物品和服务，如红树林的树干和蟹类。第 2 象限中的一些资源——域外（即在红树林邻近水域以外的地方）的但是具有市场价格的资源也被包含在内。那些鱼类和贝类在生命周期中的部分时间依赖于红树林，则其被捕获在其他水域，对于这些资源的明确评估与包括便是一个极好的例子。

其余两个象限中的资源往往在很大部分上被忽略了。第 3 象限中包括在红树林中发现的但并未进入市场的重要物品和服务（如医药、其他的次要林产品、鱼类“养护地”的价值），其中一些可能已经被当地居民收集和使用了。红树林的娱乐价值也可以归纳在第 3 象限。第 4 象限表示了域外的、非市场的物品和服务，包括那些比较难以衡量与估价的环境影响，如进入河口的营养物流，红树林所具备的保护风暴潮袭击海岸地区的利益等。在需要更准确地确定红树林生态系统对社会福利的总贡献时，对于这些影响需要加以确定和货币化。

表 3-1 主要是为一个红树林的具体案例而建的，但是，这种分析方法也可以用来分析大多数环境问题。在对一种环境资源（如红树林、鱼类、农业系统等）或者一些环境问题的影响（如大气和水污染等）的经济价值进行调查时，表中的矩阵就提供了一个有价值的检查清单。显然，环境评价过程对于建立一个矩阵是非常关键的，同时，经济学家必须同自然学家和社会学家合作，共同来确定、计量和评价自然生态系统提供的不同物品和服务的价值或确定一些污染物的影响。

表 3-1　地点和服务之间的关系

项目		物品和服务的地点	
		当地	域外
物品和服务的价值	市场	1 通常包括在经济分析中（如树干、木炭、薪柴等）	2 可能包括（如在邻近水域中捕获的鱼类或贝类）
	非市场	3 很少包括（如红树林的药用价值，民用薪柴，饥荒时的食物，河口的鱼类和虾类的觅食地，观赏和研究的野生动物）	4 通常被忽略（如流入河口的营养物，对暴雨造成损害的缓冲作用）

由于在对一个项目或活动所进行的一项适宜的经济分析中必须包括所有的成本和效益、当地和域外的影响分析。表中的矩阵可以帮助研究者组织有关的信息，确认在哪些领域还需

要做一些额外的工作，尤其是当尝试对于某些效益和成本进行货币化的时候。

二、环境成本与效益识别

在对项目进行环境影响经济分析时，最困难的工作就是确认哪些环境影响或资源损失必须考虑。然后，如何量化和货币化这些影响。对于这个问题，没有像“菜谱”那样的现成答案。它要求分析人员必须仔细考虑每一个问题，确认其重要的影响，做出选择，并使所有假设都非常清晰明确。

(1) 简单地从最明显的、最容易估价的环境影响入手　这也许意味着要找出那些可以用市场价格反映的、影响到生产力变化的环境影响。一个土地发展项目，它可能产生水土流失、泥沙沉积等，并因而影响到下游的传统渔业或一些农业活动。因此，通过调查估算农业及渔业产量的变化来估算这种损失的大小。流入下游的水质与水量的变化以及对沿海红树林的影响和对离岸的珊瑚礁的影响则是第二级影响。第二级影响也许从生态系统角度和经济角度来说都是非常重要的，但是分析人员将会尽力从渔业和农业活动的分析开始。简言之，就是从可以用市场价格来衡量的、可以直接测量的生产力变化来开始分析。

(2) 效益和成本之间有一种非常有用的对称关系，放弃的效益就是成本（机会成本的概念），而避免的成本就是效益。比如提高工业污水处理率的价值既可以从直接成本角度考虑（主要是投资、运行和维护费用以及替换成本），又可以从“避免的成本”角度考虑，如减少下游水净化的支出或降低发病率的效益。效益（避免的成本）和成本的区别就在于度量这种变化的参考点。如果决策是采取有关措施（如污染控制），即使没有衡量其效益，这种方法也还是一种费用-有效性分析。

(3) 如果不能直接使用市场价格，那么，也许可以通过替代市场技术来间接使用这些价格。在这些方法中，可能采用替代品或互补品的市场价格来估算没有市场价格的环境物品或服务的价值。比如清洁空气，一种没有价格的环境舒适性，可以是某种可交易的物品（例如住宅或土地）价格中的某个因素。对处于不同空气质量区域中的房地产或土地价格的差异进行分析，有可能指出没有定价的环境舒适性的隐含价格。

(4) 经济分析本身必须在实施项目和不实施项目的框架中进行　如建污水治理厂还是不建污水治理厂；如果建污水治理厂，是建设大厂还是建设小厂。缺乏比较的基础，项目量化不会有意义。

(5) 所有的假设、条件都必须清楚地阐述，所有的数据来源都要有根据　这一点在评价环境影响时尤为重要，因为其他分析人员有可能要对结果提出质疑，或者想同其他领域的研究进行比较，当所有的假设和数据都得到清楚阐述时，这种比较才是可能的。

环境项目的效益和费用识别清楚以后，才可以进行量化（货币化计算），即环境成本和效益的价值评估。

第三节　环境影响经济分析的基本方法

一、环境影响经济评价模型

尽管环境价值评估过程中会涉及经济理论和方法的使用，但是价值评估还需以其他类型的知识为基础。例如，为了评估空气污染控制所带来的健康效益，就必须以能够说明污染物浓度和人类健康之间关系的科学知识为基础。在一些事例中，由于缺少这些相关知识，所以对实际的价值评估形成了重要障碍。在这一节中我们将分析一个简单的模型，该模型可以用来检验价值这一经济概念与所要评价的环境系统的物理学和生物学变量之间的关系。该模型有助于经济方法对一些基本的物理学和生物学关系（它们决定着环境和资源服务的数量和质量）知识的依赖性。

一般来说，资源-环境系统所提供的服务的经济价值可以看作是三组函数关系的结果。第一组函数是关于环境或资源质量水平与对其产生影响的人类干预的关系。我们以 q 表示一定质量或数量的环境或资源属性，诸如供商业性或娱乐性之用的各种鱼类的群落、森林中正在生长的林木的储量以及空气中一些污染物的浓度。至于人类干预，则可具体化为两种形式。其中一种涉及市场经济中未受管制的活动（例如，渔场的商业性开发或空气中污染物排放等），这些活动在目前的各种关系中是很不明确的；另一种干预是政府为阻止和改善未受管制的市场活动所带来的负面影响，或保护和提高由环境所提供的市场性和非市场性的价值所采取的行动。我们以 S 表示政府干预。例如，如果 q 表示水禽的数量，S 在受到保护的栖息地和繁殖地可能会有所增加。S 可表示为获得一定标准的空气质量而设计的一组规章，同样，S 也可以是保护国家森林的管理措施。用式（3-1）表示 q 和 S 之间的关系。

$$q=q(S) \tag{3-1}$$

在下面的讨论中，我们可以看到这个关系在时间维和空间维上都是非常复杂的。

在政府对影响 q 的私人活动进行管制的地方，S 变化所产生的影响以各种复杂的方式取决于私人决策者对公共规章的反应。这方面最显著的例子就是污染控制规章的遵从问题，对于任何给定的 S，当遵从规章的水平提高时，q 就会增加。而有些公共规章则只是间接地与有关的环境质量水平相联系。例如，在美国《清洁空气法》中所规定的汽车尾气排放标准，它规定了汽车单位旅程的污染物排放克数。在此例中，S 变化所产生的效果取决于它是如何影响汽车使用的。考虑到这些复杂性，我们把 q 表达成 S 以及私人对政府规章反应的程度 $R(S)$ 的函数似乎更为合适，即：

$$q=q[S,R(S)] \tag{3-2}$$

第二组函数关系涉及环境或资源对人类的用途以及它们对 q 的依赖性。以 X 表示包含环境或资源用途在内的一些活动水平。例如，X 可能是在水体上进行娱乐活动的天数、从商业性渔场中捕捞的鱼的吨数以及在人类健康取决于环境质量水平的地方人们的健康状况等。一般来说，X 的水平不仅取决于 q，而且也取决于由 q 决定的劳动、资本、时间、材料以及其他资源的输入。以 Y 表示这些为输出环境服务或活动而输入的其他资源，那么第二个函数关系就可以表达成：

$$X=X[q,Y(q)] \tag{3-3}$$

第三组函数关系则给出了环境用途的经济价值。以 V 表示环境和资源服务或活动的货币化价值，那么无论社会对经济福利采用什么样的价值判断标准，该关系都可以具体表达为：

$$V=V(X) \tag{3-4}$$

在此，假定价值函数是所有个人价值的简单加总，其实 $V(X)$ 还应该考虑一些以反映社会公平为目标的社会福利的权重，同样，$V(X)$ 也应该考虑环境伦理或社会标准之类的概念。

将式（3-2）、式（3-3）代入式（3-4），我们可以得到：

$$V=f\{S,R(S),Y[S,R(S)]\} \tag{3-5}$$

通过对式（3-5）求导，可以得到 S 变化的边际价值，它反映了私人对公共规章的调整 R 以及在公共干预情况下的其他资源输入 Y，为增加 q 而进行的政策干预所取得的非边际变化的效益，可由式（3-6）给出。

$$B=\Delta V=f\{S_2,R(S_2),Y[S_2,R(S_2)]\}-f\{S_1,R(S_1),Y[S_1,R(S_1)]\} \quad (3\text{-}6)$$

式中，S_1、S_2 分别为干预前、干预后的政策水平；R、Y 分别为根据 S 变化而进行的最优调整。

式（3-2）所表示的各种关系本质上几乎都是非经济问题，因为它涉及的是各种各样的物理学和生物学过程，而式（3-4）所反映的关系完全是经济领域的问题，因为它所涉及的是经济福利理论和经济数据使用。式（3-3）所反映的关系则代表了自然科学和社会科学之间的接口。这些关系的一部分，如随着水质的改变水体娱乐性用途如何变化，基本上是行为学或社会学问题，其他部分则几乎全是物理学或生物学问题，如空气污染对人类健康和死亡率的影响。例如，在一定的范围内，人们可以通过抵御空气污染的不利影响（如购买拥有更洁净空气的房子），或减轻由空气污染所诱发的疾病的症状来保护自己，于是这些行为关系就可以通过式（3-3）具体表示出来。另外，空气中的污染物对某一特定植物的影响其实是一个生物学问题，但是如果农民为了适应空气污染变化而改变自己的种植方式，那么就应该将这些关系中的行为学和生物学部分进行综合考虑。

图 3-10 是通过水质改善所带来的效益的例子，对这三组关系进行了解释。假定各种物质排入水体之中，对这些排放物进行削减会影响到水质的物理、化学以及生物学指标，例如溶解氧、温度、水藻密度以及鱼群数量等（第一阶段），这些指标的变化可以通过水质模型进行预测。最终产生的水质（它可以通过一些指标进行计量）反过来又会影响到水体对人类的用途（第二阶段），这些用途包括可以回收的使用（如工业用水、生活用水以及灌溉用水等），或者对水流的使用（如渔场生产用水以及娱乐用水等）。第二阶段的主要困难在于在现

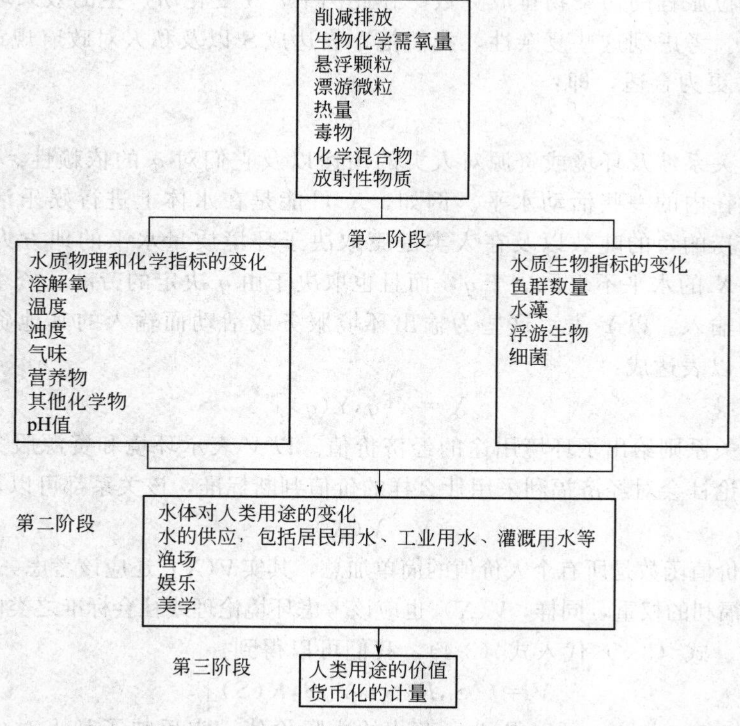

图 3-10　水质改善所带来的效益的产生过程

实中，只包含像溶解氧之类的单一水质指标的简单函数很少派上用场。这是因为水质的一些用途（这可以通过商业性渔场和娱乐用水的例子来说明）是以更复杂的方式取决于其整体的物理、化学以及生物指标的。水质效益的评估还涉及如何确定人们对诸如娱乐改善的机会、渔业产量的增加以及特殊鱼种的可获得性等所赋予的货币化价值（第三阶段）。这一阶段的分析，已经开发了很好的经济价值理论。正如前面所讨论的，我们拥有大量的在不同条件下评估这些价值的方法。

图 3-11 说明该模型也可以类似地适用于空气污染的削减。对第一阶段进行解释是大气科学家们（主要研究光化学、大气扩散和流动等）的任务。他们必须提供相应的空气质量模型，以便把排放物的变化与有用物质周围的污染物浓度的变化联系起来。解释空气质量变化对农业生产力和材料损害的影响，是植物学家、植物生理学家以及材料工程师的一项技术工作。同时经济模型也是必需的，因为这些影响以及对这些影响的评价还取决于人类的反应，例如，种植方式的改变、材料的替代以及各种削减活动等。如果可以准确地获得空气污染对人类活动和福利的影响，那么这些问题就一定可以得到正确的分析。类似地，必须求助于生物医学科学以获取有关空气污染对人类健康影响的信息。例如，如果要想对空气污染和人群的健康状态的关系有一个全面的理解，就必须对流行病理学进行综合分析，以便对一些社会经济影响因子以及其他令人困惑的变量进行控制。例如，饮食、生活方式以及因职业原因而于有害物质之中的暴露等。

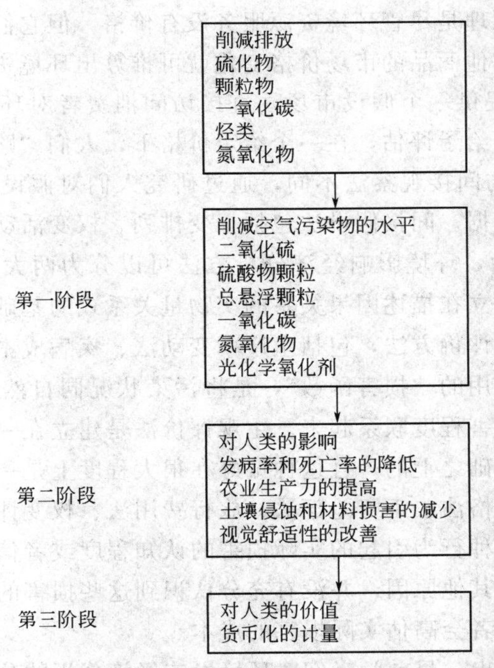

图 3-11　空气质量改善所带来的效益的产生过程

二、环境影响经济分析方法

目前，有关环境影响经济分析方法的分类，主要有如下几种代表性的观点。

张世秋认为，环境影响经济分析方法可以分为直接市场评价法、揭示偏好法和陈述偏好法。环境影响经济分析的基础是人们对于环境改善的支付意愿，或是忍受环境损失的接受赔偿意愿。因此，环境影响经济分析方法多从估计人们的支付意愿或接受赔偿意愿入手。而获得人们的偏好和支付意愿或接受赔偿意愿的途径主要有三个：一是从直接受到影响的物品的相关市场信息中获得，即直接市场评价法；二是从其他事物中所蕴含的有关信息中获得，即揭示偏好法；三是通过直接调查个人的支付意愿或接受赔偿意愿获得，即陈述偏好法，例如意愿调查法等。

米切尔和卡森认为，环境影响经济分析方法可以根据如下两个特性来进行分类：(a) 数据来自于人们选择的真实行为还是对假设问题的回答，假设问题采用的形式有“如果……你将会做什么”或“你愿意支付多少……”；(b) 该方法是能够直接得出货币化价值，还是必须通过一些以个人行为和选择模型为基础的间接方法推断出货币化价值。据此，把环境影响经济分析方法分为以下 4 类。

① 直接观察法。这些观察是以人们使其效用最大化的真实选择为基础的，由于选择是以真实价格为基础的，因此数据直接以货币化单位表示。属于此类方法的有竞争性市场价格法以及模拟市场法。

② 间接观察法。它也是以反映人们的效用最大化的真实行为为基础的。其中的一种方法是复决投票法，其原理是如果提供给个人一定数量的可供自由选择的商品，且其价格是固定的，那么对个人选择行为的观察就可以揭示出个人赋予该商品的价值是大于还是小于给定的价格。其他的方法主要有内涵房地产价值法、内涵工资法、家庭清洁费用法、防护支出法、旅行费用法等，其原理是尽管环境资源服务没有价格，但它们的数量会影响到其他商品的市场价格，因此根据其他商品的市场价格变化就可推算出环境资源的隐含价值。

③ 直接假设法。即提供一个假设市场，直接访问消费者对环境服务的评价。例如，通过人们对环境服务的改变给予评估，在一个给定价格下，人们“购买”多少环境服务。

④ 间接假设法。它与间接观察法不同，通过研究人们对假设问题的反应，而不是观察人们的真实选择来获得数据。间接假设法包括权变排列、权变活动、权变投票等方法。

J. A. 迪克逊等人认为，环境影响经济分析方法可以分为两大类，即客观评价法和主观评价法。客观评价法是建立在描述因果关系的实物量关系式的基础之上，对各种原因引起的损失进行客观衡量的一种评价方法，包括生产率变动法、疾病成本法、人力资本法、重置成本法等。客观评价法中采用的“损害函数”，是将污染状况同自然资产或人造资产的损害程度，或者同人体健康的损害程度联系起来。主观评价法是建立在一种真实或假设的市场行为所表达的或揭示的偏好基础之上的，且这种偏好在很大程度上是一种较为主观的评价，具体包括防护支出法、隐含价格法、工资差额法、旅行费用法、权变评价法等。主观评价法在相当程度上依赖于人们对各种行为引起的实际损害的认知程度或者信息量。如果人们对各种潜在的危害认识不足，或因其他原因，并没有充分认识到这些损害的危险，他们对避免损害的支付意愿就可能低估，或者会高估实际损害的成本。

通过以上分析可以看出，目前学者们对环境影响经济分析的分类主要有三种观点，二分法、三分法和四分法。J. A. 迪克逊提出了二分法，张世秋提出了三分法，米切尔和卡森提出了四分法。这些分类方法尽管表面上存在着一定程度的差异，但是实质上是一致的，即都是从如何获取消费者的支付意愿入手的，且其获取消费者支付意愿的方式可以大致统一于如下两个标准。一个是直接的货币化方法，还是通过对人们的行为进行观察的间接货币化方法；另一个是真实的支付意愿，还是假设的并没有实际发生的支付意愿。环境影响经济分析方法的分类如表 3-2 所示。

表 3-2 环境影响经济分析方法的分类

作者	方法分类	具体方法
张世秋	直接市场评价法	剂量-反应法、损耗函数法、生产率变动法、生产函数法、人力资本法、机会成本法、重置成本法等
	揭示偏好法	内涵资产定价法、旅行费用法、防护支出法等
	陈述偏好法	意愿调查法
米切尔等	直接观察法	竞争性市场价格法、模拟市场法
	间接观察法	内涵房地产价值法、内涵工资法、家庭清洁费用法、防护支出法、旅行费用法、复决投票法等
	直接假设法	投标博弈法
	间接假设法	权变排列法、权变评价法、权变投票法等
J. A. 迪克逊	客观评价法	生产率变动法、疾病成本法、机会成本法、费用有效性法、预防性支出法、置换成本法、重新安置成本法、影子工程法等
	主观评价法	旅行成本法、资产价值法、工资差额法、意愿调查法等

为了便于理解环境影响经济评价方法，我们采用了与张世秋先生相似的三分法，将环境影响经济评价方法分为三类，即直接市场评价法、替代市场评价法和权变评价法。

大家都知道，环境污染或环境质量下降会使农作物的产量下降，由于农作物可以在市场上交换并具有其相应的市场价格，因此，我们可以通过衡量农作物产量的下降幅度并乘以该农作物的市场价格，就可以估算出环境污染对该种农作物造成的影响的大小，并以此作为环境污染损失的价值评估结果。这就是上面所说的环境影响经济评价的第一种方法，我们把这种方法称作直接市场评价法。

但是，当市场和价格不能提供价值评估所必需的信息时，我们就需要研究和开发其他的方法。随着人们环境意识的提高，人们对自己所生活的环境越来越重视，当人们决定购买或消费某些物品时，通常也会考虑环境质量好坏对这些物品的实际价值的影响，比如当人们购买住房时，通常会把周围空气质量好坏等环境因素作为考虑因素之一，并因此根据房地产市场的价格情况来做出自己是否要购买的决定。因此，我们就可以从与环境质量相关的其他商品市场所蕴含的信息，或者说从人们的实际市场行为中推断出消费者的偏好和支付意愿，这就是上面所说的环境影响经济评价的第二种方法，我们把这种方法称为替代市场评价法。第三种途径就是通过调查等方式，让消费者直接表述出他们对环境物品或服务的支付意愿/接受赔偿意愿，或者是价值高低的判断，这种方法被称为权变评价法。

我们将在后面几章详细介绍这些方法。有关环境影响经济分析的简明流程可见图 3-12。

图 3-12 从任何一种环境影响开始，首先确定有没有可衡量的生产力的损失，或者这种影响是否主要是环境质量的一种改变。导致生产力改变（如农作物产量、渔业产量的变化等）的影响很容易进行经济分析。环境质量的改变通常比较难以评估。如对生境的变化进行评价时，可能采用机会成本法、置换成本法、土地价值评价法或意愿调查法来估算费用和效益。同样，大气和水的质量的变化，可以用几种成本的评价方法进行评估，而评价其对人体

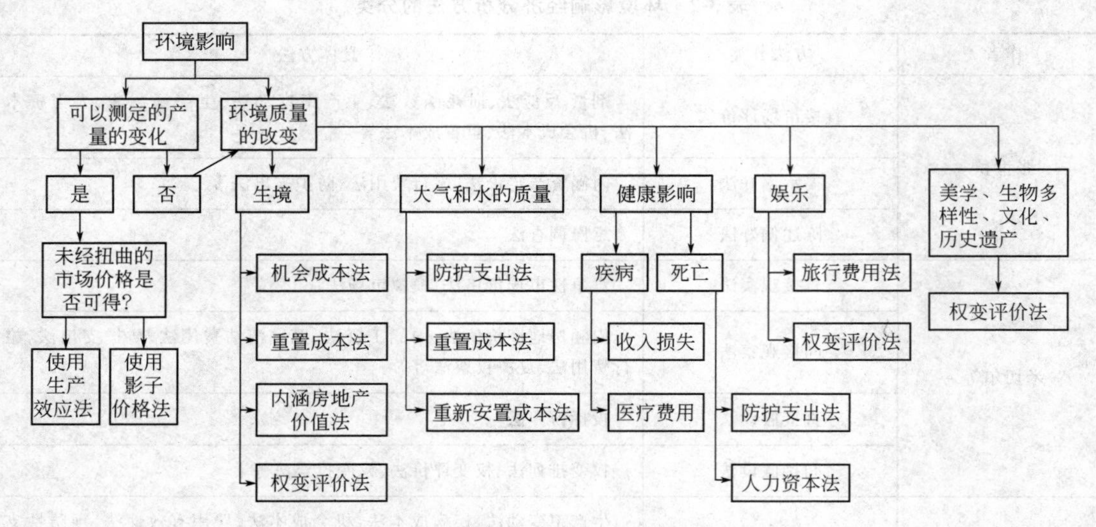

图 3-12 环境影响经济分析的简明流程图

健康的影响，可以采用其他的方法。非使用价值或其他不那么有形的价值（如休闲或美学影响）则常常采用意愿调查法。

三、环境影响经济评价方法的选择

1. 方法的选择

环境影响可以分为四大类，即生产力、健康、舒适性和选择价值。例如，土壤侵蚀明显对农业生产率有着潜在影响；森林砍伐不仅会影响到生产率（森林产品和服务价值的减少），而且会影响舒适性（风景、当地气候条件）和选择价值（森林生物和物种）；空气污染对生产率（防护措施的费用、对树木和作物的影响及建筑物的腐蚀）、健康和舒适性（灰尘和能见度）都会有影响；生物多样性的减少影响到选择价值，同时也减少了舒适性（对野生生物的爱好者），甚至影响生产率（如减少旅游或研究机构所支付的费用）。具体的环境影响可见表 3-3。

表 3-3 环境影响造成的经济损失示例

影响		损害（健康、生产力、舒适性）
污染	大气	
	呼吸道疾病	工作日的损失，医疗费用
	植物的影响	农作物产量下降
	材料受到污染	清洁费用，更频繁的粉刷
	美感的退化	能见度降低、臭味导致财产贬值
	水	
	水中的病原菌或有毒物质	工作日损失，医疗费用，备用供水的成本
	对渔业的影响	产量降低
	影响接触水的娱乐	旅游收入降低
	噪声	降低财产的价值

续表

影响	损害(健康、生产力、舒适性)	
生态系统退化	林地 对收获的影响 单一作物种植	沉积-水库的寿命降低,水质降低 损失了本应从原生的多样化森林中得到的服务(如害虫的天敌)
	湿地 充填或疏浚	生物多样性的损失 更大的洪水,独特生境的损失
	珊瑚礁 毒物或沉淀影响	减少渔业产量 娱乐价值损失,生物多样性损失
	地下水 污染 地下水位的降低	备用供水的成本 地面沉降,构筑物损坏

注：资料来源于 John Dixon (1994)。

针对不同的影响，需要采用不同的方法进行价值评估。

当环境变化对生产力产生影响时，首选的方法就是直接市场评价法，它能够对因环境变化而导致的对生产的物理影响（如酸雨造成的作物减产）赋予一个市场价值。如果这些物理影响会引起采用一些防护性措施时，也可以采用防护支出法、机会成本法以及重置成本法。

对健康影响（包括安全）而言，由于人力资本法和疾病费用法是基于收入的减少以及直接的医疗费用进行估算的，所得的数值是环境质量变化价值的最低限值。防护行为（如气喘病人迁移以避免空气污染）和防护支出（如采取私人水处理措施防止污染对健康的影响）也可以用来评估健康影响。目前，越来越多对健康影响的研究都采用权变评价法，它度量人们对避免或者减小伤害或者风险以及经济损失的支付意愿以及人们对生命价值的认同。

对于舒适性的影响，旅行费用法和内涵房地产价值法分别基于到达某地的旅行费用以及因环境原因造成的房地产价值的差别来进行评估。权变评价法也可以用于探讨人们对舒适性的偏好。

权变评价法是唯一能够揭示环境资源选择价值的方法，因为其他方法考虑的都是使用者当前的各种直接成本和间接成本与效益。

对不同环境影响所采用的经济分析方法的选择可参见表 3-4。

表 3-4　环境影响及其经济分析方法选择

环境影响	分析方法选择
生产力	直接市场评价法 防护支出法 重置成本法 机会成本法
健康影响	人力资本法 疾病费用法 防护支出法 权变评价法
舒适性	旅行费用法 内涵房地产价值法 权变评价法
选择价值	权变评价法

2.方法选择的依据

我们不可能针对一个问题采用所有的环境影响经济分析方法。何时选用何种方法，通常依据如下几点。

（1）影响的相对重要性　以砍伐森林为例，假设农业开发、木材加工、出口等导致了对热带原始森林的砍伐。同时假设根据对问题的分析，了解到所产生的环境影响主要有以下几种。

① 非木材类的森林价值的损失（药材、果实、纤维等）；

② 从长期来看，木材可持续产出的损失（用立方米木材价值估计）；

③ 土地暴露引起的土壤侵蚀给下游造成的泥沙沉积和洪水风险；

④ 生物多样性和野生生物的丧失，影响存在价值和生态旅游。

对于影响①和②而言，可以用直接市场评价法评估；对于影响③则可以通过防护支出法和重置成本法解决；当影响到生态旅游和存在价值时，可以采用直接市场评价法和权变评价法进行评估。

（2）可获得的信息　选择环境影响经济分析方法的第二个因素是考虑信息的种类和可获得的信息的量，以及获得信息的可行性和费用。对于可交易的物品和服务来说，数据相对容易获得，可以采用直接市场价值评估法。对于缺乏市场或者市场发育不完善的商品和服务（如维持生存的粮食、非木材的森林产品等），尽管也可以采用直接市场评价法，但需要进行必要的调查以获得评估所必需的数据。比如，所涉及的产品种类、它们的使用情况以及它们的替代品情况及替代品的市场价格情况等。

一般的外部性问题以及对下游产生的特殊影响问题则很难处理，除非采用简单的模型和进行大量的假设。改变土地利用方式造成的土壤侵蚀的强度，可以通过把当地条件下的数据，用于标准的土壤流失方程进行粗略估计，但建立下游土壤的扩展模型却是相当困难的。实际上，在防护支出和重置成本方法中，数据收集具有很大的随意性，它采用历史上的沉积数据以及有经验的专家意见等。

对于那些不在市场上交换的物品/服务，或者是在直接信息非常缺乏的情况下，采用意愿调查法是很好的选择。权变评价法和旅行费用法都是以调查为基础，要求调查者具有较高的调查和统计技巧。内涵房地产价值法是所有方法中数据需求量最大的，因此它仅能用于少数的价值评估实例。

（3）研究经费和时间　通常，选择什么样的环境影响经济分析方法还要考虑到研究经费的多少以及时间的长短。那些有充足的时间和资金供给的研究项目，与作为某个项目的可行性研究的一部分以及资金短缺、时间急迫的研究项目相比，在评估方法的选择上会有许多不同的考虑。

当资金和时间有限时，可以借用来自于其他项目（或研究成果）的数据、具有可比性的其他国家或地区的数据、当地专家的意见、历史记录、对有关人群进行有限的调查等方面获得的比较粗略的数据，并运用一些比较简单或随意的方法进行评估。

当项目的时间比较宽裕、资金供应充足时，可以采用一些复杂的方法，比如权变评价法、旅行费用法和内涵房地产价值法等。

第四节　资金时间价值及其在环境影响经济评价中的应用

一、资金时间价值的概念

资金是社会再生产过程中能够增值的价值。货币、物资是资金的不同存在形式，是一种价值。资金的实质在于增值。

资金的时间价值是经济学中的一个重要的概念。随着时间的推移，资金会增值。即使在不考虑风险和通货膨胀的前提下，今天的1元钱与明天的1元钱在价值上也是不相等的，前者大于后者。资金所有者因进行某项投资活动（开办企业、购买股票和债券、存入银行、借出款项等）而推迟消费，就要得到相应的报酬。这种因推迟使用货币一段时间而得到的相应的报酬就是资金的时间价值。

在生产和建设过程中，资金随着时间的推移在一定时间内增加的价值量，表现为增值的能力和增值的速率。商品生产过程和投资项目的建设过程，都是价值的形成过程和增值过程，是生产建设过程同资金增值过程的统一，没有资金的增值，就没有社会的扩大再生产。资金增值是增强国力和改善人民生活的物质基础。人们理所当然地希望投入的资金获得更高的时间价值。不同产业部门和同一产业部门的不同项目，可能会有不同的资金增值能力和速率，要求项目在投资以前，先要进行评比选择，把投资决策建立在提高资金增值能力的基础之上。

二、等值计算的概念

1. 等值

等值概念是时间价值计算的前提和根据，是指不同金额在不同时点可以具有相同的价值量。例如，现在的100元，每年资金增值率为12%，1年后价值是112元，2年后价值量是125.44元，3年后是140.49元，4年后是157.35元……。等值的概念是指在资金增值率12%的条件下，现在的100元与1年后的112元、2年后的125.44元、3年后的140.49元和4年后的157.35元具有相等的价值量，或者说各年的价值量是相等的。同样，现在的一笔资金，在一定的年利率条件下，也可以同若干年前的一笔资金等值。

等值概念还表现在当各时点的价值量都等于某一时点的价值量时，则各时点的价值量是相等的。因此，在一定利率条件下，任何时点用于偿还现时一笔资金，其一次支付或等额年金支付序列都和现时金额等值。

2. 资金流动图

它是表示资金在一定时期内流进和流出的运动状况的图解方法，描述资金运动的轨迹，使时间价值计算简便和有效。

建设项目在建设和生产过程中，把各种劳动货币和物资都已转化为资金，表现为投资额、利息、销售收入、税金、利润等资金，资金流动图是要正确地把建设项目从投资开始，经历建设阶段、生产阶段，一直到生产服务期终结的整个过程描绘清楚，以便清楚地揭示整个资金循环周期中的资金运动轨迹，是投资经济分析的方法和手段。资金流动图要采用下列代号和规则。

现值代号为 P，表示现在时点的金额，常表现为本金。所谓现在时点，可能是投资开始的时间，也可能是在项目评估时所指定的时间。把一笔将来的金额，换算成与之等值的较早时间（可以是现在，也可以是指定的时间）的金额，这种方法称为现值法或折现法（discounted cash now，DCF）。

终值代号为 F，表示将来时点的金额，又称将来值或终值，常表现为本利和。在某一时点的金额，换算成以后某个时点或在项目评估时指定的某个时间的等值金额，这种换算方法称为终值法。

年金代号为 A，是指一定时期内每年的收、支金额。所谓一定时间，一般要超过 2 年，常表现为 3 年、4 年或更多年，形成一组序列。如果序列中每年金额相等，这叫作等额序列年金。在序列中，各年收支金额可以不相等，而是成等差级数或一定规律增减，这就叫作等差序列年金或其他序列年金。

资金流动图如图 3-13 所示。以横坐标轴量度时间，取计息周期的期数为时间轴的刻度数。投资项目从投资开始（即从 0 点开始），到项目生产服务终结为止，共经历计算期数 t。由于投资项目通常以年为计息周期，故 t 的刻度单位为年。时间轴上标有 0、1、2、3、…、$t-1$、t，表示以年为单位的时间顺序，即时点的顺序编号。

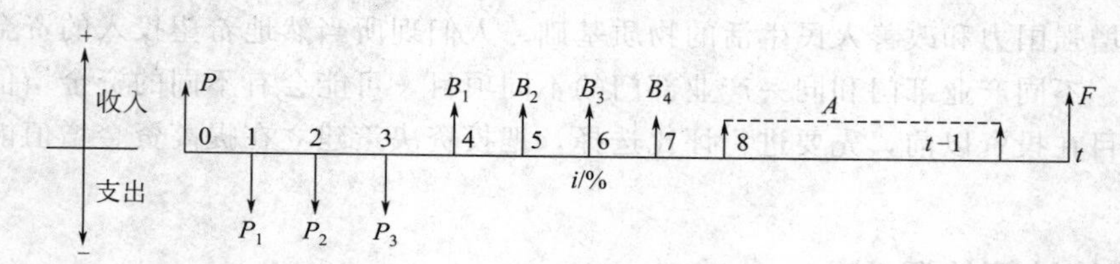

图 3-13 资金流动图

纵坐标为收入或支出，时间轴的上方，从时点绘箭头向上，表示收入或正值净现金流量。同样，时间轴的下方表示支出。

项目经济分析中，假定收、支费用发生于年末，这种项目经济分析方法称为年末法；如果收、支费用假定发生于年中，则称为年中法。实际工作中，一般都采用年末法。如图 3-13 中，收支费用都假定发生于年末。

等额序列年金用虚线表示，并注明 A（年金金额），箭头方向如前，如图 3-13 中第 8 年至（$t-1$）年。

3. 单利与复利

利息是利润的一部分，是剩余价值的一种转化形态。因此，利息是资金在运动过程中增值的一部分。投资项目建设投产以后，不仅用自己的利润收回投资，而且要补偿为贷款而支付的利息。

一个计息周期的利息与本金的比例称为利率。以年为计算周期的利率叫作年利率，例如，本金 1000 万元，年利率 8%，则 1 年的利息为 1000 万元×0.08＝80 万元。

① 单利。每一计息周期的利息是固定不变的。设本金为 P 元，年利率为 i，贷款年数为 t，则：

第 1 年的利息为 Pi，本利和为 $F_1=P(1+i)$；

第 t 年的利息为 Pit，本利和为 $F_t=P(1+it)$。

② 复利。上一年的利息作为下一年的本金再计息，即“利上加利”，利息与本利和计算

如下：

第 1 年的利息为 Pi，本利和为 $F_1=P(1+i)$；

第 2 年的利息为 $(P+Pi)i$，本利和为 $F_2=P(1+i)^2$；

…

第 t 年末的本利和为 $F_t=P(1+i)^t$。

我国现行存款和贷款多数用单利，投资项目经济财务分析主要用复利，西方各国一般都采用复利。

三、复利计算的基本公式

1. 一次支付终值公式与终值系数

与多次序列支付方式相对应的是一次支付方式。终值公式又称本利和公式，其资金流动如图 3-14 所示。

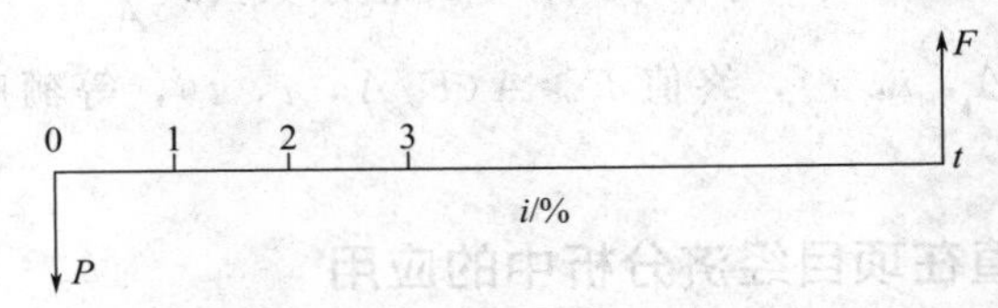

图 3-14　一次支付的终值和现值

已知：P、i、t 三个参数。求 F 值。

解：第 t 年末终值的基本公式是 $F_t=P(1+i)^t$

终值与现值之比例，称为终值系数，即终值系数为 $F/P=(1+i)^t$，终值系数代号为 $(F/P, i, t)$，终值系数可由复利系数表查出。

2. 一次支付现值公式和现值系数

已知：终值 F，年利率 i，时间是 t 年。求现值 P。

资金流动如图 3-14 所示。求现值都是采用折现法，现值系数又叫折现系数，年利率叫折现率。现值公式是终值公式的倒数，即：

现值系数公式 $\frac{P}{F}=\frac{1}{(1+i)^t}$，现值系数代号为 $(P/F, i, t)$，现值 $P=F/(P/F, i, t)$，现值系数由复利系数表查出。

3. 等额序列年金终值公式和年金终值系数

每年投入资金 A，年率为 i，t 年内共积累资金 F 是多少？其资金流动如图 3-15 所示。

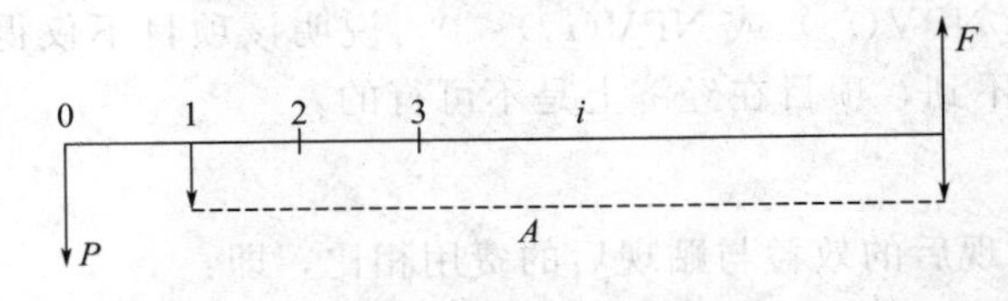

图 3-15　等额序列年金的终值和现值

假定在 t 年内，每年投资 A，则在第 t 年末积累的总额 F 等于各次投资 A 的终值的总和，即：

第1年投资 A 到第 t 年末的终值为 $A(1+i)^{t-1}$

第2年投资 A 到第 t 年末的终值为 $A(1+i)^{t-2}$

第3年投资 A 到第 t 年末的终值为 $A(1+i)^{t-3}$

…

故 $$F=A(1+i)^{t-1}+A(1+i)^{t-2}+A(1+i)^{t-3}+\cdots+A$$

可改写为： $$F=A[1+(1+i)+(1+i)^2+(1+i)^3+(1+i)^{t-1}] \quad (3\text{-}7)$$

式（3-7）两端各乘以（$1+i$），得：

$$F(1+i)=A[(1+i)+(1+i)^2+(1+i)^3+\cdots+(1+i)^t] \quad (3\text{-}8)$$

式（3-8）一式（3-7），得：

$$F(1+i)-F=A[(1+i)^t-1]$$

即 $$F=A\times\frac{(1+i)^t-1}{i}$$

上式是等额序列年金的终值公式，等额序列年金终值系数公式 $\frac{F}{A}=\frac{(1+i)^t-1}{i}$，等额序列年金终值系数代号为（$F/A$，$i$，$t$），终值 $F>A(F/A，i，t)$，等额序列年金终值系数由复利系数表查出。

四、资金时间价值在项目经济分析中的应用

为了评价和比较建设项目和方案的经济效益，要根据项目或方案寿命期（或计算期）内的现金流量计算有关指标，以确定项目或方案的取舍。这里只介绍净现值、效益费用比、内部收益率等指标。

1. 净现值

在项目评价（或方案比较）中的净现值，是指项目（或方案）寿命期（计算期）内各年的净现金流量，按照要求达到的收益率折算到建设期初的现值之和。根据这个净现值的正负、大小决定项目或方案的取舍，净现值的计算公式为：

$$\mathrm{NPV}=\sum_{t=0}^{n}(B-C)_t(1+i)^{-t}$$

式中，NPV为项目或方案的净现值；B 为现金流入；C 为现金流出；$(B-C)_t$ 为第 t 年的净现金流量；i 为折现率。

对项目进行财务评价时 $i=i_c$，i_c 即财务基准收益率（或要求达到的收益率），通常按行业确定（或由投资者决定）；对项目进行国民经济评价时，i 取社会折现率 i_s。

上式计算的 $\mathrm{NPV}(i_c)$ 或 $\mathrm{NPV}(i_s)\geqslant 0$，说明该项目的收益率大于或等于 i_c（或 i_s）；$\mathrm{NPV}(i_c)>0$ 或 $\mathrm{NPV}(i_s)>0$，表示项目除能达到 i_c 或 i_s 外，还能得到超额收益，项目从经济角度看是可行的。当 $\mathrm{NPV}(i_c)$ 或 $\mathrm{NPV}(i_s)<0$，说明该项目不仅得不到超额收益，连要求达到的 i_c 或 i_s 也达不到，项目在经济上是不可行的。

2. 效益费用比

效益费用比是将贴现后的效益与贴现后的费用相比，即：

$$B/C=\sum_{t=0}^{n}B_t(1+i)^{-t}/\sum_{t=0}^{n}C_t(1+i)^{-t}$$

$B/C=1$，净效益为0，即贴现后的效益正好等于贴现后的成本；$B/C<1$，从经济角度考虑项目将产生损失。

3. 内部收益率

内部收益率是使项目从开始建设到寿命期（计算期）末各年净现金流量现值之和等于0的折现率。它是一项主要的财务评价和经济评价指标，反映项目为其所占有资金（不含逐年已回收可作他用的资金）所能提供的盈利率。

$$\mathrm{NPV(IRR)}=\sum_{t=0}^{n}(B-C)_t(1+\mathrm{IRR})^{-t}=0$$

式中，IRR为项目的内部收益率。由于IRR值可达到项目净现值等于0，故项目的净终值、年度等值也必为0。

在项目评价中，IRR大于要求达到的收益率时［即财务评价时，财务内部收益率（FIRR）大于行业基准收益率 i_c，或者经济评价时，经济内部收益率（EIRR）大于社会折现率 i_s 时］，项目在财务上或经济上是可行的。

五、贴现率的选择

折现的经济学解释是除考虑资金的机会成本之外，还考虑了人们对于资金的时间偏好。资金的机会成本是指现在的一笔资金的价值比未来同样一笔要高，因为它能立即投入生产，比如投资或者借贷获取利息（至少还可以存入银行获取利息）；而资金的时间偏好就是指人们总是希望越早获得资金越好，也就是说人们认为发生在未来的同样数量的货币的价值要小于现在。这样两个原因，使得人们对于发生在不同时间点上的资金有了不同的看法，也就是说有了一个折扣（贴现率），贴现率一般与社会平均利润水平相当，通常采用贷款利率作为计算数值。

同一数额的资金在不同的时期其价值是不同的。贴现率是表明资金在不同时间的价值权重的指标，贴现率越高，表明发生在未来的资金的价值越小。贴现率的实质是以当代人的观点看待发生于未来的资金，认为发生在未来的效益不如发生在当前的效益大，发生在未来的费用不如发生在当前的费用大。

例如，假设一个项目能带来很快、很大的经济效益，但其产生的环境危害是滞后的，并且是长期的，这时，效益发生在近期被当代人获得，环境成本发生在远期主要由后代人承担。按照以上贴现的原则，发生在近期的效益权重大，发生在远期的环境成本的价值权重小，更远期的环境成本在当前可以忽略不计。这样的项目在进行费用-效益分析时很可能是效益现值大于费用现值，从而被认为是经济可行的。其结果是当代人获得效益、后代人承担费用的项目可以通过费用-效益分析。并且，贴现率越高，这样的项目越容易通过费用-效益分析。可见，贴现未来的资金对后代人是不公平的。

经济学家并没有达成共识，认可一个“正确”的贴现率。因而在项目的收益与成本中，使用多大的贴现率为合适，常有激烈的争论。有些环境主义者和经济学家推荐使用零贴现率，尤其是在项目的影响波及子孙后代和/或包括不可逆结果时。作为另一种选择，经济学家推荐采用大致等同于当前通用的低风险债券（如政府债券）的实际利率作为贴现率。其原因在于无风险税后利率能最好地体现时间偏好的社会贴现率水平。由于项目的资金可能投资于私营部门的盈利企业，而获得大量的预期收益，因而还有人建议采用资本的机会成本来确定贴现率。

为什么采用零贴现率是适当的贴现率，主要有以下依据。

① 对于延续几代人的非常长期的影响（如高剂量的辐射废料的储藏），并没有制度和财

政的机制使当代人对子孙后代的环境影响损失做出补偿。

② 对于任何正的非零贴现率，任何事件的现值在15～20年以后的未来都将变得非常小。因而，即使极其严重的未来影响，例如生境和物种消失，或长期人类健康收益，如果用大于零的贴现率计算这些影响，对现实决策几乎没有什么影响。

③ 穷人采用的贴现率较高，偏重于即时需要而忽略可持续要求。这种情况常导致环境退化，环境退化反过来又使贫困难除。因此，有人认为在评估中应考虑采用零或非常低的贴现率，以促使投资项目有助于消除贫困的恶性循环。

④ 因人口与收入的增长，对环境与资源的预期使用量会不断增加。结果使得环境服务和自然资源的质量与可用量将不断减少。因此，考虑到环境资源稀缺性的增加而同时对其需求量也在增加，人们对环境资源价值的预期，将会随时间而增大。与此相反，以大于零的比率作贴现率计算，则意味着环境服务价值的降低；零贴现率至少可以在分析中使环境服务的价值持衡。

⑤ 由于子孙后代可能比当代人有着更高的实际收入，而且这一较高的收入又可以抵消环境损失，因而通常有人认为，对未来损失和成本采用正比率贴现计算是合乎情理的。但也可能不会是这样，因为即使收入更高，也可能不足以补偿环境损失。

贴现率为零意味着社会并不介意成本与收益在何时出现，该社会对未来成本与收益的评价与当前的实际值完全相同。如果贴现率为无穷大，则表明未来成本与收益实际上在当前没有任何价值。

那么，应该如何选择或确定一个恰当的贴现率呢？在财务分析中通常使用的贴现率反映的是投资市场或资本市场的利率，因此比较容易确定。在经济分析中，经济贴现率的确定要比财务贴现率的确定复杂，而且经济贴现率的具体计算缺乏一个比较实用的工具。尽管如此，一些学者还是提出了计算经济贴现率的三种方法。

① 资本的机会成本。如果一个国家的所有资本都做了尽可能好的投资的话，最低限度应达到的资本收益率就是资本的机会成本。换句话说，它将是最后一部分可用资本所做的或最后的投资项目所产生的收益率。根据这一思路，经济贴现率应该这样确定，将所有可能供选择的投资项目按它们的预期收益率大小依次排队，从收益率最大的项目开始，依次累计它们的投资额之和，直到这个累计数额达到预期可能筹集的投资总额时，最后一个项目的贴现收益率就等于经济贴现率。这是因为在投资有限的前提下，任何收益率低于这一贴现率的项目所能给社会带来的经济效益都不如高于这一贴现率的项目。

资本的机会成本法是以资本生产力理论为基础的，这种方法同财政利率（或名义利率）有密切关系。真正的机会成本率（已经过通货膨胀调整的）通常会受到真实收入、财富分配、个人偏好以及技术等因素的变化的影响。

② 以国家为项目筹款所支付的借款利率作为经济贴现率。国家经常需要向国内或国外借款来资助一些开发项目，所采用的财政金融机制包括发行国债、通货膨胀、对私人消费课税等。特别是一个国家在向国外借款时，这种方法可以用来确定贴现率。不过，这种用借款成本来确定贴现率的方法存在一定的风险，特别优惠的贷款（以极低的、经过补贴的利率）将对具有长期净效益的项目有利，而较高的贴现率将有利于回报期短的项目。这种比较极端的项目情况反映了经济中一些真正稀缺资源的扭曲，这样会导致稀缺资源的错误配置。

③ 以时间的社会偏好率作为经济贴现率确定的依据。一般来说，社会较之于私人市场而言，有能力更为准确地反映出在当前的消费同今后的消费之间的权衡。从社会的角度出

发，如果个人选择了现在过度消费，而不选择为将来投资和增加将来的生产，那时间的社会偏好率将导致贴现率比个人在私人市场中所表现出来的要低（个人的生命与社会的时间尺度相比总是相当短的）。贴现率如何确定也依赖于各个国家的不同情况。

社会贴现率表示从国家角度对资金机会成本和资金时间价值的估量，适当的贴现率有助于合理分配建设资金，引导资金投向对国民经济贡献大的项目，调节资金的供求关系。社会贴现率应体现国家的经济发展目标，根据我国目前的投资收益水平、资金机会的成本、资金供求状况、合理的投资规模及项目国民经济评价的实际情况，社会贴现率为12%，各类项目的国民经济评价都应统一采用。

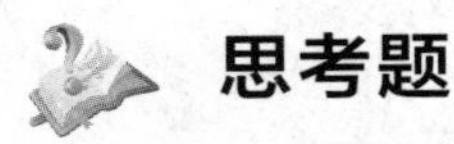

思考题

1. 什么是马歇尔需求曲线？支付意愿和消费者剩余的概念是什么？

2. 环境成本和效益的概念是什么？什么是经济（环境）的外部性？

3. 环境成本和效益识别原则是什么？如何理解环境成本-效益之间的对称关系？

4. 环境影响经济分析有哪几种分类方法？选择环境影响经济分析方法应考虑哪些因素？

5. 环境影响经济分析方法选择的一般程序？

6. 什么是资金等值？如何做资金流程图？

7. 某建设项目可行性研究中计算期内的净现金流量如表3-5所列，设行业财务基准收益率 $i_c=10\%$，试分析此项目在经济上是否可行？

表3-5　计算期内年净现金流量

项目	建设期		投产期	达产期								
	1	2	3	4	5	6	7	8	9	10	11	12
净现金流量/万元	−910	−100	50	250	250	250	250	250	250	250	250	350

第四章　直接市场评价法

直接市场评价法是建立在描述因果关系的实物量关系式的基础上的，对各种原因引起的损失进行客观衡量的一种价值评估方法。

第一节　直接市场评价法概述

一、直接市场评价法的概念

直接市场评价法就是把环境质量看作是一个生产要素，并根据生产率的变动情况来评价环境质量的变动所产生的影响的一种方法。它直接运用货币价格，对可以观察和度量的环境质量变化进行评价。直接市场评价法又称物理影响的市场评价法。

环境资源是经济发展的基础，它与劳动、土地、资本等资源一样都属于生产要素。这些要素的变化会导致生产力和/或生产成本的变化，相应地可能引起价格和/或产量水平的变化；而价格和产量的变化是可以观察到并且是可度量的，而且是可以用货币价格（市场价格或者影子价格）进行计算的。

例如：①土壤流失的减少可以保持甚至增加山地稻谷的产量。执行与不执行土壤保持规划的两种情况比较表明，土壤保持规划由于增加了生产率而得到效益。这种生产率方面的得益是可以测量的。总的经济效益可以用稻谷的增产乘以它的市场价格来计算。②灌溉水水质的改善。盐分的降低可以提高作物的生产率。产量的增加乘以产品的价格可以作为水质改善的效益。③化工厂的空气污染对工厂周围的农业生产率有不利影响。损失农作物产量的经济价值可以作为减少污染所得到的效益。④空气污染可以引起某些材料的腐蚀和损坏。这种损坏可以通过材料的处理、涂漆或更新来补救，其所消耗的货币价值是可以计量的。在某些情况下，这种费用可以表示空气污染治理的效益。⑤空气污染引起人类发病率和死亡率的增加，因而对人的劳动生产率有不利的影响。周围空气质量水平的改善可以降低发病率和死亡率，从而导致劳动生产率的增加。这种劳动生产率增加的经济价值也是可以计量的，并可以代表空气污染治理的效益。因发病率、死亡率降低而减少的费用是另一方面的效益。

在以上这些例子中，环境质量的变化影响生产率的变化。有时，这种变化影响生产函数，从而影响了在给定资源条件下市场商品的供应量。在另外一些场合中，这种变化将导致产量或预期收益的损失。由于这些都可以用市场商品数量的变化表示，所以，这种变化的价值以市场价格表示可以作为环境质量变化的效益或者损失的量度。

二、直接市场评价法必须具备的条件

直接市场评价法是建立在充分的信息和确定因果关系基础之上的，所以用直接市场评价法进行的评估比较客观、争议较少。但是，采用直接市场评价法，不仅需要足够的物理数据，而且需要足够的市场价格或影子价格数据（如果市场价格不能准确反映产品或服务的稀缺特征，则要通过影子价格进行调整）。而在因环境污染造成的损失中，相当一部分或根本

没有相应的市场，因而也就没有市场价格；或者其现有的市场价格严重扭曲，因而无法真实地反映其边际外部成本。在这种情况下，直接市场评价法就很难应用。此外，直接市场法所采用的是有关商品和劳务的价格，而不是消费者相应的支付意愿或接受赔偿意愿，这就使得该方法不能反映消费者在受到环境影响时所得到或所失去的消费者剩余，因而也就不能充分度量环境资源的价值。

采用直接市场评价法要具备以下一些条件。

① 环境影响的物理效果明显，而且可以观察出来或者能够用实证方法获得；

② 当确定某一环境因子变化对受体的影响时，我们能够将其从其他影响因子中分离出来；

③ 环境质量变化直接增加或减少商品或劳务的产出，这种商品或服务是市场化的，或是潜在的、可交易的，甚至它们有市场化的替代物；

④ 市场是成熟、有效的，市场运行良好，市场价格是一个产品或服务的经济价值的良好指标。

三、确定实际的环境影响

通常，可以从如下几个渠道获得环境变化所造成的物理效果的有关数据。

① 实验室或实地研究。例如，观察水污染对种植业的影响、过度捕鱼对鱼类种群的影响、空气污染对农作物的影响以及对材料的腐蚀程度。

② 受控试验。在这类试验中，故意造成有关的剂量-反应关系，例如，在侵蚀程度不同的土地上进行农学试验，定量估计侵蚀对谷物产量的影响；将动物暴露于空气污染中，观察其对动物的影响；通过将控制组群作为基准，观察受到影响与未受到影响的受体之间的差异等。

③ 统计回归分析。由于直接对人进行实验会招致各种反对意见，因此，通常采用统计回归技术，试图将某种影响与其他影响分离开来，这在健康影响研究中较为常见。

④ 根据实际生活中大量的信息，建立各种关系模型。例如，在土壤侵蚀研究中，常常使用一些不同的水土流失方程，以便根据坡度、降雨量、土壤类型、作物种类及其管理方式等假设变量预测土壤侵蚀的影响，进而描述土壤侵蚀与作物产量之间的关系。

四、直接市场评价法的适用范围

直接市场评价法因其比较直观、易于计算、易于调整等优点而被广泛应用。对处于不同发展阶段的国家而言，它都是最常见的价值评估方法。

直接市场评价法主要适用于解决以下问题。

① 土壤侵蚀对农作物产量的影响以及泥沙沉积对流域下游地区使用者造成的影响（比如对低地的农民、河水使用者、河流航行等）；

② 酸雨对农作物和森林的影响以及它对材料和设备造成的腐蚀等；

③ 空气污染通过大气中的微粒和其他有害物质对人体健康产生的影响；

④ 水污染对人体健康造成的影响；

⑤ 由于排水不畅和渗漏问题，造成受灌地的盐碱化，从而影响作物的产量；

⑥ 砍伐森林对气候和生态的影响。

五、应用直接市场评价法时必须注意的一些问题

直接市场评价法是应用最广、最容易理解的价值评估技术。大量的价值评估研究，特别是在发展中国家，全部或者部分依靠这种方法。该方法的建立基于所观察到的市场行为，易于被决策者和公众所理解；但是当市场发育不良或者存在扭曲以及当产出的变化可能对价格产生重大影响时，它的局限性就暴露出来。因此，在使用直接市场评价法时必须注意以下一些问题。

① 当确定一项经济活动对产出的影响时，需要预测“某个环境变化”存在与否的后果，即建立一个假设存在或假设不存在的后果序列。如果这种假设离现实情况太远，就可能对某个原因造成的损害估计得过大或者过小。当某个地方在此之前已经发生过所研究的某种环境变化时，问题就会变得更加复杂。例如，某种污染发生在已经存在严重污染的区域，其产生的累积影响将会十分复杂。

② 在不同自然条件下和经济水平下建立起来的因果（剂量-反应）关系具有特定的意义。在温带或高收入经济地区中建立起来的剂量-反应关系也许在热带或贫困国家并不适用。OECD 国家在温带条件下已经开展了大量有关土壤侵蚀与谷物产量之间或保护带与谷物产量之间的联系以及鱼类数量模型方面的工作；建立了几乎所有的空气污染与材料腐蚀之间的剂量-反应关系。但他们均未考虑到热带气候和潮湿度，也未考虑到处于风险之中的材料的极大差异范围。因此，在借用这些剂量-反应关系时，必须特别谨慎。

③ 在大多数生产力水平较低的经济系统中，产品市场要么不存在，要么发育不足，这就必须采用迂回的定价方法或对所比较的产品做出很强的假设。目前已经建立并被广泛采用的分析技术（包括一些剂量-反应关系）并不是针对这类经济系统的（国家或地区）。对于只有少部分产出，或极少在市场上买卖的商品也存在着价格问题。例如，主要用于自身消费的牲畜、农产品，或那些没有相近的商业等价物却又得到广泛使用的自然产品（例如从热带雨林中得到的药材）。对于缺乏市场，或者市场发育不良的产品，特别是在自给自足的经济中，只能运用间接的方法或者采用替代方式对资源进行价值评估。

直接市场评价法主要包括生产效应法、人力资本法、疾病成本法、机会成本法、重置成本法、重新安置成本法、影子工程法等。下面我们将对此一一进行分析。

第二节　生产效应法

一、生产效应法的概念

生产效应法（又称生产率变动法）认为，环境变化可以通过生产过程影响生产者的产量、成本和利润，或是通过消费品的供给与价格变动影响消费者福利。

评估环境破坏造成的生产力的损失，用环境破坏造成的产量损失乘以该产品的市场价格来表示。例如，粉尘对作物的影响，酸雨对作物和森林产量的影响，湖泊富营养化对渔业的影响，水污染导致水产品产量或价格下降，给渔民带来经济损失。

运用生产率变动作为评价基础的技术是传统的费用-效益分析法的延续。生产的实物变化是根据投入和产出的市场价格（或者当存在扭曲时，则根据经过适当调节的市场价格）来评估的。这种方法直接建立在新古典福利经济学和社会福利决定的基础上。分析的范围得到

了扩展，以便能包含一项行动的所有费用和效益，而不管这些费用和效益究竟发生在项目的通常范围之内还是之外。应用这一技术时应注意的几个问题如下。

① 必须同时确认由项目引起的当地以及域外的生产率变化。当地的影响通常就是所设计的项目的产出，这些影响已经包含在项目分析中了。域外的影响（无论是积极的还是消极的）包括所有的环境或经济的外部性，而这些对外界的影响在过去常常被忽视，但是这些影响必须考虑在内，这样才能反映项目产生的真实影响。

② 对于继续开发一个项目或不再继续该项目时，对生产率的影响均需评估。即使在考虑其他备选项目的情况下，“不实施项目”的选择也应保留。这样做的原因很简单，我们必须能够阐明这些项目带来的变化，同没有项目实施时可能发生的情况做出对比。比如，一项高地农业发展项目可能引起水土流失和破坏下游的稻田灌溉。这个项目的环境成本不是对稻田造成的全部破坏，而是项目所产生的额外的沉积物负荷所造成的破坏。对“实施项目”和“不实施项目”的两种情形都做出分析将有助于搞清项目所造成的或所避免的损害的程度。

评估“不实施项目”的时候，必须认真考虑不实施项目时可能发生的情况。在很多情况下，这并不是当前产量水平的简单继续。如果在不采取任何行动的情况下，预计到资源也将在一段时期后退化，那么，这种随时间而产生的衰减也要考虑在内。我们要比较一段时期中实施项目和不实施项目情况的真实差别，而不仅比较当前的情况。

③ 关于生产率变动的时间区段、所要使用的正确价格以及相对于价格未来可能产生的变化，这些都要做出适当的假设。

二、生产效应法的基本步骤

生产效应法的基本步骤如下。

① 估计环境变化对受者（财产、机器设备或者人等）造成影响的物理后果和范围。例如，森林砍伐所造成的后果之一是导致土壤损失3%，受影响的区域有100亩（1亩=667平方米）。

② 估计该影响对成本或产出造成的影响。例如，土壤减少3%会导致玉米产量减少2%，假设未受影响前，每亩地的产量为500kg，则每亩地的产量损失为10kg。

③ 估计产出或者成本变化的市场价值。根据上面的假设，每亩地玉米的收成将因为森林砍伐减少10kg，受影响的范围为100亩，假设玉米的市场价格为1.0元/kg，则因森林砍伐造成的该类损失为10kg/亩×100亩×1.0元/kg=1000元。

如果受环境质量变动影响的商品是在完全竞争的市场上销售，就可以直接利用该商品的市场价格进行估算，但是，必须注意商品销售量变动对商品价格的影响。假如环境质量变动对受影响的商品的市场产出水平变化的影响很小，不至于引起该商品价格的变化，那么，就可以直接运用现有的市场价格进行测算；如果生产量变动的规模可能影响价格水平，就应设法预测新的价格水平。一般来说，如果全国某种产品的供给主要来自受污染影响的地区，或者是相对封闭的区域市场，就需要分析上述产出水平变化对商品市场价格的影响。

例如，某一农产品产区环境质量恶化导致了整个市场农产品供给量的下降，在这种情况下，供不应求会导致当年农产品市场价格的上升，而农产品价格的上升又可能使一些高生产成本地区的农产品生产从无利可图转变为有利可图，从而刺激这些地区增加农产品生产，进而导致农产品的市场价格有一定程度的回落。假定农产品的市场需求曲线是一条直线，则有：

$$P=\Delta Q(P_1+P_2)/2 \tag{4-1}$$

式中，P 为根据农产品产量变动所测算的环境价值变动额；ΔQ 为环境污染地区农产品产量的变动量；P_1 为农产品产量变动前的市场价格；P_2 为农产品产出变动后的市场价格。

为了确保价值评估结果的准确与合理，应该估计产出和价格变化的净效果。例如，土壤侵蚀减少了农作物的产量，却也因为收获成本的降低而弥补了部分损失。当环境损害增加了某产品的成本，同时也减少了它的产量时，则是一个相反的情况。

假设环境变化所带来的经济影响（b）体现在受影响的产品的产量、价格和成本等方面，即净产值的变化上，我们可以用下面的公式（4-2）表示：

$$b=\left(\sum_{i=1}^{k} p_i q_i-\sum_{j=1}^{k} c_j q_j\right)_x-\left(\sum_{i=1}^{k} p_i q_i-\sum_{j=1}^{k} c_j q_j\right)_y \tag{4-2}$$

式中，p、c 和 q 分别为产品的价格、成本和数量。$i=1, 2, \cdots, k$ 种产品和 $j=1, 2, \cdots, k$ 种投入，环境变化前后的情况分别用下标 x、y 表示。

在表 4-1 中，给出了生产率变化与环境变化之间的关系实例。当产品增加而投入减少时，对于社会而言，将产生双倍收益；与之相反，则是双倍损失。而另一方面，产品及投入可能同时上升（或同时下降），这样在某种程度上就会互相抵消一些。

表 4-1 环境改变的生产效应

环境变化	产出	投入	环境变化	产出	投入
土壤质量提高	增加	降低	土壤侵蚀	降低	增加
渔业污染减少	增加	不变	渔业污染增加	降低	不变
保护森林	增加	增加	森林损失	降低	降低
工业用水质量提高	不变	降低	工业用水质量降低	不变	增加

另外，如果环境质量变化影响到的商品是在市场机制不够完善的条件下销售的（例如，存在着垄断或价格补贴，或者企业不自负盈亏，因而其产品销售可以不考虑市场供求状况等），那么就需要对市场价格进行调整，甚至用影子价格来取代市场价格。

预测市场反应可能会十分复杂。面对环境变化的影响，生产者与消费者可能会采取行动以保护自己。例如，消费者将不再购买被污染的粮食，生产者将减少对污染敏感的谷物的种植面积。如果在这种适应性变化出现之前做出评价，将会过高估计环境影响的价值；而如果在上述适应性变化之后进行评价，则会对生产者剩余与消费者福利带来的真实影响估计不足。

生产效应法亦可用于非市场交易物品，往往是参照一个相似物品（或替代品）的市场信息来进行价值评估。

三、生产效应法的数据与信息需求

利用生产效应法对环境损害或效益进行评估所需的数据与信息如下。

① 生产或消费活动对可交易物品的环境影响证据；

② 有关所分析物品的市场价格的数据；

③ 在价格可能受到影响的地方/时候，对生产与消费反应的预测；

④ 如果该物品是非市场交易品，则需要与其最相近的市场交易品（替代品）的信息；

⑤ 由于生产者和消费者对环境损害会做出相应的反应，因此，需要对可能的或已经进行的行为调整进行识别和评价。

四、案例分析

【案例 4-1】　菲律宾的巴基特海湾由于滨海流域森林砍伐业对环境影响的总收益的估算

在菲律宾邻近厄尔迪诺（El Dino）的帕拉湾（Palawan），哈德逊（Hodgson，1988）和迪克逊（Dixon，1992）在岛上所做的滨海地区森林砍伐业对环境影响的研究中，采用生产率变动法评估了通过海滨经济体系有关的三大基础工业的总收入：伐木业、人工捕渔业和潜水旅游业。巴基特（Bacuit）海湾是该项研究的中心，因为它支撑着旅游业、捕渔业，同时接受滨海流域砍伐作业所带来的沉积物。砍伐树木具有相当大的侵蚀性，被侵蚀的泥土被带到海滨，破坏了珊瑚礁和海草床，进而影响到食物链结构、捕鱼量以及观光旅游业的吸引力。

研究对比了两种情形：继续砍伐导致海滨经济系统的破坏和渔业、旅游业收入的减少（不实施项目情形）；禁止砍伐损失了伐木的收入，但保持或提高了渔业和旅游业的收入（实施项目情形）。在这两种情况下，此分析考察了因生产变化（树木收获、捕鱼和旅游）引起的收益情况的变化。这 3 个产业的边际成本资料的缺乏影响了正在进行的传统费用-效益分析，因此，分析者对 3 个产业所产生的总收益进行了估算，包括伐木禁令和允许伐木这两种情形。此项分析采用的时间段为 10 年，贴现率为 10%。

从表 4-2 中可以看出，伐木禁令明显产生了较多的总收益，达 4270 万美元，而如果继续伐木，只有 2520 万美元的收益。随着伐木禁令的执行，伐木业收益将随之减少，但其将从渔业和旅游业收益的增长中得到更大的补偿。继续砍伐树木将使渔业收入减少一半，但是，继续伐木所造成的更大的损失是针对旅游业的，这些损失来自现有的设施以及无法实施的扩展计划方案。

表 4-2　10 年间（1987～1996 年）不同产业部门在方案 1（禁止砍伐）和方案 2（继续伐木）下的总收益及其现值（10%贴现率）　　单位：1000 美元

总收益	方案 1（禁止砍伐）	方案 2（继续伐木）	方案 1 小于方案 2
旅游业	47415	8178	39237
渔业	28070	12844	15226
伐木业	0	12885	－12885
总计	75485	33907	41578
现值			
旅游业	25481	6280	19201
渔业	17248	9108	8140
伐木业	0	9769	－9769
总计	42729	25157	17572

注：资料来源于 Hodgson and Dixon（1992）。

无论经济分析展示了多么明确的信息，木材公司都有合法的权利继续砍伐，并且也有相应的经济利润去刺激公司这么做。上述分析的确说明了继续伐木的经济损失价值，同时也为决策者考虑其他替代政策或制定补偿性措施提供了重要信息。

【案例 4-2】 印度尼西亚爪哇岛土壤侵蚀成本的评估

为了评估印度尼西亚爪哇岛土壤侵蚀的经济价值，研究人员开发了土壤侵蚀程度的模型，并将土壤侵蚀同当地的变化（如农作物产量的变化或其他产品与服务的变化）以及域外的成本（下游的沉积）等联系起来。

为了量化土壤侵蚀的程度，研究采用了计算机地理信息系统（GIS）对侵蚀地区进行分类，还记录了侵蚀的空间地理分布。GIS 的分析结果是对三种地图的叠加：坡度与土壤类型、侵蚀度、土地使用，这样根据 3 种变量的结合对地区进行分类，与这些不同变量结合相对应的侵蚀度来源于其他地方在可比条件下的实验性与经验性的估计。

在研究中使用的侵蚀-产量的关系是基于土壤特性的实验性结果与推断，其研究包含 25 种土壤类型和两种农作物群（包括敏感型和非敏感型两种）。根据对侵蚀-产量关系的估算结果以及在给定山地农业实际不同类型的情况下对于侵蚀程度的估算结果，对侵蚀引起的农作物损失进行了评估。从侵蚀-生物关系可以看出自然农作物减产的严重性。估算结果的数量级为：对于敏感型作物（玉米），产量损失为 6.7%；非敏感型作物（树薯），产量损失为 4.2%。

研究采用了有代表性的农民预算来评价生产率变化。研究结果表明，由于土壤侵蚀导致生产力减弱的影响必然致使未来农业收益的减少，并将逐渐使高产农作物减产。此项研究表明了侵蚀将导致 3.15 亿美元的实际损失，约占农业总产值的 4%。

Magrath 和 Arens 也估算了土壤侵蚀的域外损失，主要来自清除灌溉系统、水库和港口的沉积物的成本。这些费用同当地生产力降低的费用相比是相当小的。表 4-3 中描述了当地的和域外的影响的实际成本分析的结果（域外成本采用了高限估算），总数大约为每年 4 亿美元，其中超过 3/4 的成本来自当地农产品的损失。

表 4-3 印度尼西亚爪哇岛土壤侵蚀的实际损失情况 单位：1000000 美元

项目	西爪哇	中部爪哇	日惹	东爪哇	爪哇
当地	141.5	29.1	5.7	138.6	315
域外					
灌溉系统的淤泥沉积	5.7	2.7	0.5	4.0	12.9
海湾疏浚(1984/1985)	0.9	0.3		2.2	3.4
水库沉积	41.3	16.3		17.3	74.9
总量	189.4	48.4	6.2	162.1	406.2

资料来源：Magrath，Arens W P，爪哇岛土壤侵蚀的成本：一种自然资源核算方法. 世界银行环境局 18 号工作论文，1989.

【案例 4-3】 评估斐济的红树林维护方案

拉尔（Lal，1990）使用了生产率变动法评估了斐济的红树林维护与改造方案。当存在红树林交易市场时，这个市场常常不能正确反映红树林的真正价值，因为它们不能将很多产品和服务都考虑进来。在这些产品或服务中，有些是在红树林中收获的（例如，红树林蟹和林产品），而另一些则是在红树林之外捕获的（如鱼、虾在自身生命循环中的部分时间内曾依赖于红树林）。另外，在红树林地区所采集的产品中，有很多并不是用来出售的，而是被采集这些产品的人们为了自身生存而消费掉了。红树林还具有生态效益，如过滤废水、保护海岸等。红树林的所有这些效益累积起来是非常巨大而广泛的，而且很不容易在市场交易中得到反映，因此，它们很大的真实价值往往就会被忽略掉。

拉尔估算了斐济地区同红树林相关的市场价值，发现在红树林内的林产品的价值（大约每年9斐济元/hm^2，1斐济元＝3.1895458元人民币）只占域外的、可以归因于红树林的渔业收益（估计大约每年150斐济元/hm^2）的不到10%。但是，根据较窄的、对当地收益的衡量，人们常常做出决策对红树林进行砍伐，并由此而失去了价值高得多的域外的渔业与生态服务方面的利益。经济分析揭示了效益与费用的数量级，然而，仍然需要采取行政措施以阻止对于红树林的过度砍伐。

还有很多其他的类似例子，它们都有一个共同点，即每个项目都是为达到某个特定的目的设计的，但是，可能对另外的生产系统引起意想不到的损害。这种意外“成本”可以利用评估那种干扰所造成的生产力变化的简单技术来估算。

这类方法比较典型的案例见第九章的第一节、第二节。第一节是印度尼西亚伊里安岛宾突尼湾的红树林评估，第二节是尼泊尔实施的一项土地保护项目。

第三节 人力资本法与疾病成本法

一、人力资本法与疾病成本法的概念

环境质量的变化会对人体健康产生影响。这些影响不仅表现为因劳动者发病率与死亡率增加而给生产造成直接损失（这种损失可以用生产效应法估算），而且还表现为因环境质量恶化而导致医疗费开支增加，以及因为得病或过早死亡而造成收入损失等。

人力资本法——是指用收入减少来评价死亡引起的损失。在人力资本法中，个人被视为经济资本单元，收入被视为人力投资的一种回报（收益）。但是在经济学中，人力资本是指体现在劳动者身上的资本，包括劳动者的文化知识、技术水平以及健康状况等。从依赖于将污染与生产力相关联的损害函数这一点而言，它同生产率变动法相似，但是人力资本法考察的是生产率损失，本质上，是一种事后的、外生的、对于一个特定个体所做的评估，所利用的方法是对死亡个体所损失的市场价值（总值或净值）的现值的近似。在这种用法中，它是对于更为标准的人力资本论的一种有争议的扩展，这种标准理论把对教育的需求同以预期的生命周期内的收入所表示的潜在回报联系了起来。

人力资本法通过将生命的价值减少到一个人的收入的现值，从而对生命做出评估，这种方法隐含着富人的生命要比穷人的生命更有价值（作为一个直接的结果，富国居民的生命要比穷国居民的生命更有价值）。特别是，虽然这一点很少得到应用，但是，人力资本法暗示了那些属于生存型的工人、失业者与退休人员的价值是零，未充分就业的工人的价值也较低。非常年轻的人的价值也很低，因为他们未来经过贴现的收入往往会被他们进入劳动力大军之前所接受的教育及其成本所抵消了。此外，该法忽略了人们可能以预防性保健的形式所做的替代可能。另外，像病痛这样的非市场价值也被排除在外了。

该法最多提供了同一个特定的生命相关的生产损失的一个下限的估算值。但是，目前的共识是死亡风险减少的社会价值不能以该值为基础。虽然大多数经济学家认为，政策分析不宜采用该法，但它仍常被用于建立事后价值，用于法庭对于同特定个体的死亡相关事件的

处理。

疾病成本法——估算由于疾病造成的缺勤所引起的收入损失和医疗费用。疾病成本法（human capital approach）就是用于估算环境变化造成的健康损失成本的方法，或者说是通过评价反映在人体健康上的环境价值的方法。

疾病成本法常被用来评价有关污染引起的疾病的成本。同生产力的变化法一样，该法基于潜在的损害函数。在这种方法中，损害函数将污染（暴露）程度同健康影响联系起来。

在发展中国家，难得进行流行病学研究以能够做到测定不同污染物质影响健康的水平，除了对发展中国家开发具体的剂量-反应关系以外，可以借用在发达国家研究的结果。然而，当该法在发展中国家使用时，发展中国家的剂量-反应关系可能会产生不准确的结果，这主要是污染物物质基准浓度、户外的与室内的污染健康状况都存在差异的结果。因此，剂量-反应函数的使用很可能导致减小的、对损害的过于低估。

在疾病成本法中，成本是指对于可以防止损害出现的那些行动预测收益的估算结果（下限）。总计的成本包括因患病引起的任何收入损失、医疗费用（例如医生出诊费或住院费）、药费以及其他有关的检查费用等。

疾病成本法忽略了受到影响的个体对于健康或疾病的偏好，对于某种健康或疾病，他们可能有支付意愿。此法还假设，人们将健康视为外因，并没有意识到他们可以采取预防性行动（如流感预防注射或其他免疫措施，特别是空气或水的过滤系统）和花费一些费用以降低健康风险等。另外，此法还把同疾病有关的非市场化的损失——例如个人的病痛和涉及其他人的疾病以及因疾病导致工作活动受限制等排除在外。

一般来说，在患病时间较短且不连续、疾病未产生长期副作用的情况下，使用疾病成本法来评价环境影响是简便易行的。慢性病则很难处理，当患病时间拉长后，将产生棘手的道德问题和理论问题。

疾病成本法中的一个例子是城市饮用水计划，此计划将降低腹泻疾病的发生率。很容易在被污染的饮用水同腹泻之间建立起一种联系，而且，除了对儿童之外，这种病一般不是致命的（当然，存在其他传播方式的联系，例如，经过污水灌溉的食物污染、直接由手到口的细菌传播，都必须进行考虑）。很多城市里的空气污染物也产生了重要的健康影响，需要加以评估。

选择使用疾病成本法的项目时可以遵循以下基本方针。

① 可以建立直接的因果关系，疾病的起因可以明显得到确认；

② 疾病为非致命的，不属于慢性病；

③ 收入和医疗护理费用的精确估算是可得的。例如，对于失业人员或贫苦农民等，在这里会带来一些问题，因为必须为他们的收入建立一种“影子价格”。

人力资本法与疾病成本法只计算环境质量变化对人体健康的影响（主要是医疗费的增加）以及因这一影响而导致的个人收入损失，前者相当于因环境质量变化而增加的病人人数与每个病人的平均医疗费用（按不同病症加权计算）的乘积；后者则相当于环境质量变动对劳动者预期寿命和工作年限的影响与劳动者预期收入（不包括来自非人力资本的收入）的现值的乘积。由于劳动者的收入损失与年龄有关，所以，首先必须分年龄组计算劳动者某一年龄的收入损失，然后将各年龄的收入损失汇总，得出因环境问题而导致的劳动者一生的收入损失。

二、人力资本法与疾病成本法的基本步骤

人力资本法与疾病成本法的基本步骤如下。

（1）识别环境中可致病的特征因素（致病动因） 即识别出环境中包含哪些可导致疾病或死亡的物质。以 $PM_{2.5}$ 为例，$PM_{2.5}$ 指总悬浮颗粒物中粒径小于 $2.5\mu m$ 的部分，是具有肺动力学活性的组分。$PM_{2.5}$ 的来源包括直接排放的烟尘和二氧化硫、氮氧化物生成的二次污染物。$PM_{2.5}$ 对人体健康的损害包括呼吸系统疾病，并造成过早死亡。

（2）确定其与疾病发生率和过早死亡率之间的关系 识别致病原因及其与疾病发生率和过早死亡率之间的关系，一般来说属于医学范畴，它是建立在病例分析、实验室实验和流行病数据资料分析的基础上。在许多情况下，致病动因在环境中的临界水平是不确定的。

（3）评价处于风险之中的人口规模 评价处于风险中的人群也就是要定义致病动因的影响区域，它涉及建立扩散模式（在空气与水污染情况下），或将总暴露人口缩小到那些对风险特别敏感的人群（如孕妇、幼儿、老人、气喘病患者等）。所提到的所有这些资料数据都将用于预测发病率。如果可以提供平均发病率的资料，就可以估计总损失时间（即不能工作的时间）；然后需要按照是否具有生产能力以及在何种程度上参加生产来对受影响人口进行分类。此外，也需要对医疗和保健费用的性质进行区分。

（4）估算由疾病所造成的缺勤所引起的收入损失和医疗费用 对疾病所耗的时间与资源赋予经济价值。这时就可以采用疾病成本法进行计算。

$$I_c = \sum_{i=1}^{k}(L_i + M_i) \tag{4-3}$$

式中，I_c 为由于环境质量变化所导致的疾病损失成本；L_i 为 i 类人由于生病不能工作所带来的平均工资损失；M_i 为 i 类人的医疗费用（包括门诊费、医药费、治疗费等）。

如果实际的医疗费用（比如药品和医生的工资）存在严重的价格扭曲现象的话，则需要通过影子价格/影子工资进行调整。

（5）估算由于过早死亡所带来的影响 即利用人力资本法来计算由于过早死亡所带来的损失，则年龄为 t 的人由于环境变化而过早死亡的经济损失等于他在余下的正常寿命期间的收入损失的现值。

$$\text{Value} = \sum_{i=1}^{T-t} \frac{\pi_{t+i} \cdot E_{t+i}}{(1+\gamma)^i} \tag{4-4}$$

式中，π_{t+i} 为年龄为 t 的人活到 $t+i$ 年的概率；E_{t+i} 为在年龄为 $t+i$ 时的预期收入；γ 为贴现率；T 为从劳动力市场上退休的年龄。

三、人力资本法与疾病成本法的数据与信息需求

利用人力资本法与疾病成本法对环境损害或效益进行价值评估所需要的数据和信息如下。

① 致病动因的水平 F；

② 可致病的环境质量阈值 S；

③ 超过阈值的强度 X；

④ 与强度 X 相对应的持续时间 Y；

⑤ 对应的发病率 N（每百万人口 n 例）；

⑥ 暴露人群的评估，包括分布规律、敏感人群统计等；

⑦ 剂量-反应关系 $N\text{-}N(F)$，其中向量 $\boldsymbol{F}=(\boldsymbol{S},\ \boldsymbol{X},\ \boldsymbol{y}\cdots)$；

⑧ 与上述发病率对应的工时损失数和医疗费用耗费；

⑨ 单位工时工资、医生工资、设备折旧、药品价格等。

四、应用人力资本法与疾病成本法需要注意的问题

① 医学的限制。一些致病环境动因难以辨认，剂量-反应关系更难以建立；致病动因在环境中的作用强度的分布与人口分布及敏感人群分布的关系十分复杂；发病率结果由多种因素导致，难以区分。

② 对处于风险中的人群的评价受到个体差异的干扰。

③ 这两种方法是建立在把人看作是一个资本单元的基础上来计算由于疾病和过早死亡所带来的损失。这会引发一些如何评价那些没有生产能力或不参加生产活动的人的损失的问题，比如如何评价儿童、家庭妇女、退休和残疾人的损失。由于人力资本法用劳动者的收入来衡量其生命的价值，其中隐含的推论是收入小于支出的人的死亡对社会有利，因而会引发伦理学上的争论。

④ 价格扭曲的现象也是一个普遍存在的问题，特别是劳动力的价格、医生工资、药品的价格等。

五、人力资本法与疾病成本法存在的局限性

尽管人力资本法是一种重要的环境经济评价方法，但是有关人力资本法的应用在实际中还存在着不少的争议，这主要体现在以下几个方面。

(1) 伦理道德问题　人力资本法认为，人的生命价值等于其所创造的价值（通过劳动者的收入来衡量）。按照这样的推理，退休、生病以及失去劳动能力的人，因其没有工资收入，所以他们的价值为零。很显然，这是让人无法接受的。

(2) 效益的归属问题　Needleman (1976) 认为，人力资本法评价的效益是风险的减少，而不是生命的价值。目前，这一观点已为大多数经济学家所接受。因此，效益即价值的归属问题就成了一个有争议的问题。于是，有些学者提出了用统计生命价值的概念来代替实际的个人生命价值。

(3) 理论上的缺陷　该方法反映的是人们对避免疾病引起的痛苦等所具有的支付意愿，但所得结果不是从支付意愿演变而来的，它与支付意愿并没有必然的联系，因此其理论基础受到怀疑。

六、案例分析

【案例 4-4】　**墨西哥的环境损失费用**

世界银行在 1991 年的一份有关不同环境问题在墨西哥所造成的成本的研究报告中，利用疾病成本法估算了大气污染的成本。研究中使用了损害函数（这是以在美国开展的实验室工作与流行病学研究中得到的），针对空气污染，包括悬浮颗粒物、臭氧和铅，同当地有关污染物浓度与暴露的数据相结合，得到了一个每年为 11 亿美元的估算值，可以作为墨西哥城因大气污染所造成的成本。此数据给出了一个偏低的估算结果，因为它仅仅包括了医药费和收入损失这样的直接费用，而没有包括个人效用损失的间接成本（如身体不舒服、病痛和个人时间的机会成本等）。

该研究由以下三步组成。

① 界定不同污染物在环境中的浓度；

② 给定这些浓度与人口的年龄分布，使用剂量-反应关系来决定人群中疾病的额外发生量，其中同时包括发病率和死亡率。

③ 估计发病率和死亡率所增加的费用，通过医疗费用、工资损失和生命损失来衡量。

由悬浮颗粒物引起的成本同活动受限制日数 RADs（restricted activity days）以及增加的死亡率相关联。墨西哥城由悬浮颗粒物引起的 RADs 估计为每年每人 3 天。如果将 TSP（总悬浮颗粒物）的浓度降低到法定水平，RADs 将被减至 2.4 天。此数据是通过将美国的剂量-反应关系应用到墨西哥的条件中计算得到的。这样，通过评价 RADs，就可以估算因为没有达到法定水平所造成的成本。假设人口估计为 1700 万（成年人的 55%），同时假设 RADs 的一半也就是损失的工作日，那么，墨西哥城因为悬浮颗粒物没有达到空气质量标准而引起的损失工作日的总天数是 1120 万天（1700 万人口×0.55 成年人×2.4RADs×0.5LWD/RADs）。通过将这个数字同每小时 4 美元的典型工资相乘，可以得出估计每年仅因为成年人损失的工作日就造成了每年 3.58 亿美元的成本，更不用说那些因儿童的疾病以及那些未造成工作日损失的身体不适的成本。

关于暴露在悬浮颗粒物中所造成的过多死亡，剂量-反应关系（根据美国的文献得出）估算出在墨西哥城由于悬浮颗粒物未达到法定标准而造成 6400 人死亡，对于这些生命而言，估计每人平均减少了 12.5 个工作年。使用人力资本法来评价生命的话，每人损失的工资的现值为 75000 美元，死亡率的总损失额达 4.8 亿美元。因此，在墨西哥城由于悬浮颗粒物的浓度超标所造成的总损失额已达到了 8.5 亿美元。

臭氧污染的主要健康影响问题也同 RADs 有关。对臭氧问题所引起的 RADs 的计算（使用了与颗粒物相同的方法学），得出每年同臭氧相关的成本为 1.02 亿美元。

铅污染可能引起儿童血液中铅含量的升高，导致神经性损坏，而对于成年人中的高血压患者，将可能导致心血管疾病。因为有关这些成本的当地数据是无法得到的，所以，假设儿童的住院、医药与治疗的费用为美国儿童类似费用的 1/15，将这些单位成本乘以运用剂量-反应方程式所得到的急病数量，其结果是儿童的医疗费用为每年 6000 万美元。

血液铅含量高的儿童其智力发育较为缓慢，因而需要补偿性的教育。假设对于估算得到的 140000 位血液含铅量高的儿童需要进行 3 年追加教育，同时在墨西哥城年均每个孩子的教育费用为 153 美元，那么，追加的教育总成本费用为 2150 万美元。

据预计，去除墨西哥城空气中的铅也可以使 70422 例成人高血压患者和 498 例心肌梗死患者数量减少。同这些病人的住院与治疗以及生命损失的价值相关的成本估计为 4800 万美元。

因此，在墨西哥城，估计超过零浓度水平的铅大气污染每年所造成的健康损失将达到 1.25 亿美元，而 3 种主要空气污染物的总损失额大约为 11 亿美元（TSP、臭氧、铅）。

资料来源：Margulis，Sergio.1991，墨西哥环境污染损失估算.世界银行内部讨论工作论文，1991.

第四节　机会成本法

一、机会成本法的概念

资源的稀缺性以及由此而限定的人类选择引出了经济学中的一个重要概念——机会成

本。所谓机会成本，就是对于那些用于无法定价或者非市场化用途的资源，其成本可以采用假定将该资源用于其他方面所产生的效益来比照衡量其价值（例如，将土地作为国家公园来保护，而不是采伐其树木以取得木材）。我们采用为保护该资源而放弃的价值来衡量，而不是直接度量为这些无法定价的或者非市场化的用途而保护这项资源所取得的收益。因此，机会成本是一种测定“保护成本”的方法。

社会经济生活中充满了选择，当某种资源具有多种用途时，使用该资源于一种用途，就意味着放弃了它的其他用途。这样，使用该种资源的机会成本，就是放弃其他用途中可得到最大效益的那些用途的效益。

机会成本法简单易懂，常常用来供决策者对各种尚未决策的方案做出选择，它是一种非常实用的方法。在很多案例中，由于进行保护的机会成本较低，因而做出决策，将资源保存或保护在其自然状态下。

二、机会成本法的理论基础

在评估无价格的环境资源时，机会成本法的理论基础是：保护无价格的环境资源的机会成本（比如保护自然保护区），可以用将该资源用于其他用途（比如农业开发、林业）可能获得的收益来表示。机会成本法常常应用于那些资源使用的社会净效益不能直接评估的项目，尤其适用于对那些具有唯一性特征的环境资源进行开发的项目评估。对于具有唯一性特征的或不可逆特征的环境资源，其开发方案与环境系统的延续性是有矛盾的，其后果是不可逆的。项目开发可能使一个地区发生巨大变化，以至于破坏了原有的环境系统，并且使这个环境系统不能重新建立和恢复。在这种情况下，项目开发的机会成本是在未来一段时期内保持环境系统得到的净效益的现值。由于环境资源的无市场价格特征，这些效益很难计量。但反过来，保护环境系统的机会成本可以看作是失去的开发效益的现值。

该分析方法的第一步是对所议项目开展传统的费用-效益分析。如果传统的项目分析表明该项目是不经济的，那么就不需要进一步进行分析了。然而，如果所议项目确实能够产生正的净收益，那么，就必须将这种方案同那种较为容易测算的保护方案的收益加以对比权衡。如果保护方案的可测定收益比开发项目的收益更多，那么就不应该开发该项目。

如所议项目的收益比保护方案的收益只大一点，我们的选择就会较难。保护方案还有一些不那么有形的利益，如选择价值、准选择价值与存在价值，这些价值很难衡量。当两种选择性收益的差别很小时，鉴于开发项目通常会产生不可逆的结果，所以选择是否开发时必须特别谨慎。但是，这些主观决策只能留给决策者，经济学家仅能给出相关的信息。

三、机会成本法适用的案例

名义上，此技术是针对成本的，但它实际上常常通过估算使用另一种替代方案的额外的成本而用来评估保护的收益，其中的这些收益本身是无法评估的。从这个意义上来说，如果这种自然资源的价值很难确认或很难进行货币化甚至两者都难时，这种技术在评价这种独特的自然资源时便是非常有用的。这种技术可能适用的案例包括热带雨林的转换、野生生物保护区、人文或历史遗迹与自然景观的建立与保护。这种技术相对地可以很快见效且较为直接，可以为决策者和公众提供有价值的信息。

对于开发项目而言，这种方法也可以用于重大基础设施项目或工业设备的选址决策。新的港口、机场与高速公路等一般都需要使用开发的、尚未开发的或尚未完全开发的地区。在存在其他备选场址的情况下，机会成本法将有助于确定保护某个特定地区相对于保护另一个地区的额外成本。

类似地，不同技术选择的环境影响也可以用此技术来进行评价。例如，它可以在满足相同需要的可选方案中进行选取，如为冷却水而建立冷水池或冷水塔，高架设施还是地下设施，等等。用此项技术还可以定量化地计算选择一个对环境有利而成本较高的方案时的额外成本。当然，最终决策权还是掌握在决策者手中，但机会成本法则是一个有力的工具，可以描述环境影响差异很大的各种方案在真实成本上的差异。

四、案例分析

【案例 4-5】 新西兰关于提高风景湖区的水位的问题

新西兰所涉及的争论是提高风景湖区的水位，以便进一步开发水电，或是保护湖泊的旅游、野生生物相关的美学的价值。对开发的各种方案进行了全面的费用-效益分析，考虑了水电价值以及旅游和渔业价值的损失。然而，该湖的主要贡献是美丽的风景和野生生物，这部分价值很难定量估价。

各开发方案的净现值为 2000 万～2500 万新西兰元（1973 年价格），按每个国民计，总共支付约 8 新西兰元，或者每年支付 0.62 新西兰元。问题是保护该湖区的风景、生态和野生生物的价值是否值得做这样收入上的牺牲。新西兰政府考虑后认为是值得的，最后决定不提高湖泊水位。

机会成本的评价准则很可能不是这种决策过程的唯一外生变量（强烈的公众舆论也是一个因素），但该法的确提供了权衡比较有关问题的重要信息。

【案例 4-6】 美国赫尔斯峡谷建设水坝用于水力发电

当时美国的人们建议在美国赫尔斯峡谷建设水坝用于水力发电，这个建议将使一个美国唯一的原始森林保护区发生不可逆的变化。分析人员没有试图去评价峡谷在自然状态下的所有收益，而是对所提议的项目及最便宜的替代方案进行了传统的效益-费用分析，其净效益取为水力发电项目供电的费用与下一个费用最少的方案（在本例中为同等容量的核电站）的供电费用之差。分析中也包括了减少洪水危害的效益。

因而保护赫尔斯峡谷的机会成本为水电站和下一个费用最少的供电来源费用之差。克瑞蒂拉和费舍尔检验了为比较水电站与核电站所做的假定，同时把分析结果对核能平均技术进步率和不同贴现率进行了灵敏度分析。在这种情况下，决定不建设水坝，花费“保护”的机会成本，即核能发电与水力发电相比增加的费用是值得的。也就是说，即使在各种假设条件下，该项目的收益也没有大到足以弥补一片独特的自然区域的不可逆损失。决策者之所以选择不筑水坝是由于认识到将峡谷保护在自然状态下的机会成本（从其他来源来发电的额外成本）是值得的。

【案例 4-7】 新西兰某些环境组织说服政府挽救一些原始森林

新西兰某些环境组织应用收入损失法说服政府挽救一些原始森林。这个例子的争论在于将森林完全砍伐或选择成材砍伐，还是完全保护。因为保护这种森林的效益很难直接计算，所以他们计算了不用这些原始森林来获取木材或纸浆时的收入损失。计算表明收入损失的净值很小。那么，决策者必须判断这个收入损失是否会给社会增加很大的费用。这些数据确实为制定决策和使公众有效地参与其事提供了很好的信息。

【案例 4-8】 **澳大利亚关于林业开发和林业保护**

澳大利亚采用了类似的方式分析了林业开发和林业保护之间的争论。估计开发一个净现值为 8293000 澳大利亚元的木材加工工程项目，需要砍伐 420000hm^2 森林。建立一个 100000hm^2 的自然保护区，将减少木材产量，减产按大约 8%计，开发工程的净现值减为 7708000 澳大利亚元。

第五节 重置成本法

一、重置成本法的概念

重置成本法又称恢复费用法，是通过估算环境被破坏后将其恢复原状所需支出的费用来评估环境影响经济价值的一种方法。采用重置成本法对环境资产进行评估时必须首先确定环境资产的重置成本。重置成本是按现行市场条件下重新购建一项全新环境资产所支付的全部货币总额。重置成本与原始成本的内容构成是相同的，而两者反映的物价水平是不相同的，前者反映的是环境资产评估日期时市场的物价水平，后者反映的是当初被购建环境资产时的物价水平。在其他条件既定时，环境资产的重置成本越高，其经济价值越大。但是，需要注意的是，环境资产的价值还会随着资产本身的运动、技术进步、社会经济环境的变化以及其他因素的变化而相应变化。

二、重置成本法的理论分析

在利用重置成本法对环境损害进行评估时，通常很少是对环境资产本身进行重置，而往往是将环境服务功能重置作为评估的依据。它的理论假定是：资产重置的目的在于重置其功能，在功能相同时它的成本也是相同的，如果功能在数量上存在着差异，其构建成本也会相应出现差别。这一理论假设是符合实际的。功能价值法使类比物拓展为同类功能的资产，既便于寻求类比物，也便于提高评估的准确性。

一般来说，对于那些在市场中交易的资产而言，可以将该资产的价值与其所提供的各种服务的价值直接联系起来。例如，现有一栋商用办公大楼，假定将为一个购买者评估这栋大楼的价值；同时，假定目前市场上该大楼没有合适的参照物，因此也就无法得到有关这栋大楼市场价格的信息。但是，该大楼的价值一定与其预期的效益流（通过出租而获得相应的收入，换句话说，就是该楼所提供的服务的市场价值）相关联的。在这种情况下，房地产评估者只需要调查租赁者为使用这栋大楼所支付的租金以及为保证该楼能够获得相应的年租金流而必须付出的运行成本。如果大楼的入住率是一定的，并且不受大楼所有者的直接控制，那么大楼的年效益就等于该资产所提供的各种服务的租金总值。下一步，评估者需要确定的是该大楼的使用年限（比如说 20 年），并估算在这段期间该楼的出租率和运行成本是如何变化的，然后使用购买者当前的资本回报率作为贴现率，将这 20 年的效益流贴现为现值。在 20 年末该大楼的残值也应该贴现成现值，并将其加上大楼效益流的现值。最后，经过贴现的效益流与残值之和就等于大楼当前价值的估算。

现在，假定该大楼发生了一场火灾并遭受到相应的损害。那些租赁者答应还继续留下来，但是他们要求降低租金并更改他们之间的租约。于是，该大楼所减少的当前价值就可以通过该大楼所减少的租金的贴现现值计算出来。因此，一个资产在一段时期所能够提供的各种服务的价值和该资产在任何特定时间的价值之间存在着一种必然的联系；而且，商用大楼及其办公空间的市场的存在，确保了该大楼的市场销售价格与它所提供的各种服务流价值的贴现之间的差异不会太大。

但是，对于环境资源而言，无论是这些环境资产本身，还是这些资产所提供的服务，在市场当中都无法进行交易。因此，当使用与房地产评估相同的方法时，我们会发现没有市场机制将各种服务的价值计量与环境资产的重置成本联系起来。为了实现这个评估过程，首先必须确定环境资产所提供的各种服务；其次，必须想方设法地确定那些服务的数量和质量是如何受到影响的，并且这些影响是发生在什么时间的；再者，我们将对一定时期内每种服务质量的下降进行货币化评价；最后，使用某一贴现率将每种服务减少的价值贴现为现值，并将损害周期内所有的这些现值进行加总。加总的结果就是环境资产价值变化的估值或环境损害的估值。

三、使用重置成本法必须符合的条件

使用重置成本法必须符合以下条件。

① 被评估环境资产在评估的前后期不改变其用途——符合继续使用假设；

② 被评估环境资产必须是可以再生、可复制并且能够恢复原状的资产，具有独特的、不可逆特性的环境资产不能用重置成本法进行评估；

③ 被评估环境资产在特征、结构及功能等方面必须与假设重置的全新环境资产具有相同性或可比性；

④ 必须具备可利用的历史资料，因为重置成本法的应用是建立在历史资料基础上的，有关重置环境资产的许多信息资料、指标需要通过历史资料获得。

四、重置成本法存在的局限性

重置成本法运用简便，且具有一定的真实性，在环境影响经济分析中运用较广。但是，也应当看到其所存在的局限性。

(1) 完全重置环境资产基本上是不可能的。有些物品能够部分地替代环境资产，而一些却会产生额外的非环境的属性。例如，一方面，安装双层玻璃并不能完全消除飞机噪声；另一方面，它却改善了绝热条件和家庭的安全状况。因此，安装双层玻璃窗并不一定完美地代表了安静的需要；用化肥替代土壤流失的营养元素并不能重建土壤结构、恢复土壤中的痕量元素；修建道路时砍伐树木后进行的植树并不能恢复生物多样性或者立即为野生生物提供栖息地等。

(2) 重置成本法假设环境在受损之后有可能得到完全恢复，也就是说没有不可补偿的损失。这是一个非常强的假设。有许多环境影响是未被充分认识的、长期存在的或不能被完全恢复的（例如重新植树将不能恢复原有的生物多样性）。从这方面看，重置成本法将对环境影响估计不足。

(3) 成本的增加并不意味着价值的增加，也就是说，利用重置成本法评估环境资产的价值，不一定能反映环境资产的真实价值。环境资产的价值是受多种因素影响的，成本仅仅是其中的一个重要方面。

(4) 采用重置成本法，实际上混淆了整体性环境资产与单项环境资产在生产功能上的区别。一般来说，整体性的环境资产都能够直接产生效益，而单项环境资产是没有这种功能的。而用重置成本法评估整体性环境资产，实际上是将本来聚合的环境资产散化为单项环境资产了。于是，对环境影响经济价值进行评估时，也就只能考虑各个单项的环境资产的价值，并将各单项环境资产进行加总，而无法考虑整体环境资产所产生的效益。

五、案例分析

【案例 4-9】 **韩国关于土壤的保持**

在韩国的研究实例中，Kim 和 Dixon（1982）为了减少高地上农田水土流失，探讨了各种土壤覆盖和平整技术。土壤保持规划的部分效益是提高高地的作物产量，而减少为补偿低地稻农在淤泥地失去稻谷生产所支付的费用。然而，最主要的效益是大量减少了土壤和其他养分的恢复费用；否则，在没有土壤保持规划的情况下，就需要这些恢复费用。表 4-4 指出了每公顷土地恢复费用，以每公顷（hm^2）需要的韩元（W）来计量（1 美元等于 690 韩元）。为了弥补实际的冲刷损失，每年每公顷将需要补充土壤 40.35t。每公顷运输劳务和撒土费用就需要 80700 韩元。

其他的恢复费用是土壤流失造成的养分损失。如表 4-4 所列，按每公顷需要各种化学元素的量乘以相应的市场价格，可获得这部分恢复费用的估值。使用成本则是另一个费用组成部分。此外，还需要的支付包括追加的灌溉、保养和修整田地费用以及因土地受冲刷影响的低地农户所付的补偿金等。这些费用总计每年每公顷超过 150000 韩元（即每公顷每年 217.4 美元）。本研究足以表明，土地覆盖技术的经济效益远远超过了资源费用，故推荐在高地农田地区引用这种方法。

表 4-4 冲刷造成土壤损失的恢复费用

项目	单价/(韩元/kg)	数量/kg	费用/(韩元/hm^2)	项目	单价/(韩元/kg)	数量/kg	费用/(韩元/hm^2)
土壤覆盖和平整			80700	有机物质	175	75.35	13186
恢复养分				钙	60	10.61	637
氮	480	15.72	7546	镁	1400	1.62	2268
磷	345	3.58	1235	使用费用	40	121.5	4860
钾	105	14.59	1532	小计			31264

注：资料来源于 Kim and Dixon，1982。

【案例 4-10】 **奥斯特凯尔德关于洪涝的控制**

在荷兰莱茵三角洲（即奥斯特凯尔德）局部地区的防洪规划（Commissie Oosterschelde，1974）中使用了影子工程的概念。1953 年，由于强烈暴风雨和大海潮，荷兰的西南部堤坝系统被海水冲毁，造成严重危害，其中有 1835 人丧生，其中奥斯特凯尔德地区遭受的损失最大。国会很快通过了一项议案，要求彻底研究防止同类自然灾害发生的办法。最初认为解决这个问题的最好办法是有一个新的大坝封闭海湾（三角洲计划），然而，由于公众反对这个提案而导致重新考虑。奥斯特凯尔德地区的自然条件提供了有价值的环境服务：渔业和贝类产品的重要水资源，生产大量的比目鱼、鲽鱼、蛇鱼、虾、蟹、牡蛎和海螺等，是荷兰西南部主要钓鱼区和其他水上娱乐活动受欢迎的场所，同时也是繁殖幼鱼（对北海渔业有重要意义）和候鸟类迁徙以及繁殖栖息地。若三角洲计划实施，将会破坏所有这些生态服务。20世纪70年代初期，公众就意识到这个计划会对环境造成破坏。

1973年，成立了奥斯特凯尔德委员会，就三角洲计划所有安全和环境各方面的问题提出报告，并指出原来计划提案应进行到什么程度或可能需要的修改。委员会最后建议，不应该建坝封锁海湾，而主张建筑一座具有大闸的堤坝，以便在正常情况下打开使潮水流入，在有风暴时关闭与大海隔开。

委员会考虑了具有不同变量的6个基本方案，并对所选择的6个方案进行详细的费用-效益分析。这里列出其中4个方案。费用-效益分析见表4-5。

表4-5　荷兰奥斯特凯尔德各规划方案费用-效益比较表（1974年）

单位：10亿荷兰盾

计划方案	A			B			C			D		
贴现率/%	2	4	6	2	4	6	2	4	6	2	4	6
建造费用	1.31	1.31	1.31	2.81	2.81	2.81	1.70	1.70	1.70	2.95	2.95	2.95
操作费用	0.03	0.02	0.02	0.03	0.02	0.02	0.09	0.08	0.07	0.03	0.02	0.02
渔业和壳类生产受到的危害	0.62	0.47	0.38	0.62	0.47	0.38						
水管理费用	0.12	0.10	0.09	0.12	0.10	0.09	0.07	0.06	0.05	0.07	0.06	0.05
总费用	2.08	1.90	1.80	3.58	3.40	3.30	1.86	1.84	1.82	3.05	3.03	3.02
防洪效益	4.08	1.92	1.21	4.08	1.92	1.21	3.40	1.37	0.74	4.03	1.89	1.18
净货币效益	2.0	0.02	−0.59	0.05	−1.48	−2.09	1.54	−0.47	−1.08	0.98	−1.14	−1.84

注：A为完全封闭的海湾；B为完全封闭加上人工咸水湖；C为加固现有的堤坝；D为部分封闭加上防洪控制。

资料来源于Commissie Oosterschelde，1974。

最初的三角洲方案，即A方案。所需堤坝仅9km，用4年时间建成，与现有的堤坝系统统一起来，即可保证几乎绝对安全。把由于设想暴风雨危害可以不再造成财产和农业生产损失，其价值即作为减少洪水损害的效益来估计。直接建造和操作运行的概算费用是相当低的。然而，渔业收入的减少将导致相当大的财政损失，如表4-5所列。当采用低贴现率时，方案A将在财政范围内产生一个正的净效益；用6%贴现率时，方案A是不经济的，当贴现率是4%时，勉强是够本的。其他无法估价因素，如对环境质量的不良影响是在货币方案中显然不能指出的，但却被认为大到足以否定三角洲方案。

B方案包括一个影子工程的费用，这个方案需要建1座和A方案一样的9km长的大坝；另外，在北海建造人工咸水湖替代了养鱼、生态和娱乐的场所。咸水湖费用估计在10亿～20亿荷兰盾。在表4-5中列出了贴现率是4%时，B方案的平均建造费用为15亿荷兰盾。有许多渔业专家对咸水湖能够补偿渔业损失表示怀疑。当贴现率是4%和6%时，B方案净货币效益是负数。在这些贴现率的情况下，即使渔业的全部价值由咸水湖来补偿，其净货币效益仍然是负数，把渔业损失价值数字加上这个方案的净货币效益之后，可以证实其净货币效益还是负的；只有当贴现率为 2%时，才能产生正的净效益。B 方案也因此被委员会否定了。

在 C 方案中，保留了现有的堤坝系统，但对堤岸要进行加固。建造和费用都比 A 方案高，但并不引起渔业损失。由于大约有 250km 的堤坝要保持下来，所以，洪水冲破的可能性相当大。这样，对预计的减少洪水危害的净效益比 A 方案和 B 方案都低得多。当贴现率为 4%和 6%时，造成整个方案的净效益是负数。贴现率为 2%时，则获得正的净效益。按照假定，防止未来洪水灾害以及人类生命和精神损失方面的非货币价值是很重要的。故认为 C 方案不是对该问题令人满意的解答。

由委员会推荐和由荷兰政府实施的方案是 D 方案。这个具有防洪闸门的特殊坝与原有的堤坝系统结合起来，比 C 方案优越，在安全上相当于 A 方案和 B 方案。虽然 D 方案的净货币效益比 A 方案小，但委员会断定，通过方案 D 提供的无价环境效益，一定能够抵消这个差别而有余。B 方案产生的纯货币效益低于 D 方案，B 方案负的净效益比 D 方案大。为使 B 方案优于 D 方案，影子工程的货币效益和非货币效益必须超过 2 个方案之间的净效益差。委员会判断不会产生这种情况，因为人工系统提供的环境服务不可能像自然环境那样有利。B 方案影子工程的费用给了委员会一些指示，即人工咸水湖必须有多大的效益才等于由特殊坝在 D 方案的条件下所提供的效益。从评估结果来看，D 方案应该作为最好的方案而被选择。

第六节 重新安置成本法与影子工程法

一、重新安置成本法

这种方法是把由于环境质量变化而需要重新置换一项有形设备的成本作为衡量预防环境改变的潜在收益（以及相关成本）。例如兴建油棕加工厂会导致污水排放到附近的河流中去，在与之相关的各种成本中，其中之一可能是需要将目前位于加工厂下游的一个生活用水的取水口重新安置到另外一个地方去。如果在下游安装额外的废水处理设置而不是重新安置取水口，那么，设备成本就成为预防性费用的例子。

【案例 4-11】 上海市政府决定重新安置上海市饮用水源取水口的位置

上海市政府决定重新安置上海市饮用水源取水口的位置。20 世纪 80 年代中期到 90 年代，上海市饮用水取水口位置向黄浦江上游移动了 2 次，至松江县境内离黄浦江源头已经很近了。上海是一个 1400 万人口的城市，它在保证安全饮用水方面正面临着日益紧张的局面。黄浦江下游受到工业、船舶、城市生活垃圾的严重污染。曾考虑过很多措施，如清理那些在江中排放污水的企业和工厂；另一个方案就是将供水处理设备的取水口向上游转移，以利用较为清洁的供水、降低处理成本以及减少发生重大污染事故的风险（黄浦江下游如发生一次重大污染事故将意味着切断对上海市的数天供水时间，这将带来极其重大的经济与社会成本）。虽然重新安置取水口以及相关的环境污染控制的成本很高（部分资金来自世界银行 1.6 亿美元贷款），但是，根据判断可知，这些成本比清理现有的污染企业以便继续利用现有的取水口并将发生重大的污染事故的风险降低到可以接受的水平所需要的成本低。

【案例 4-12】 **亚赛瑞拉水电站工程**

亚赛瑞拉水电站工程。这座水电站的设计装机容量为 3000MW，处于阿根廷和巴拉圭边境上的巴拉那河（World Bank，1993a）。一个重要的因素是水库的最优运行高度，即最初的设计要求运行高度为 83m（高于平均海面）。如果将这个高度降低 7m，则可以使工程移民数量从 41000 人降到 7000 人，并且能使淹没的区域面积减少一半，并减少潜在的水质问题。不过，这样也会使发电量减少一半。经济分析比较了设备安装较高导致重新安置人口的费用和设备安装较低而导致发电量损失的费用。结果表明，维持较高水平所产生的额外的电力收益足以支付重新安置设备及居民所需要的约 5 亿美元的费用。因此，实施了一个分阶段的过程，将出售电力所得到的收入储存起来，以便支付因水库运行高度的缓慢增加而产生的重新安置与移民的费用。

二、影子工程法

影子工程法是重置成本法的一种特殊形式。为了估算置换受到一项工程影响的整个环境物品与服务的成本，开发了影子工程评价技术。如果环境服务（其收益难以评估）由于某个开发项目而损失或减少，那么，它们的经济成本可以通过考察一个假想的、可以提供替代品的项目的成本来加以近似。例如，考虑一个需要砍伐大量红树林的项目。可以设想一种替代性的投资，它原则上应能提供与红树林相同的物品与服务。那么，就可以将这种替代性方案的费用加到该项目的基本的资源成本中以估算项目的总成本。应当注意，这种补充性工程或者说“影子工程”只是一种概念，而不是实实在在的工程，其目的是对其成本有一个估算值。将影子工程的成本包含在内，可以从一定程度上指出新项目的收益必须有多大才能超过它所引起的损失。

在此类分析类型中隐含的假设有以下几点。

① 受到威胁的资源是珍稀的、高价值的资源；

② 人工建立的替代品将提供与自然环境所提供的数量与质量相同的产品与服务；

③ 物品与服务的初始水平是符合人们需求并应予以维护的；

④ 影子工程的成本并没有超过所失去的自然环境的生产性服务的价值。

一般而言，影子工程分析一般用于给出复制一个受威胁的环境物品或服务的成本的数量级。往往是由于意识到置换环境资源（如海滨、湖泊、河流、热带雨林）的巨大成本或者根本不可能予以置换，从而使人们更为关注从一开始就要预防这种损失。

思考题

1. 什么是直接市场评价法？

2. 采用直接市场评价法必须具备哪些条件？应用直接市场评价法获得实际环境影响的有关数据的途径有哪几种？

3. 生产效应法分析的基本程序是什么？

4. 人力资本法与疾病成本法二者有什么异同？

5. 什么是机会成本法？机会成本法主要适用于评价哪些环境问题？

6. 重置成本法与重新安置成本法二者的区别是什么？

第五章　替代市场评价法

第一节　替代市场评价法概述

一、替代市场评价法的概念

所谓替代市场评价法（surrogate market approach），就是使用替代物的市场价格来衡量没有市场价格的环境物品的价值的一种方法。它通过考察人们与市场相关的行为，特别是在与环境联系紧密的市场中所支付的价格或他们获得的利益，间接推断出人们对环境的偏好，以此来估算环境质量变化的经济价值。

替代市场评价法有一个基本假设：在对环境质量以外的其他所有变量进行约束之后，所表现出来的价格差异就反映了购买者对于所考虑的环境质量的价值评估。

当所研究的对象本身能够通过市场价格来直接衡量时，可以使用直接市场评价法。但是，通常很多环境物品或服务是无法通过市场价格来直接衡量的，也就是说，环境的许多方面都没有建立起市场价格，如清新的空气、畅通无阻的视野以及赏心悦目的环境等公共品。因此，对于它们而言，往往没有直接的市场价格可以利用。这时，就需要找到某种有市场价格的替代物来间接衡量没有市场价格的环境物品的价值。替代市场评价法就是这样一种方法，它可以通过为市场交易的某种物品所支付的价格来估算某种环境物品或服务的隐含价格，它可以利用某个实际的市场价格来评定某种未经交易的环境物品的价格。尽管替代市场评价法目前还存在一定的局限性，但是，在某一些情况下，它对环境质量的价值评估还是非常实用的。

替代市场评价法实际上是通过观察人们的市场行为，来估计人们对环境“表现出来的偏好”，它有别于通过直接调查而获得的偏好。在发达国家，人们已经进行了很多内涵价格方面的研究。这些研究提供了许多环境物品隐含价格的评估值，这些隐含价格都是以实际行动为基础的，通常能大致反映出消费者对这些环境物品的支付意愿。但是，这些结果对所应用的统计假设很敏感，因为它需要大量的数据，要求很高的经济和统计技巧，而且要求市场必须是成熟有效的，人们可以在市场中清晰地理解和评价环境因素的作用。

另外，尽管替代市场评价法能够利用直接市场法所无法利用的信息，而且这些信息本身也是可靠的，衡量涉及的因果关系也是客观存在的，但是这种方法涉及的信息往往反映的是多种因素产生的综合性结果，环境因素只是因素之一，因而排除其他方面的因素对数据的干扰就成为替代市场评价法不得不面对的主要困难。所以，与直接市场评价法相比，用替代市场场评价法得出的结果可信度要低得多；并且，与直接市场评价法相比，替代市场评价法所采用的同样只是有关商品和劳务的市场价格，而不是消费者的支付意愿或受偿意愿，因而同样不能充分衡量环境质量的价值。所有上述原因都限制了替代市场评价法的应用范围。

二、采用替代市场评价法必须具备的条件

有时候，某种私人交易的物品足以替代为某些环境服务或向公众提供的物品，虽然它并不是完美的替代品。例如，私人的游泳池可以替代清洁的湖泊和溪流，或者，私家花园比之于国家公园。增加某种环境物品，如国家公园，其供应量的潜在利益可以从对私人物品的需求中减掉。如果两者是非常类似的替代品，那么，消费者的福利水平并不会产生显著的变化。

顾名思义，交易物品具有与之相关的数量及市场价格。使用该方法的关键在于确定哪些可交易的市场物品是环境物品的可以接受的替代物。对有些环境物品而言，这可能不是问题。例如，对工业生产的某个工艺中使用的清水而言，这些水究竟是来自该厂的一条河流，还是来自净化污水的处理厂，这一点可能是无关紧要的。但是，对于某些环境物品和服务而言，可交易的市场物品只能提供天然的环境资源所能提供的全部价值中的一部分（有时甚至是非常小的一部分），对于舒适性资源和娱乐性资源而言更是如此，例如游泳池不能完全代替一片海滩、室内滑雪（越来越流行于日本）显然并不能取代真正的滑雪、动物园不能完全取代野外观赏动物，一个大型野外旅游团的一部分惊喜是体验到了雄伟的非洲景观，这种价值是无法由在一个动物园中看到同样的动物所替代的。

因此，在完全替代的案例中，问题就只剩下对具体情况进行细致的说明和对使用中可能出现的变化加以确认。对于非完全替代品而言，新的环境物品的价值可能同现有的私人替代品的价值有所不同，这样就使得评估更为困难。

如果问题的重点在于某种环境物品或者服务，而这种环境物品或服务是其他某种生产系统的一项投入时，这种方法的潜力可能是最大的。前面提到的工业供水的案例就是其一。对于某些类似家庭供水这样的基本事物，市场交易的物品也可以提供有价值的信息，如果一个地区是由水井或者依赖于天然水资源的小型系统来供应的，那么，为了估算这种“环境服务”（提供饮用水）的价值，其中的途径之一就是考察利用成本最低的替代方案来取代该系统所需要的成本。这可能是瓶装水、家庭过滤系统或者房顶收集装置。在其他情况下，街头小贩提供了一种便利却成本高昂的服务。这些成本是可以确认的，并用来评估维持和保护天然资源的价值。

对于自然生态系统或舒适性价值而言，替代市场法的使用则有所不同。例如，红树林等沿海湿地的作用之一是作为鱼类生长的温床以及作为幼虾的来源。商业性养殖可以用来取代这些服务中的一部分，而且实际上，随着水产养殖的发展和天然育种基地的破坏，商业性养殖也越来越普遍。在这种情况下，市场交易物品（小虾的商业生产）的成本为天然虾类生产的价值提供了有用的信息，这种生产是由未受干扰的沿海湿地所提供的一种环境服务。当然，这种市场交易的物品仅仅取代了天然湿地的全部物品与服务中的一部分。在总经济价值的框架下，需要进行完整的经济评估以便更全面地评价一个健康的、运行的自然系统的价值。

总而言之，替代性的市场交易物品可以对从各种环境服务中所获取的收益给出最小估计值，在决定究竟应当是保护还是取代一项环境物品或服务时，这是一种实用的信息，但是必须非常谨慎，以保证没有忽略其他非市场交易的利益或者无形的利益。

三、替代市场评价法的适用范围

替代市场评价法通常被运用于研究以下几种情况。

① 大范围的空气污染、水污染；

② 噪声污染，特别是飞机和交通噪声；

③ 自然保护区、国家公园、用于娱乐的森林等舒适性资源；

④ 工厂选址（如污水处理厂、电站等）、铁路以及高速公路的选线规划；

⑤ 土壤侵蚀、土壤肥力降低、土地退化等。

替代市场评价法主要包括内涵房地产价值法、旅行费用法、防护支出法和工资差额法等。

第二节 内涵房地产价值法

一、内涵房地产价值法的概念

利用商品与服务的市场价格来对一种环境价值做出评估，这种环境价值“隐含”在所观察到的价格之中。资产与土地的价格、工资都可以用来给理论上难以定价的环境要素赋予隐含价值。例如，资产价值的差异可用来估算人们对优美风景或空气轻微污染水平的支付意愿。

内涵价格理论（Rosen，1974）是对新古典消费者理论的一种替代，在后一种理论中，同一类有所差异的产品可以通过一组能客观度量的特征充分地加以描述（Lancaster，1966）。一般说，商品与服务是由自身所具有的许多属性与特性组成的，价格反映了它们的差异。例如，一个基本的汽车模型可以根据不同的选择，如发动机的型号、光洁度和汽车附件的数量来进行定制。每种不同的选择都对应着一种价格，顾客根据自己的各种选择很容易确定要买哪一种车。然而，当商品与服务具有环境属性时，就很难单凭其自身对这种属性进行明确定价。环境属性的价值内涵于总销售价格之中。由于这个原因，所观测到的价格和包含在每种商品或服务之中的各种环境及非环境属性的水平便提供了一种度量方法，可以用来向消费者赋予构成这种商品或服务的各种属性的隐含价格，上述各种属性中包括无法估价的环境属性。有两种评估技术属于内涵价值方法，即资产与其他土地价值法以及工资差别法。

所谓内涵房地产价值法（资产价值法），就是通过人们购买具有环境属性的房地产商品的价格来推断出人们赋予环境价值量大小的一种价值评估方法。采用资产价值评价是替代市场评价法的一个主要例子。例如，房屋的价值受到许多变量的影响，包括大小、结构、地理位置和周围环境质量等。房地产的价格既反映了房产本身的特性（如面积、房间数量、房间布局、朝向、建筑结构、附属设施、楼层等），也反映了房产所在地区的生活条件（如交通、商业网点、当地学校质量、犯罪率高低等），还反映了房产周围的环境质量（如空气质量、噪声高低、绿化条件等）。在其他条件一致的情况下，环境质量的差异将影响到消费者的支付意愿，进而影响到这些房产的价格，所以，当大小、结构、地理位置（根据对工作场所和商店的靠近程度）等变量相似的时候，房屋的价格差异在很大程度上就反映了同环境质量相关的其他变量。建造在海滨的或有着优美景观的房屋就是一个例子。从房屋价格的相应变化中获得的信息可以用来替代对于无法估价的变量的度量。

这种方法的基本假设是资产的购买者将通过他们的支付意愿来反映他们对一系列特性（结构的、环境的、美学的）的态度。这一点在住宅上往往能够得到体现。如果没有环境或其他非市场特性的价值影响，人们会认为一个房屋的价值就等于它的建设费用加上一个适当的涨幅。当然，实际上房屋价格反映了相当多的变量，其中只有一些是物质上的。资产价值评估的方法就是控制某些变量，使得剩余的价格差异可以用来评估无法估价的环境要素。同样，环境方面的“缺陷”也可以利用这种技术加以度量，例如因噪声或空气污染加重、景色遭到破坏而引起资产价值的下降。

在一般应用中，资产价值评估方法需要关于单个单位的销售价格与大量物质特性的一系列数据。其中绝大多数变量，如房间的数目、房屋面积、建筑材料等，都很容易度量。然而，另外还存在一些无法定价的环境变量，如噪声或空气污染水平。可以通过多元回归分析法对环境“缺陷”的相关系数进行估计；然后，利用这个相关系数来对环境质量的变化进行估价。虽然也许不可能对环境属性做出精确的评价，但其数量级是可以获得的。

使用内涵房地产价值法必须特别谨慎，因为它需要大量的数据，要求很高的经济和统计技巧。运用它的前提条件是房地产市场运行良好且是透明的，个体资产所有者在市场中能够清晰地理解和评价环境因素的作用。计算结果随函数形式的选择和估算程序的不同而变化明显，所有这些原因都限制了这个方法的使用。而且，在实践中，它通常会低估总的环境价值。

但是，当通过内涵房地产价值法的应用可以获得更多的房地产市场数据和经验时，它就比较有用了。因为这种方法是建立在实际市场数据的基础上的，所以比假想的评价方法有较少的系统误差。另外，对某些问题，很少有替代的评价方法，而内涵房地产价值法却可以应用。正是基于这一事实，目前有些专家正在进一步加强对内涵房地产价值法的研究。

二、内涵房地产价值法的基本步骤

这里，假设买主了解决定房价的各种信息，所有变量都是连续的，这些变量的变化都影响住房价格，房地产市场处于或接近于均衡状态。然后，就可以通过下述步骤和方法来进行价值评估。

第一步，建立房产价格与其各种特征的函数关系：

$$\mathrm{PH}=f(h_1,h_2,\cdots,h_k) \tag{5-1}$$

式中，PH 为房产价格；h_1，h_2，…，h_k 为住房的各种内部特性（面积大小、房间数量、新旧程度、结构类型等）和住房的周边环境特性（当地学校的质量、离商店的远近、当地的犯罪率等）。特别地，我们把 h_k 作为住房附近的环境质量（比如空气质量）。

假设这个函数是线性的，其函数形式为：

$$\mathrm{PH}=a_0+a_1h_1+a_2h_2+\cdots+a_kh_k \tag{5-2}$$

第二步，把房产价格函数对特定的使用特性求导，可以求得每种特性的边际隐价格，表示在其他特性不变的情况下，特性 i 增加 1 个单位，房产价格变动多少。

$$P_{hi}=\frac{\partial \mathrm{PH}}{\partial h_i} \tag{5-3}$$

对空气污染而言，假设空气污染的边际隐价格是常数：

$$a_k=\frac{\partial \mathrm{PH}}{\partial h_k} \tag{5-4}$$

空气污染的边际隐价格是常数，其含义是房产特征的每一边际增加的隐价格是固定不变的。以卫生间为例，对于一套住房而言，增加第 3 个卫生间所增加的价值等于增加第 2 个卫生间所增加的价值。

如果房产价格函数是非线性的，例如采用对数线性（log-linear）的形式：

$$\lg PH = a_0 + a_1 \lg h_1 + a_2 \lg h_2 + \cdots + a_k \lg h_k \tag{5-5}$$

因为

$$\frac{\partial \lg PH}{\partial \lg h_i} = a_i$$

$$\frac{\partial PH}{\partial h_i} \frac{h_i}{PH} = a_i$$

所以

$$\frac{\partial PH}{\partial h_i} = a_i \frac{PH}{h_i} \tag{5-6}$$

对于空气污染而言

$$\frac{\partial PH}{\partial h_k} = a_k \frac{PH}{h_k}$$

因此，当隐价格采取 log-linear 形式时，特性的隐价格取决于该特性的数值。特性的价值越高，其边际隐价格越低。

图 5-1 表示当其他特性不变时，房产价格和空气质量之间的关系。它表明买主在接受市场价格的情况下，有一系列房产价格和空气质量的组合（购买方案）可供选择。沿曲线移动，直到边际支付意愿等于边际购买成本（边际购买价格）时，空气质量使买主的效用最大。

图 5-2 表示边际隐价格 P_{h_k}（dPH/dh_k，PH 的一次导数）曲线。该曲线也表示买主的需求曲线或支付意愿函数。

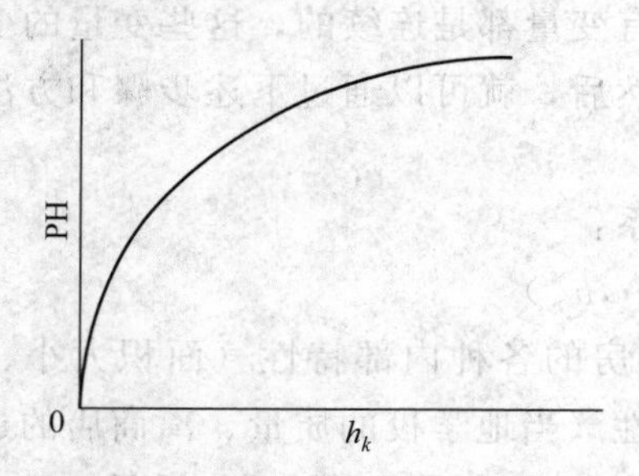

图 5-1 房产价格和空气质量的关系

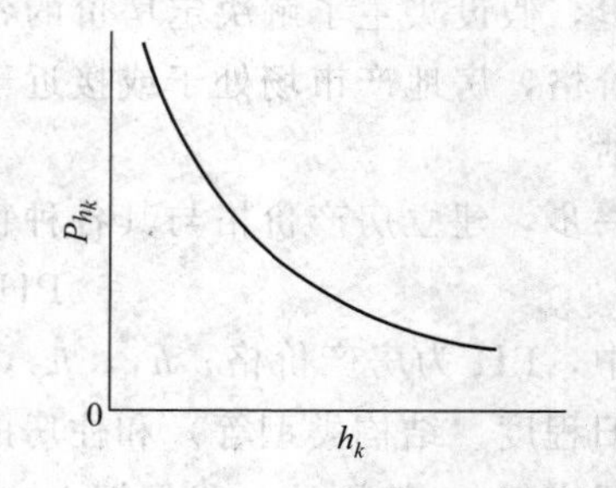

图 5-2 空气质量及其边际价格

现在假设通过调查已知两个或两个以上买主购买 h_k 的数量，通过式（5-3）可以求出相应的隐价格，h_k 和隐价格的组合可以看作该买主的最大效用平衡点，即边际支付意愿等于边际机会成本时的购买量和其隐价格的交点。

图 5-3 表示已知两个买主的最大效用平衡点的情况。曲线 D_1 和 D_2 分别是买主 1 和买主 2 的需求曲线或边际支付意愿曲线，R 是边际机会成本曲线；A 点和 B 点是买主 1 和买主 2 的最大效用平衡点，可以通过调查获得。

在已知若干买主的最大效用平衡点的情况下，能否评价出空气质量变化所带来的福利变化呢？对于边际变化来说，回答是肯定的。对于非边际变化，回答是否定的（除非做出进一步的假设）。这是因为，我们得到的只是边际价格值，R 是平衡点的轨迹，而不是空气质量的边际效益函数，因为 D 是未知的。

在估计房产特性的需求曲线时，为了计算每种特性的非边际变动（比较大的变动）所引起的福利变动，就必须计算该特性曲线以下的面积。因此，必须估计特征的需求曲线，它可以通过计量经济学的一些方法获得。

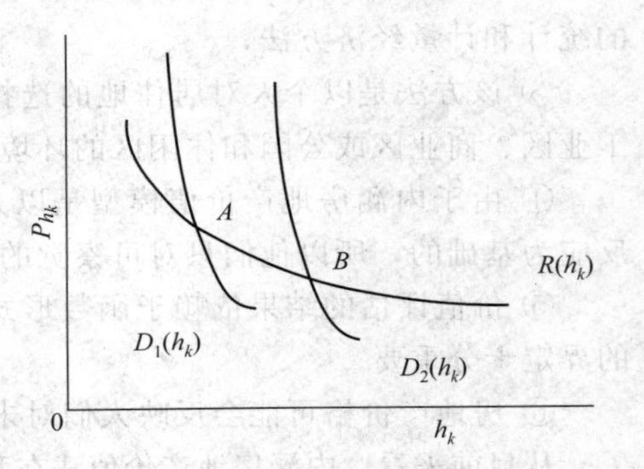

图 5-3 房产买主的最大效用平衡点

为了评估一个类似于式（5-1）的内涵价格方程，必须解决以下 3 个问题。

（1）变量的选择 较理想的是数据部分应包括足够的范围和变化程度，以包含进所有相关的变量。如果有一个相关变量被忽略，那么对那些已包含的变量的评价结果就可能有偏差。从另一个方面讲，如果所有相关变量都包含在方程式中，而且变量之间又有相互影响（比如交通噪声和空气污染），那么对影响房价的每个变量进行评价将是很困难的。

（2）所选择的变量的质量 这里通常需要进行一个专门的调查，用以收集包括环境方面在内的房地产各方面属性的数据。

（3）函数的形式 每种属性暗含的价格可能取决于函数形式的选择。在内涵方程式中，一个线性关系暗含着每增加一个单位的环境影响，将使房价下降一个常数，而一个凸的（或凹的）函数关系，则暗示房价随着污染的增加将以渐减（或渐增）的速度下降。

内涵房地产价值法已经被广泛地应用在住宅财产价格评估上。不同的研究表明，每增加 1 个单位的交通噪声（用 L_{eg} 度量），将使房价下降 0.14～1.26 个百分点。另一些研究则表明，每增加 1 个百分点的悬浮颗粒（空气污染）将使房价下降 0.05～0.14 个百分点。该结果中的变化范围，一方面可能是由于统计方法的不同而导致的；另一方面也反映出各地不同的供求情况。

三、内涵房地产价值法的适用范围与条件

内涵房地产价值法适合评价下述的环境变化与问题。

① 局地空气和水质量的变化；

② 噪声骚扰，特别是飞机和交通噪声；

③ 舒适性对于社区福利的影响；

④ 工厂选址（如污水处理厂、电站等）、铁路以及高速公路的选线规划；

⑤ 评价城市中比较贫困的地区改善项目的影响。

采用内涵房地产价值法，应该具备以下条件。

① 房地产市场比较活跃；

② 人们认识到而且认为环境质量是财产价值高低的相关因素；

③ 买主比较清楚地了解当地的环境质量或者环境随着时间的变化情况；

④ 房地产市场相对而言不存在扭曲现象，交易是明显而清晰的。

四、内涵房地产价值法存在的问题与局限性

内涵房地产价值法是一种非常复杂的方法，并且需要大量的数据，因此在实际使用时通常会存在如下一些问题。

① 由于房地产市场并不是十分活跃和顺利运转的，因此难以得到可靠的数据；

② 需要收集和处理大量的数据（有些环境变量还可能是难以度量的），并且要运用大量

的统计和计量经济方法；

③ 该方法是以个人对居住地的选择结果为基础的，所以人们对城市中的其他地方，如工业区、商业区或公园和休闲区的环境舒适度的改善并不存在支付意愿；

④ 由于内涵房地产价值模型是以人们对房屋之间舒适度的差异所引起的可观察的行为反应为基础的，所以他们只对可察觉的舒适度的变化及其产生的影响存在支付意愿；

⑤ 价值评估的结果依赖于函数形式和估算技术，因为环境因子等于回归的余数，函数的界定十分重要；

⑥ 房地产价格可能会反映人们对未来房地产市场的期望，包括可能的环境变化情况。

从目前来看，内涵房地产价值法在我国的适用性非常有限。这主要是因为以下几个原因。

① 我国目前的房地产市场受地区分割及行政控制影响较大；

② 从整体上讲，城市居民住房供求缺口较大，城市经济适用住房短缺，居民对住房的选择余地较小；

③ 住房商品化的范围尚不十分普遍；

④ 发育程度不足的房地产市场受宏观信贷政策等的影响，近年来波动较大，不够成熟。

因此，从总体上看，我国房地产市场价格变动很难真实地反映环境质量的差异。另外，由于政府对房地产价格干预较大，许多房地产商表面按政府定价（或限价）交易，实际则按私下秘密价格（或变相秘密价格）交易，交易行为很不规范，大量处于地下的实际交易价格信息很难收集到，这就更给内涵房地产价格法的应用带来了困难。

五、案例分析

【案例 5-1】 **水质污染对房屋价格的影响**

资产价值评估方法应用的一个经典范例是对爱荷华州阿考伯基（Okoboji）湖区水质问题的研究（d'Arge and Shogren，1989a，b）。阿考伯基湖实际上是由一条小运河连接起来的东、西两个湖，主要用于休闲娱乐，除了水质这个重要指标之外，两湖的自然特性非常相似。东阿考伯基湖比较浅，还接纳了较多的来自农业与自然径流的废物，导致夏天娱乐季节的某些时候藻类繁殖旺盛，水体呈现石灰绿色，并因藻类腐烂而散发出难闻的臭气。而西阿考伯基湖很少出现上述问题，其水质在重要的夏季休闲时节一般都不错。这种水质差异体现到了两湖沿岸房屋的价值上——西阿考伯基湖的房屋面积比东湖的大［平均 2152 平方英尺（1 平方英尺＝0.09 平方米）对 1415 平方英尺］，而且，每平方英尺的价格比污染严重的东阿考伯基湖要高出很多（75.14 美元对 43.45 美元）。

为了考察两湖价值的差异，用了 3 种不同的评估技术：①基于两湖资产价值比较的位置评估法；②基于咨询的市场调查法，询问该地区房地产经纪人和不动产代理人以识别造成这种价格差异的原因；③意愿调查法，询问居民对改善水质的支付意愿。

分析者利用房地产经纪人及其提供的最近销售情况数据，对水质重要性（价值）进行了评价。评估的 3 种方法见表 5-1，第一种方法是房地产经纪人对东、西阿考伯基湖房价差异的原因所进行的估计，抽样调查的房地产经纪人估计，所观察到的差异中，有 46％是由水质引起的（邻居关系和社会地位变量的重要性排在第二，为 24％），其他的位置变量导致了剩余的差异。将 46％这个数字应用于两湖房屋估价中每平方英尺 31.69 美元的差异中，可以得出每平方英尺有 14.57 美元的价格差异（0.46×31.69 美元）是由于水质造成的，这个数字相当于未受污染的西阿考伯基湖区房屋价值的 23％。

表 5-1　西阿考伯基湖水质评估价值的比较　　单位：美元（$）

评估来源	A 每平方英尺房屋价格差异(1983 年价格)	B 水质在所观察到的房屋平均价格中的百分比(西阿考伯基湖)	C 回归结果,占房地产经纪人估价(A 列)的百分数
房地产经纪人的最好评估	14.57	23%	
从沿湖长度的回归得出的推算价值	12.83	20%	88%
与房地产经纪人估价的合并回归估计	13.58	21%	93%

资料来源：d'Arge and Shogren，1989a。

第二种方法是，分别为东、西阿考伯基湖估算了一个内涵价格形式的等式。因变量是以美元为单位的估价，自变量包括房屋面积、房间总数、房屋年限、沿湖长度以及建筑物的其他数字。“沿湖长度”变量的回归系数的差分为 1009 美元。利用沿湖长度、房屋面积以及房地产经纪人的估价算出的“水质因素”等的平均数值，可以得出由水质造成的房屋价值差别为每平方英尺 12.83 美元。

第三种方法是，该估值是将两个湖的数据集中起来，加入东阿考伯基湖或西阿考伯基湖的一个虚拟变量。这个变量的值大约为 84190 美元，其中有很大一部分可以归因于水质的差异。经过修正，这种评估方法得出西阿考伯基湖比东阿考伯基湖多出每平方英尺 13.58 美元的“清洁水额外收益”。

这个例子是对专家意见与内涵价值评估法的一次富有想象力的运用，确认了一个水质良好的地点相对于另一个类似的、却有着严重水质问题的地点的额外收益。在这一案例中，房屋购买者愿意为水质改善所支付的额外收益是非常大的，平均为房屋价值的 20%多一点，或者说每栋房屋 30000 美元（由于这里基本上是休闲娱乐地区，故环境要素所占比重相对较大也就不足为怪了）。这种信息的用途之一是评价对水质较差的东阿考伯基湖进行投资以改善水质所能带来的收益。在改善水质投资的初步费用-效益分析中，可以将这一收益与投资的成本进行比较。

【案例 5-2】　波士顿空气污染对房屋价格影响

资产价值评估方法另一个范例是关于波士顿空气污染对房屋价格影响的一项研究（Harrison and Rubinfeld；1978a，1978b）。这项研究的结论之一见图 5-4，该图反映了 3 种不同收入水平的家庭对氮氧化物（NO_x）浓度取得 1μg/mL 改善的支付意愿之间的关系。意料之中的是，高收入水平的家庭愿意（也能够）为氮氧化物水平的一定改善承担更多的费用。3 种收入水平的曲线都向上翘，这表明，当最初的污染水平越严重时，家庭为每 1μg/mL 氮氧化物浓度的改善所愿意支付的费用也就越多。换言之，当前的污染程度越严重，人们为降低氮氧化物单位浓度水平的支付意愿越强烈。

【案例 5-3】　噪声污染的案例

华盛顿市郊，该区域大约有 350 户住宅，都是同时开发的。他们在各个方面都非常相似——房屋大小、结构、地皮大小、环境，只有一条例外（一些住宅位于高速公路旁边，即著名的 495 号公路，也就是华盛顿的环形公路）。虽然从表面上看起来这些住宅已经由树木保护起来了，但来自环形公路的严重的、刺耳的噪声依然存在。这些住宅一直就比两个街区外完全相同的住宅便宜 5%～10%。购房者明确表达了他们对于噪声的价值评估。

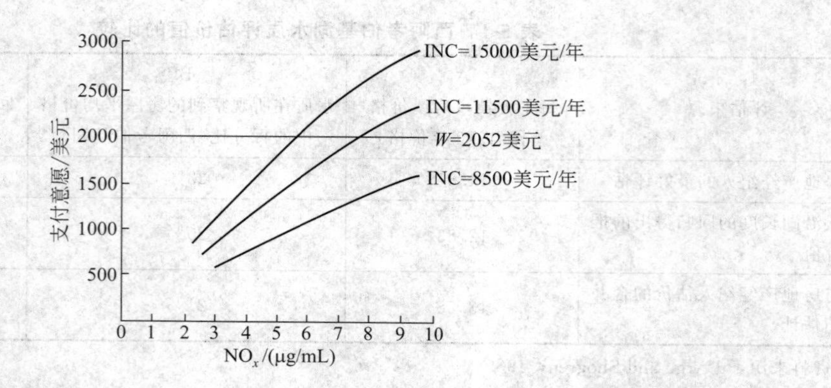

图 5-4　3 种收入水平的家庭在不同 NO_x 水平下对 1μg/mL 的 NO_x 浓度改善的支付意愿（双对数形式）

资料来源：Hamson D and Rubinfeld D 0. Hedonic Housing Prices and the Demand for Clear Air. Journal of Environmental Economics and Management，1978，(5)：81-102.

【案例 5-4】　Visakhapatnam 贫民窟改建计划（SIP）

Visakhapatnam 位于印度东海岸，地处加尔各答与马德拉斯之间。1971～1991 年，该市人口从 36 万猛增到 105 万。人口迅速增长的原因是作为一个重要的海军基地和制造业中心所带来的工业增长、周围农村地区贫困人口涌向城市以及很高的出生率。但是，由于邻山靠海，该市土地严重缺乏，人口密度很高，大部分城区的人口密度高达 3 万人/km^2。尽管出现了一些工业繁荣的时期，仍然有 20 多万人（4 万个住户）生活在近 200 个官方划定的贫民窟中，其家庭收入为 1.3 万卢比（400 美元）。贫民窟中有一半成年人为文盲；贫民窟中的家庭基本没有独立的自来水供应，仅仅有一半住户拥有自来水供应；不到 1/5 的家庭有自己的厕所，60％的贫民窟居民露天大小便，毫不奇怪，卫生状况很糟糕。

1988 年，Visakhapatnam 市开发公司在英国海外开发署（UKODA）的支持下，开始了一项改造 170 个贫民窟的重要计划。这个计划包括的内容为：基础设施改建（道路、排水系统、路灯照明）、改善供水条件、公共厕所、社区中心、初级卫生保健服务和教育及培训服务。同时，市开发公司向贫民窟居民提供有补贴的住房，以改善他们的居住条件。

当正式评估贫民窟改造计划时，效益几乎都是通过土地价值或地租的增长来估算的。例如，世界银行研究预测，土地价值或租金的提高将使 Madhya Pradesh、Uttar Pradesh 和 Calcutta 的贫民窟改建项目产生 15％～19％的收益率，并估算 Madras 的贫民窟改造计划能得到 23％的收益率。

在一定的条件下，几乎所有私人效益（包括健康、劳动生产力和舒适性效益）将体现在贫民窟内土地价格和租金以及房屋价格的提高上，条件如下。

① 所有私人效益的增长仅限于贫民窟地区的居民；

② 所有的改造（SIP）效益（包括健康效益、减少洪水和水灾的危害等）能够被贫民窟区域内外的人们认识到；

③ 贫民窟房地产的价格不受控制，贫民窟居民能够向外来人口或其他贫民窟住户出售或出租他们的房产；

④ 房地产交易是不需要收费的。

甚至在这些条件下，通常仍然有一些房主存在消费者剩余。例如，培训或卫生保健计划的全部效益不可能准确地在房地产价值中得到反映。

Visakhapatnam 通常有一个活跃的住宅市场。官方（土地登记管理局）统计数字表明，每年有 1.5%～2%的住宅被出售。由于受到限制，贫民窟住宅销售率和价格要低一些，但是有很多非官方的销售，其价格只有当地知晓。当然，住宅销售受到控制，价格要打折扣；土地销售也少于住宅销售。因此，土地的价值必须通过房屋价格或根据估值数据加上推断。全市范围内 SIP 的效益通过土地价值、房屋价格和租金的增长来估算。

官方土地估值数据是通过 24 个在 1988 年和 1989 年得到改进的贫民窟地区典型房地产收集来的，并分别在 1987 年和 1990 年对这些房产进行了估值（1987 年的价值约每平方码 50 卢比，1 卢比＝0.098 元人民币，1 平方码＝0.836 平方米）。在这 2 年之间，平均土地价值从每平方码 256 卢比上升到 441 卢比。Visakhapatnam 土地价值估计平均上升 20%，而商业开发区的土地价值还将上升 10%～20%。考虑到 Visakhapatnam 土地价值总的增长幅度为 25%，没有进行 SIP 时，贫民窟土地价值平均上升到 320 卢比，441 卢比和 320 卢比之间差额的效益归功于 SIP。按每平方码产生 121 卢比效益的标准，户均 50 平方码，36500 个家庭（总面积 18.25 亿平方码）进行推算，1990 年土地增值 2.21 亿卢比，1992 年增值 2.54 亿卢比。

通过土地价值和住房价格法估算的效益相当接近，结果有一定的可信度。

另一方面，在竞争性市场上，租金上涨是生活条件改善的一种表现。1988～1991 年期间，Visakhapatnam 贫民窟住房租金从每月 114 卢比上升到 145 卢比（以 1991 年价格计算）。按年租金增长 372 卢比，对 36500 个贫民窟居民进行估算，每年总的租金增长为 13600 万卢比；当采用 10%的贴现率时，相当于 1.36 亿卢比。这个数字远远低于估计土地价值或房屋价格的增加，不能与 SIP 的估值挂钩。收益率相对很低，部分原因是租赁市场不具有代表性，只有 13%的住户租房。他们大部分在租借中压低了贫民窟住房的价格；同时，由于限制逐赶房客，房屋租金明显减少。

综上所述，Visakhapatnam 开发公司花费约 3 亿卢比改建 170 个贫民窟，每年大约还要花费 2000 万卢比来维持这项投资计划。SIP 给贫民窟和非贫民窟的住户带来了效益，同时也节省了政府开支。

简而言之，大多数贫民窟住户的效益体现在土地和房屋价格的增长上，虽然还有些效益不能完全由房地产价格体现，我们估计 SIP 使 170 个贫民窟总的土地增值了 2.4 亿卢比，房屋价格上涨了 2.85 亿卢比。考虑到贫民窟房主剩余、私人的非贫民窟效益，以及政府费用节省（总数相当于 SIP 费用的 1/4），社会效益对投入有明显的剩余。

第三节 旅行费用法

一、旅行费用法的概念

旅行费用法（travel cost approach），是通过交通费、门票费和花费的时间成本等旅行费用来确定旅游者对环境商品或服务的支付意愿，并以此来估算环境物品或服务价值的一种方法。旅行费用法常常被用来评价那些没有市场价格的自然景点或者环境资源的价值，它要评估的是旅游者通过消费这些环境商品/服务所获得的效益，或者说，对这些旅游场所的支付意愿。

旅行成本法在发达国家广泛应用于娱乐物品和服务的价值评估。这种物品（可以用公园作为一个例证）是免费提供的，或者仅仅收取某种名义上的许可费用。然而，从一个公园中获得的利益或效用的价值通常却要远大于这一费用，其中的差值就是消费者剩余。

旅行费用法隐含的原则是，尽管自然景观可能不收取门票费，但是旅游者为了游览（或者说使用或消费这类环境商品或服务）却需要付出费用。旅游者为此而付出的代价可以看作是对这些环境商品或服务的实际支付，而支付意愿就等于消费者的实际支付与其消费某一商品或服务所获得的消费者剩余之和。所以说，要想求出旅游者的支付意愿大小，关键在于估算旅游者的消费者剩余。不过，需要指出的是，旅行费用法针对的是具体的场所的环境价值而不是娱乐本身的收益。

我们还必须看到，旅游者对这些环境商品/服务的需求并不是无限的，要受到从出发地到该景点的旅行费用的制约。旅行费用法假设所有旅游者消费该环境商品/服务所获得的总效益是相等的，它等于边际旅游者（距离评价地点最远的旅游者）的旅行费用。离评价地点越远的用户，其消费者剩余越小；而离评价地点越近的用户，其消费者剩余越大。

旅行费用法是一个比较成熟的方法，主要用于估计对休闲设施的需求以及对休闲地的保护、改善所产生的效益。在发达国家，特别是美国，开展了大量的旅行费用法研究。

二、旅行费用法的基本步骤

旅行费用法的基本步骤如下。

（1）将区域划分为几个小区。景点周围的地区首先要划分几个小区，使得从同一小区内某处到景点的旅行费用相同。一个最直接的办法是以评价场所为圆心，把场所四周的地区按距离远近分成若干个小区，距离的不断增大意味着旅行费用的不断增加。但是，小区的形状可以是不规则的，甚至也不是同心的圆，这主要取决于景点地区的旅行费用如何变化。

如果考虑外国游客，划分小区工作将会增大难度，但列入外国游客是有道理的，因为有些景点是举世闻名的（如维多利亚瀑布、长城、南极等）。一种简单的方法是根据旅行费用来划分小区，而不是距离。通常来说，如果在同一个国家或地区应用旅行费用法会相对容易一些。

（2）在评价地点对旅游者进行抽样问卷调查。收集的数据包括游客的身份、游览动机、旅行费用以及环境资源的属性。特别要收集以下数据：游客数；出发地点；游览的频率；社会经济属性；旅程的期限，在景点逗留的时间；直接的旅行费用；答卷者对时间的估值；外出游览的年份总数；每个小区的总人数；旅行的其他动机；旅途中游览的其他景点；景点及其替代物的环境质量状况。

此调查可以在景点进行，也可以在去往景点的旅途中、在小区的游客居住地进行，还可以在所有这些地点联合进行。最重要的是需获得有代表性的回答。

（3）旅游率，即计算每一区域内到此地点旅游的人次。为了得到需求曲线，必须做出一系列假设并采取一系列的步骤。第一个假设是，人们可以按不同的居民区进行分组，而每个居民区中的居民都有着类似的偏好。第二，我们假设人们对旅行成本增加的反应基本上同他们对公园门票涨价的反应相同。这意味着当门票（或者旅行成本）涨到某一程度时，就不会有人利用这一公园，因为相对于其他娱乐方面的选择而言，这太贵了。然后，我们可以对所有原点区域的游览率加以计算，其中应当考虑一系列同收入、旅行成本和其他因素相关的变量。

通常情况下人们利用该公园的频率（通常以每个区域中每一千人口中的游客数来衡量的）与他们到该场所的距离之间是负相关的。在其他变量保持不变的情况下，到达公园的成本（无论是时间还是金钱）越高，个人利用公园的频率就越低。如果绘制成图形，这一信息将如图 5-5 所示。

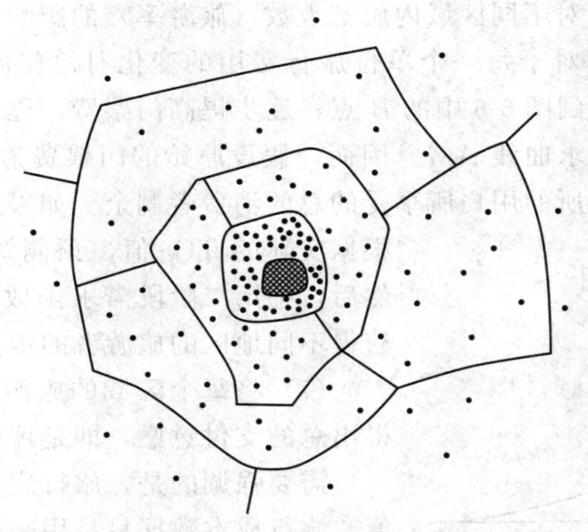

图 5-5　在旅行成本法中使用的假想的调查数据图

注：每个点代表着 10 个去公园游览的人。对每个区都计算了一个游览率（游览人数/1000 人口）。

（4）根据对旅游者调查的样本资料，用分析出的数据，对不同区域的旅游率和旅行费用以及各种社会经济变量进行回归，可以得到一个形式最简单的回归方程，将游览率同旅行成本关联起来。求得第一阶段的需求曲线即旅行费用对旅游率的影响。

$$Q_i = f(\mathrm{TC}_i, X_1, X_2, \cdots, X_n) \tag{5-7}$$

$$Q_i = a_0 + a_1 \mathrm{TC}_i + a_2 X_1 + \cdots + a_i X_n \quad \text{或}\ Q_i = a_0 + a_1 \mathrm{TC}_i + a_2 X_i \tag{5-8}$$

式中，Q_i 为旅游率，$Q_i = V_i / \mathrm{POP}_i$（其中，$V_i$ 为根据抽样调查的结果推算出的 i 区域中到评价地点的总旅游人数，POP_i 为 i 区域的人口总数），Q_i 进而可以用每 1000 个 i 区的居民中每年到该场所旅游的人数表示；TC_i 为从 i 区域到评价地点的旅行费用；$X_i = (X_1, \cdots, X_n)$ 为包括 i 区域旅游者的收入、受教育水平和其他有关的一系列社会经济变量。

通过回归方程式（5-7）和式（5-8）确定的是一个所谓的“全经验”需求曲线，它是基于旅游率而不是基于在该场所的实际旅游者（人/天）数目。利用这条需求曲线来估计不同区域中的旅游者的实际数量以及这个数量将如何随着门票费（或称入场费）的增加而发生的变化情况，来获得一条实际的需求曲线。

（5）求第二阶段需求函数，确定对该场所的实际需求曲线。根据第一步的信息，对每一个出发地区第一阶段的需求函数进行校正计算出每一区域的需求函数，计算每个区域旅游率与旅行费用的关系。

$$\mathrm{TC}_i = \beta_{0i} / + \beta_{1i} Q_i \tag{5-9}$$

式中，$\beta_{0i} = -\dfrac{a_0 + a_2 X_i}{a_1}$，$\beta_{1i} = \dfrac{1}{a_1 \mathrm{POP}_i}$，$i = 1, 2, \cdots, k$。

与式（5-8）不同，式（5-9）共有 k 个等式，每个等式中的 β 值不同。每个区域有一个等式。

（6）计算每个区域的消费者剩余。我们假设评价景点的门票费为 0，则旅游者的实际支付就是他的旅行费用；进而通过门票费的不断增加来确定旅游人数的变化，从而可以求得来自不同区域的旅游者的消费者剩余。首先，根据上述的等式，计算出当门票费为0时，不同区域内的总的旅游人数。它确定的是当门票费为0时，对评价场所的最大需求数量，即图5-6中的A点。然后，逐步增加门票费的价格（门票费的增加相当于边际旅行费用的变化），来确定边际旅行费用增加对不同区域内旅游人数（旅游率）的影响，把每个区域内的旅游人数相加，就可以确定出相对于每一个单位旅行费用的变化对总旅游人数/年的影响。例如，门票费增加1元，可以得到图5-6中的B点；逐步提高门票费，逐个进行这样的计算，就可以获得图5-6中的整个需求曲线AM。因而，假设原始的门票费为0，则图5-6中需求曲线下面的面积就是被评价场所的用户所享受的总的消费者剩余。如果用数学方法来计算，就是根据实际的TC_i值，预测该地区总的旅游人数V_i，然后，把第二阶段需求函数从0到V_i积分，就可以获得不同地区的旅游者的消费者剩余。

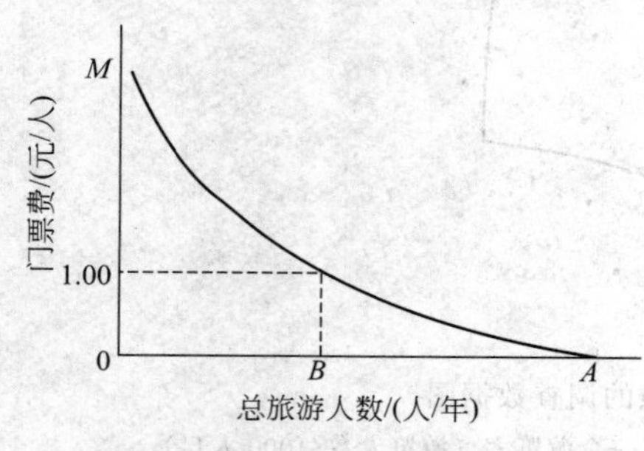

图5-6 评价地点旅游的需求曲线

（7）将每个区域的旅游费用及消费者剩余加总，得出总的支付意愿，即是评价景点的价值。

需要强调的是，旅行成本本身并不等于公园的价值，旅行成本数据只是用来估算到该场所旅行的需求曲线的。此外，这种方法利用了一种预先建立的使用模式来确定价值，并会由于其他场所的存在而受到很大影响。

三、旅行费用法的适用范围与条件

旅行费用法适用于评价以下情况或方面。

① 休闲娱乐场地；

② 自然保护区、国家公园、用于娱乐的森林和湿地；

③ 水库、大坝、森林等具有休闲娱乐附带作用的地方等。

应用旅行费用法时还要求满足以下条件。

① 这些地点是可以到达的，至少在一定的时间范围内是这样；

② 所涉及的物品（场所）没有直接的门票或者其他费用，或者这些收费很低；

③ 人们到达这样的地点要花费大量的时间或者其他开销。

四、应用旅行费用法时需要注意的问题

（1）关于参观的多目的性问题　对某个地方的参观可能只是某次多景点旅游的一部分。它也可能是出于其他目的的一次绕道旅行，如上班或者造访亲戚等，在这种情况下，将整个旅行费用都计算到所评价的地点是不正确的。因此，要划分整个费用，并根据可能的旅游多目的性，估算出到评价地点的实际费用。

（2）旅行效用或者负效用问题　很多情况下，旅行本身就是一个乐趣。某次旅行，经过风光宜人的地方的旅途越长，获得的愉悦也就比短且快速的旅行越多。步行或者骑车去公园或者海滩可以看成参观该地的部分乐趣。另一方面，当人们不喜欢旅行，或者交通状况不好时，客观的旅行费用可能低估不喜欢旅游的人们的实际旅行费用。在发展中国家所有这些问题都可能出现。

(3) 评价闲暇时间的价值问题　对旅行者来说，花费闲暇时间到娱乐地或者人文景观旅行并不一定是一种必要的成本。从某种意义上来说，这是一种获得愉悦的方式。

(4) 取样偏差问题　在通过询问收集数据时，取样样本的多少以及调查时间的长短常常受到经费的限制。所以通常仅对到旅游地点的人进行调查，而不是对评价区的家庭访谈，因此可能会产生偏差。

(5) 关于非使用者和非当地效益的问题　旅行费用法是一种获得某个地点的直接使用者(即参观者)效益的方法。它不涉及非当地的使用价值(如分水岭的保护、生物多样性)，或者给当地居民提供的商品和服务(如木材、娱乐、蜂蜜、药材产品等)价值；它也没有包括资源的选择价值。因此，旅行费用法会低估总的效益。如果有可能，应该把它和处理其他效益的评价技术结合起来使用。

五、案例分析

【案例 5-5】这里介绍一个假想的实例，来说明如何利用旅行费用法对某一特定地点(假设是一个自然保护区)的价值进行评估。

(1) 确定旅行人数与旅行费用之间的关系　为了获得有关旅行出发地区(旅行距离)、旅行费用以及其他有关的社会经济特征的资料，首先要对该保护区的游客进行访问；然后，把所访问的旅游者的出发地区按距离远近划分为 4 个旅行费用不断增加的区域；再确定每个区域的人口总数。所获得的有关数据见表 5-2。

表 5-2　某自然保护区的旅游人数与旅行费用的有关信息

区域	人口	平均旅行费用/元	总旅游人数	旅游率/(旅游人数/1000 人)
第一区域	1000	1	400	400
第二区域	2000	3	400	200
第三区域	4000	4	400	100
远于第三区域			0	
总计			1200	

如果该保护区不收取门票费，在一个特定时间范围内(比如 1 年)，每个地区的旅游人次是旅行费用和社会经济变量的函数。旅行费用包括交通费用、住宿费用和比不旅行时多消耗的食品费用。

设每单位人群的旅游人次为 V，在本例中为每 1000 人的旅游人数，即 $V/1000$。对每次旅行的平均费用作图，或者用统计方法确定每 1000 人的旅游人次与旅行费用之间的关系。本例假设这个关系为一条直线，并由下式给出：

$$V/1000=500-100\mathrm{TC}$$

这条曲线就称为“全经验曲线”。它表明的是为了到保护区旅游者的实际支付部分。

(2) 确定消费者剩余　通过逐步增加门票费，来确定消费者剩余。

① 目前保护区不收门票费，则一年中来此游览的总人数为 1200 人，得到图 5-7 中需求曲线的 A 点。

② 设门票费为 1 元，把门票费加到旅行费用上，于是，来自第 1 区域的旅游者每次旅游的费用就变成 2 元(旅行费用 1 元加上门票费 1 元)。根据上面的函数关系式，可以对每一个区域计算新的旅游率。正如表 5-3 所列，现在的旅游人数下降到 500 人。

表 5-3 假设门票费为 1 元的情况下，旅游人数与旅行费用的有关信息

区域	人口/人	新的旅行费用/元	旅游率/(旅游人数/1000 人)	总旅游人数/人
第一区域	1000	2	300	300
第二区域	2000	4	100	200
第三区域	4000	5	0	0
远于第三区域				0
总计				500

③ 分别设门票费为 2 元、3 元、4 元，重复第 2 步，如果人们把旅行费用的增加看作和入场费的增加一样，那么可以用旅游率与旅行费用之间的关系计 算出总旅游人数，见表 5-4。

表 5-4 门票费改变时，总的旅游人数的变化

因门票费而增加的费用/元	总旅游人数/人
0	1200
1	500
2	200
3	100
4	0

④ 根据表 5-4 绘制图 5-7 所示的需求曲线，并计算出总消费者剩余（需求曲线以下的面积）。

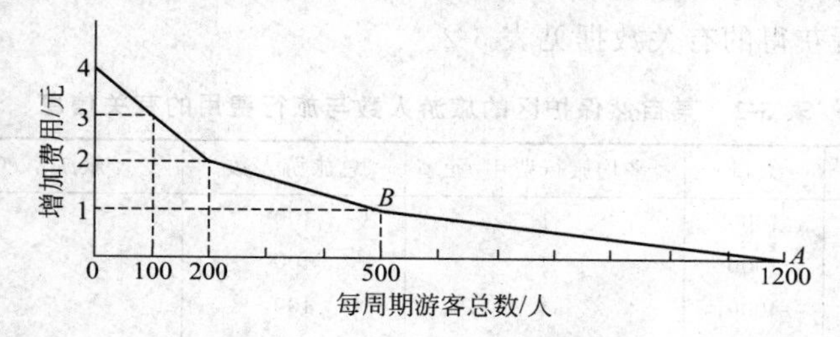

图 5-7 当地娱乐区经验需求曲线

则：

$$\frac{1200-500}{2}\times 1\text{ 元}=350\text{ 元}$$

$$\frac{500-200}{2}\times 1\text{ 元}=150\text{ 元}$$

$$(500-200)\times 1\text{ 元}=300\text{ 元}$$

$$\frac{200-100}{2}\times 1\text{ 元}=50\text{ 元}$$

$$(200-100)\times 2\text{ 元}=200\text{ 元}$$

$$\frac{100-0}{2}\times 1\text{ 元}=50\text{ 元}$$

$$(100-0)\times 3\text{ 元}=300\text{ 元}$$

总计：1400 元

或 1400/1200＝1.167 元/每次游览

把消费者剩余与旅行费用相加，就可以得到旅游者的支付意愿总和，即通过旅行费用法计算的该保护区的价值。

【案例 5-6】 **估算肯尼亚大象的观赏价值**

大象是一种独特的自然资源，其价值体现在以下许多方面：象牙可以用来交易；它们作为独特的野生物种被观赏和拍照；它们是一种独特的基因资源，仅仅是它们的存在本身就有价值。为了对大象的总经济价值做出货币估算，需要对上述各类价值的估算值进行汇总。虽然象牙的价值可以通过市场交易来衡量，但是其他两类收益——观赏价值和存在价值，却很难量化，因为对于这些商品和服务而言，并不存在易于观察到的市场。

大象的观赏价值可以通过旅行成本法进行估算。前往肯尼亚观赏和为大象摄影的旅行团体已经越来越多。在大象的自然栖息地来观赏它们是一种独特的假日享受，而进入公园和保护区的门票价格通常都很低，并不适合据此对这种机会的价值做出估算。对于没有贴切替代物的商品而言，例如，一种难得的机会来自在野外观赏大象，市场并没有将消费者剩余（从观赏的体验中所得到的总收益与管理费用之间的差值）计算在内，因此，必须通过旅行成本法等其他方法来加以估算。

认识到来自不同地方的人们得到观赏大象这样一种相同的机会而付出了不同的成本，所以，这项研究利用了旅行成本法的程序。采访了 53 位来自欧洲和北美的游客，他们来肯尼亚旅游，观赏大象并为其拍照，由此得到了对上述成本的估算值。这些估算值按照游客的出发地进行了分组，并由此为旅游团体建立了一个负相关的需求曲线，如式（5-10）所示。

$$P=4023-1674Q \tag{5-10}$$

式中，P 为价格，定义为土地成本、机票费用和旅行时间成本；Q 为每 1000 人中的旅游者人数。北美和欧洲的旅行者需求曲线是分别进行估算的。

旅行团体的土地成本根据其旅行长度以及提供了哪些便利设施而有很大的差别。人们在旅游团中花费的时间不同，其间，他们在一个或多个公园或保护区中观赏了或多或少的动物。类似地，他们可以进行节约型的旅行或奢侈型的旅行。为了对上述变量加以控制，对 22 个旅行因子进行了一项独立的调查，并估算了一个质量加权价格指数：

$$P_n=\mathrm{Sum}\left(\frac{P_{nj}\times N_{nj}}{C_n}\right)\times P_{nj} \tag{5-11}$$

式中 n——旅行者的出发地点；
j——旅行因子；
C_n——来自第 n 个出发地点的旅行者总费用；
N_{nj}——在过去的 12 个月中，来自第 n 个出发地点而又适用于第 j 个旅行因子的旅行者数量；
P_{nj}——第 j 个旅行因子为来自第 n 个出发地点的旅行者所提供的平均旅行价格。

如下计算可归因于整个旅行体验的消费者剩余：

$$\mathrm{CS}=0.5\times(4023-3635)=194\text{ 美元/北美旅游者} \tag{5-12}$$

$$\mathrm{CS}=0.5\times(4023-2378)=822.50\text{ 美元/欧洲旅游者} \tag{5-13}$$

这两个数值的结果是，对于两个团体的加权平均值为 727 美元。如果假设每年的旅游人数为 25 万～30 万人，那么，总的消费者剩余在每年 1.82 亿～2.18 亿美元。

因为观赏大象仅仅是总的旅行体验中的一部分（虽然是非常重要的一部分），并非旅行团的全部价值都应当归因于大象。为了将大象对旅行团总价值所做的贡献分离出来，要求调查问卷的应答者对总的“价值”按下列 5 类进行分配。

① 有关野生动物的观赏、拍摄和学习；

② 住宿条件、人员与服务、司机；
③ 观察和学习非洲及其文化；
④ 休息、休闲和购物；
⑤ 其他体验。

应答者将总价值的50%分配给第一类，即观赏所有的野生动物。之后，要求旅行者将其观赏价值在他们希望通过一次旅行所看到的不同野生生物之间进行分配。

① 看到大型猫科动物（狮子、美洲豹、印度豹）；
② 看到大量不同的野生生物；
③ 看到非洲象；
④ 学习有关生态和动物行为的知识；
⑤ 其他。

应答者将25%分配给第3类，即观赏大象。

这两份问卷的结果表明，观赏大象平均占一个旅游团价值的1/9，或者说12.5%。因此，可以归因于大象的观赏价值的消费者剩余部分约为每年2000万～2400万美元。

来源：Gardner Brown，Jr 和 Wes Henry，19890《大象的经济价值》LEEC论文。伦敦：IIED/伦敦环境经济学中心。

应当明确指出，在所有的案例中，所得的数值仅仅是对该资源总体价值中的一部分做出的最小评估值。旅行成本法仅仅计算了该景点的娱乐收益，或计算了受评估的自然资源。旅行成本法所估算的价值中并没有包含同资源在未来的使用相关的选择价值或存在价值。这些不那么有形的价值对于某个独特的地区、生境和物种可能是非常重要的。

第四节 防护支出法

一、防护支出法（预防性支出或减缓性支出）的概念

当某种经济活动有可能导致环境污染时，人们可以采用相应的措施来预防或治理环境污染。即人们用于治理与扭转由污染或者其他有害活动所造成的危害时的花费就是防护支出法——有时被当作这些环境问题的最小成本的一个主观评估。预防性支出法则通过考察实际的支出来确定个人对环境与健康影响的重要性。换句话说，减缓环境损害的费用可以被视作环境保护的一种替代需求。

防护费用的负担可以有不同的形式。它可以采取“谁污染，谁治理”，由污染者购买和安装环保设备自行消除污染的方式；也可以采取“谁污染，谁付费”，建立专门的污染物处理企业集中处理污染物的方式；也可以采取受害者自行购买相应设备，而由污染者给予相应补偿的方式。防护支出还存在使用效率的问题。在预防或治理环境污染的效果相同的条件下，防护费用应该是费用最低的那种方式所需的费用。

面对环境变化，人们可能会采取各种各样的防护行为，主要包括以下内容。

(1) 采取防护措施 人们会采取措施，尽力避免居住地环境质量的下降以保护自己不受影响，如采取防止土壤侵蚀的措施、安装水净化和过滤设施等，这些因为采取保护措施而发生的费用，即为防护费用。

(2) 购买环境替代品 为了防止环境质量变化所带来的影响，人们可能会通过购买环境

服务功能的替代品来避免可能的损害。比如，为了避免当水源地受到污染而使公共供水系统受到影响时，人们可能会购买瓶装水（比如矿泉水和纯净水等）。购买这些替代用品的费用可被视为一种防护支出。

（3）搬迁　对环境变化反应较强烈的人会迁出受污染区域，这种迁移所发生的费用也可以视为一种防护支出。

当环境发生变化时，人们有可能事先采取行动以保护自己不受伤害，而用于这一目的的费用被认为是他们对潜在危害的最小的主观评估的一个估算值。其前提是一个个体对危害所造成的成本的认识至少等于该个体为扭转这种危害所支付的花费。

出于下面两个原因，这种方法给出了最小的估算值。一是实际的支出可能受到收入的约束；另一个是即使在付出预防性支出后依然可能存在某一额外数量的消费者剩余。

然而，基于预防性支出的评估无法明确地对环境成本给出下限。在一些情况下，所支付的费用未必是专门用于扭转的成本，甚至未必是主要用以扭转成本。例如，瓶装水可以被看作是一种有身份的饮料（a status drink），可以由于这一原因以及与其使用相关的任何健康收益而得到重视。显而易见，人们只有在主观估测到收益至少等于支出时才会使用其资源。关于个人对这些成本的理解，一个间接的衡量方法是观察人们如何分配那些用来避免这种代价时所用的资源。然而，一个人承担成本的意愿将受到其支付能力的限制。因此，这种方法只能提供对所收到的效益的最小估算。

防护支出法相对简单，有很强的直觉感。它依赖于可观察的市场行为，很容易对决策者进行解释。另一方面，防护行为有不可靠和难以说明和解释的倾向。特别是该法假定人们了解他们遇到的环境风险，并能够相应做出反应，并且他们的反应不受条件（如贫困和市场不完善等）的限制。当人们直接受到环境威胁，并且人们的保护措施有效时，防护支出法对评估环境资产的使用价值来说是很直接的方法。然而这个方法不能评估选择价值，或者公共物品的价值。在很多发展中国家，预防性支出的程度更多地受到收入的限制而不是受需求的限制。

简言之，使用防护行为法应该谨慎，对于揭示人们对空气和水质量、噪声以及土地退化、肥力流失和土壤侵蚀、洪水和滑坡的风险、海岸侵蚀和污染等方面的支付意愿，防护行为法是一个十分有用的方法。

防护支出法对决策者有着某种直观的感召力，使决策者能够从受到直接影响的人们愿意支出什么的角度去判断环境计划和项目的重要性。把防护支出法同其他方法获得的数据进行比较，对于诸如是采取措施预防环境损害还是让环境损害存在、是补偿受害者还是尽力恢复以前的环境质量等问题的决策，十分有用。

二、防护支出法的基本步骤

（1）识别环境危害　这是该方法最重要的一步，然而由于防护行为经常针对多个目的，因此在任何情况下，指出最基本的环境危害是很重要的。比如，城市交通的增长会带来噪声等级的增强和空气污染的增加；水的供应中可能会出现水质下降和供应短缺相交加的状况；用于保护山坡、预防土壤侵蚀的植树造林，会产生有用的产品，具有未来资产价值。

由于存在多个行为动机和数个环境目标，通过防护行为来表征人们的环境偏好就变得极其复杂。在这种情况下，防护支出的大小将夸大个人所受的环境危害的价值。尽管我们不可能把某个防护行为所针对的环境影响同其他影响完全分开，在研究时仍然需要把环境问题划分为首要的和次要的，并把针对主要环境问题的防护行为作为估算依据。

(2) 界定受影响的人群　对于某个给定的环境危害，应该确定受到威胁的人群范围，并区分出受到重要影响的人群和受影响相对较小的人群。防护行为法研究的取样工作应该在第一类人群中进行。如果使用过多的只受到边际影响的人群的数据，就会低估环境损害的价值。

确定研究的目标人群时，应该实事求是地考虑环境危害，了解危害的发生方式。例如，对土壤侵蚀来说，会对当地以及分水线以下土地产生影响，将来对下游土地以及河道也会产生影响。饮用水的污染将影响到水体沿岸的居民，或者水体附近一定范围的居民，对那些使用受到污染的浅水层的井水的居民也会产生影响。而飞机噪声则会对工作或者居住在起飞地带和机场道路周围的居民产生影响。

要确定受空气污染危害的人群就更加困难。空气污染的迁移与季节和气候的条件以及污染物的排放水平相关。对于受体人群产生的影响又与不同个人（即他们的健康）的敏感性、污染物最大浓度出现的频率、有无特殊的污染物出现以及平均浓度水平等关系密切。特别是它对有气喘病或者支气管炎的人产生的危害更大，这些人群通常会采取严格的措施防止暴露(包括迁移、在污染最严重时让病人待在户内等)。

(3) 获得人们反应措施的信息和数据　通常，我们可以有以下多种途径获得相关的数据。

① 直接观察为保护免遭环境损害影响的实际支出（例如为防止土壤侵蚀而修梯田、为减少噪声而装双层窗）。

② 对所有受到危害的人进行广泛的调查。在影响范围较小时，这是可行的。如受到土壤侵蚀或者下游泥沙沉积影响的少数农民、水电公司对其集水区的保护、办公室建筑采取的噪声隔离措施等。

③ 对感兴趣的人抽样调查，主要用于对空气和水环境质量下降，或者对噪声采取预防措施的个别家庭，以及用化肥代替土壤养分流失或者采取了防止土壤流失的措施的农民等。

④ 专家意见，对预防和保护措施的费用、对损害进行恢复或者采用替代环境资产所需的费用、或者购买环境替代品所需的成本，都可以采用征询专家意见的方法。要求专家对人们为使自身有效地避免环境损害或避免预计的环境质量损失所需的成本做出客观的专业估计。但是需要注意，专家意见虽然可以作为信息资料来源的一个补充，并且能够对其他技术获得的数据进行核查，但是专家的意见会动摇这个评价技术的基础。因为，专家意见方法不是从观察到的人们的行为中获得数据，而是从具有理论水平且对事件又有了解的人们的看法中获取数据。

三、防护支出法的适用范围与条件

防护支出法可适用于以下方面的价值评估。

① 空气污染、水污染及噪声污染；

② 土壤侵蚀、滑坡以及洪水风险；

③ 土壤肥力降低，土地退化；

④ 海洋和沿海海岸的污染和侵蚀。

实际应用时，应该满足以下条件：

① 人们能够了解和理解来自于环境的威胁；

② 他们能够采取措施保护自己免受影响；

③ 能够估算并支付这些保护措施的费用。

四、防护支出法存在的问题与局限性

(1) 防护费用法假设“防护支出”是必然发生的。一些私人厂商及个人对他们行动的有关费用-效益有着良好的认识，他们信息灵通，在此情况下，以上假设是合理的。这种假设意味着这些私人厂商与个人将一直（继续）进行预防性开支，直至防护开支及减轻环境损害程度的费用之和等于所观察到的损害费用的原有水平。然而，当风险是新的或当风险程度在增加时，还假设完善的预测和合理的预防性支出水平就不尽有效了。

(2) 当防护支出与减轻损害的费用之和少于所观察到的损害费用时，部分消费者将享受某种消费者剩余，而防护支出法忽视了这一消费者剩余。因此，除非消费者在环境质量上支出甚多，否则，防护支出法仅对环境质量的价值给出了一个最低的估计值。

(3) 环境替代品的购买并不是一个连续的决策。许多人会忍受一定的危害或者困境，直到人们认为有必要采取行动。一旦他们采取行动，他们会认为为后代投资是有价值的，如投资修建的大于目前需要的水井等，对于前者，根据防护费用的数据对损害进行估计的结果会偏低；而对于后者，所估计的损害费用会夸大损害的价值。

(4) 这里存在另一个假设，即不存在与防护支出法有关的第二个效益。在很多情况下这并不符合实际，因而这种方法与上述 2、3 情况相反，将夸大环境价值。这是因为合理的环境价值应当是防护支出的实际发生额减去次级效益的部分。例如，为保护山坡的稳定而植树种草，除了纯粹的环境效益外，亦可产出水果、柴薪和饲料等。

(5) 寻求环境质量的完美替代品是根本不可能的。有些物品能够部分地替代环境，而一些却会产生额外的非环境的属性。例如，一方面，安装双层玻璃并不能完全消除飞机噪声；另一方面，它却改善了绝热条件和家庭的安全状况。因此，安装双层玻璃窗并不一定完美地代表了安静的需要。

(6) 防护支出是基于处在特定的受威胁环境之中的社区的人群的反应。它们通常无法考虑到那些因预感到问题存在（但尚未面临问题）而已经迁走的人们（包括对环境特别敏感和那些对环境质量估价极高的人们）。例如，患支气管疾病的患者也许会迁出预计大气条件会变得更糟的受污染的城市。对噪声特别敏感的居民户将在实施任何旨在减轻飞机着陆噪声影响的措施之前就已迁走。由于受到环境变化强烈影响的人们将迁移，因此对余下的暴露于环境变化中的人进行研究，所得出的保护费用将偏低。虽然我们可以追踪调查已经迁移的人（如个人、农民或者厂家），但是这样却增加了工作的复杂性和费用。

(7) 防护支出法的有效性是基于这样的假设，即人们对他们受到损害的程度比较了解，并能相应计算出防护费用的大小。然而，这些假设条件并不总能得到保证，特别是对于想象中的风险，或者那些随着时间增长的风险，人们会过高或过低地估计所想要得到的补偿。

(8) 即使人们知道应该采取的保护措施以及由此消耗的防护费用，然而由于市场不完善，他们采取措施的想法会受到限制，特别是处于风险中的人口的支付能力会限制防护支出法的应用。对于贫困人口而言，为了减少土壤侵蚀，修筑梯田也许在财务上是有利可图的，在经济上也是有正当理由的；但是，如果农民太穷而不能承受修建梯田造成的暂时收入减少、如果农村信贷市场不能提供所需的贷款、或者农民并不拥有他们所经营的土地，就可能限制了农民采取修筑梯田的措施。

五、案例分析

【案例 5-7】 **韩国的有关高地农业项目的环境质量价值评估**

韩国的有关高地农业项目的环境质量方面的一项案例研究（Kim and Dixon，1986）是这种方法应用的一个实例。这项研究考察了稳定高地土壤并加强农业生产的替代性土壤管理技术。这项研究使用了在低地种植水稻的农民的信息，他们准备承担费用建造水坝来疏导洪水，以避免水中携带的受侵蚀的土壤淤积堵塞其农田，损害其作物。低地农民对预防高地土壤侵蚀的措施的主观评估至少等于他们建设水坝的成本。

【案例 5-8】 **城市供水的例子**

这是一个城市供水的例子。预防性支出法需要考察为了避免接触病原菌而从除了城市自来水供应之外的其他来源取水，人们究竟愿意支付多少钱。在印度尼西亚雅加达，除自来水外，还有上门售水、私人水井与过滤系统、煮沸过的水甚至是瓶装水。人们选择哪种方式，它在一定程度上取决于其收入与支付能力，但是，通过调查这些个人的选择，可以勾画出不同群体中的消费者对于饮用水的支付意愿的一幅真实的图景。这一数量（总结了所有的居民，同时按照人口与收入分布进行了加权）可能是巨大的。这样的信息对于评估改变城市供水系统的社会收益性是非常有用的，

第五节 工资差额法

一、工资差额法的概念

在其他条件相同时，劳动者工作场所环境条件的差异（例如噪声的高低、是否接触污染物等），会影响到劳动者对职业的选择。通常来说，其他条件相同时，劳动者会选择工作环境比较好的职业或工作地点。为了吸引劳动者从事工作环境比较差的职业并弥补环境污染给他们造成的损失，厂商就不得不在工资、工时、休假等方面给劳动者以补偿。这种用工资水平的差异（工时和休假的差异可以折合成工资）来衡量环境质量的货币价值的方法，就是工资差额法。工资差额法与内涵房地产价值法一样，都属于内涵价值评估方法。

二、工资差额法的理论分析

工资差额法是一种对工资差别进行补偿的规范化概念，该模型的创始者可以追溯到亚当·斯密。其基本思想是：在其他情况相同的条件下，工人们宁愿选择工作条件较好的工作而非工作条件较差的工作。工人们对较好工作条件的工作的过大需求将会使这种工作的工资水平下降。在均衡状态下，工作条件不同的两种工作之间的工资差异将反映出工人们对工作条件差异的货币化评价。

基本的工资差额法已经被改进，并在实践中被应用于环境资源经济学家和政策制定者特别感兴趣的两个重要问题上。一个问题是关于降低死亡、受伤或生病风险的价值，作为这种价值可揭示的偏好的度量，内涵工资模型被用来估算工资-风险之间的权衡；另一个问题是关于在不同地区间环境及社会舒适性的变化的价值。不同地区之间的工资差异被当作一个地区特殊的环境、文化及社会舒适性的价值的指标。

以工人的角度来看，工作可视为一种存在差别的产品，而且这种产品具有一些特性，诸如工作条件、声望、培训和技能增加、意外受伤的风险水平以及在有毒物质中的暴露程度等。如果工人能够自由地从一个城区移至另一个城区，那么从一定意义上来说，由于其工作所在城区的环境和其他特性发生了变化，所以其工作也就会有所差别。如果工人能对这些不同的工作进行自由地选择，那么为了估算出这些工作特性的边际价格，就可以将工资、工作特性（包括它们的位置）、工人特性等数据应用于工资差额法之中。

从雇主的角度看，他们可以看作是从一群具有不同特性的工人中进行选择，这是劳动力市场的一个可识别的特征。在内涵理论对存在差别的商品的典型应用中，生产者被看作是出售具有一些特性的商品，而对商品买主的特性漠不关心。而在工资差额法中，雇主则被看作是出售一些工作特性（包括工作环境的质量），但同时他们也在购买劳动力，他们不可能对公司雇员的生产力特性漠不关心。因此，内涵工资方程可以解释为一种均衡关系，这种关系不仅反映了工作特性的供给与需求之间的相互作用，而且也反映了工人特性的供给与需求之间的相互作用。这意味着在估算出的内涵工资方程里，工人特性和工作特性都要作为自变量包括其中。

在工资差额法中，内涵工资方程关于任何工作特性的导数被解释为该工作特性的边际隐价格，而且，如果工人达到了效用最大化，那么边际隐价格就可以作为工人对这种特性的边际支付意愿的估值。边际隐价格给出了收入的变化必须正好可以补偿该工作特性的细微变化。因为在一般情况下，内涵工资方程不一定是线性的，所以对不同的工人来说，这些边际价值也就会有所不同。类似地，内涵工资方程关于任何工人特性的导数给出了该工作特性的边际隐价格，而且，如果假定能够达到收益最大化，那么该导数也就给出了雇主特征的边际价值。

三、工资差额法的具体步骤

假定每个人都选择一份工作，以便使其能够从货币的消费量 X、工作特性向量 J 中得到最大的效用。并且除 J 之外，每份工作都有导致意外死亡风险的特性 δ_i，其中 i 为不同的工作。这样就对应着一个内涵工资函数，该函数是所有均衡点的集合，在这些均衡点上公司的边际工资供给（作为工作特性的函数）等于工人的边际工资需求。这个函数是：

$$P_W = P_W(\delta, J) \tag{5-14}$$

式中，P_W 为周或月工资，而且每个时期的工作时间是 J 中的一个特性。个人在工资限制的条件下，选择工作 i 以使其预期效用最大化：

$$\max E[u] = \pi u(X, J) + \lambda[P_W(\delta, J) - X] \tag{5-15}$$

式中，π 为存活概率；X 为可能的消费。在工资-风险研究中，我们可以观察到的是死亡风险 δ，而不是存活概率 π。这两者之间的关系可由 $\pi=(1-\delta)(1-\phi)$ 给出，式中，ϕ 为与工作原因无关的死亡概率。由于对适龄的工作人口而言，ϕ 通常很小，所以 π 可近似地等于 $1-\delta$。

对于所有的工作特性 J_j 而言，决定 X 的选择和工作风险的一阶条件是：

$$\pi_i \frac{\partial u}{\partial X} = \lambda \tag{5-16}$$

$$\frac{u(\cdot)}{\lambda} = \frac{\partial P_W}{\partial \delta_i} \tag{5-17}$$

$$\frac{\pi_i \cdot \partial u / \partial J_j}{\lambda} = -\frac{\partial P_W}{\partial J_j} \tag{5-18}$$

在式（5-16）中，λ 为消费的预期边际效用，它被假定是正值。根据式（5-17）对工作风险中存活概率的增加的边际支付意愿应该等于它的边际隐价格；该式还说明了更安全的工作的工资会更低，也就是说，π_i 增加的边际隐价格等于工资率的降低。式（5-18）则要求每一个工作特性的边际支付意愿必须等于它的边际隐价格。

如果工人们知道市场工资和工作特性以及风险之间的关系，那么每个工人都会选择一个工作特性和风险集合，以使每个特性的边际效益等于它的边际成本。在死亡风险的例子中，对于一份较少风险的工作而言，其边际成本要低于其得到的工资 $\partial P_W/\partial \delta_i$，而且这必定等于对更低工作风险的边际支付意愿。换言之，与高风险工作相联系的风险报酬一定等于个人对风险所接受的边际补偿意愿。对减少意外死亡风险的边际支付意愿的估计见表 5-5。

表 5-5　对减少意外死亡风险的边际支付意愿的估计（以 1986 年的不变价格计算）

研究内容	样本的平均风险水平①	估计范围	最好的估值
早期较低的工资-风险估值			
Thaler 和 Rosen(1976)②	11.0	0.44～0.84	0.64
ArnouLd 和 Nichols(1983)②	11.0	0.72	0.72
早期较高的工资-风险估值(以 BLS 的事故率为基础)			
R. Smith(1976)	1.0～1.5	3.6～3.9	3.7
V. K. Smith(1983)③	3.0	1.9～5.8	3.9
Viscusi(1978)	1.2	4.1～5.2	4.3
Olson(1981)	1.0	8.0	8.0
Viscusi(1981)	1.0～1.5	8.5～14.9	8.5
a. 无风险-相互作用项	1.04	5.4～7.0	7.0
b. 有风险-相互作用项	1.04	4.7～13.4	
新的工资-风险研究			
Dillingham(1985)	1.4～8.3	2.1～5.8	2.5
Marin 和 Psacharopoulos(1982)④			
a. 体力工人	2.0	2.7～3.1	2.9
b. 非体力工人	2.0	9.0	
Gegax,Gerking 和 Schulze(1991)			
a. 所有的工人	2.2	1.9	
b. 所有的蓝领工人	10.1	1.6	1.6
Moore 和 Viscusi(1988)	0.79	5.0～6.5	5.4

① 每 10000 人的大约年死亡率。

② 以实际的死亡数据为基础。

③ 假设在所有的受伤者中有 0.4%是致命的，有关这一点 Viscusi（1978）在 BLS 受伤统计中已经说明过，而且在对致命伤进行的所有风险补偿中，有 33%～100%是对所有受伤的风险进行补偿的。

④ 在这项研究中，为了使得风险变量标准化而对年龄进行的调整，并不直接与其他研究中所使用的风险水平进行比较，但是，我们假定这个例子中的平均死亡风险为 2/10000。

资料来源于 Fisher、Violette 和 Chestnut（1989）。

四、工资差额法存在的问题与局限性

工资差额法与内涵房地产价值法一样，存在着很多的问题。工资差额法假设在劳动力市场中没有歧视、不存在劳动力买方市场垄断、没有联合的市场支配力量、不存在被迫失业或自由流动的障碍，而且在此情况下，人们能够掌握完全的信息，能够自由选择职业。实际上，假设劳动力市场是完全竞争的是不符合实际情况的，它甚至比内涵房地产价值法假设不动产市场是完全竞争的更站不住脚。而且，假设每个人都掌握完全的信息，每个人对选择职业方案的风险水平或属性水平都有一个合理的看法，实际上，这些信息是很难了解到的，根据个人的经验，人们几乎不能知道死亡的风险，而从别人的经验了解到的情况往往是不满意的。

与此同时，工资差额法还要求劳动力市场必须是处于均衡状态，并且不能被若干区域间的不完全流动性分割成几个次级市场。当使用来自于几个城区的数据对内涵工资方程进行估算时，就必须假定这些地区是同一单一市场的一部分。但是，实际上，由于地理条件、移动成本以及工作选择中的信息缺乏（这是由不同地区的劳动力市场之间存在的障碍所造成的）等原因，劳动力市场可能会被分割；而且，根据教育和技能的要求不同、"蓝领"工人和职业管理人员的不同，市场还会被分割。地理上的分割会导致不同地区存在不同的边际隐价格，而根据职业或教育水平的不同而进行的分割，则会导致不同的职业类型之间存在不同的边际隐价格函数。

另外，对风险与货币进行权衡的结果，比如说从煤矿工人那儿得到的结果，只能告诉我们他们的愿望是什么。有些职业相当危险，但是好像对那些"对危险不在乎的人"是有吸引力的，所以，这些"危险爱好者"的权衡结果很少给我们提供关于必须给另外一些人提供的、使其接受增加危险的赔偿（或者为了避免这些危险，他们愿意支付的钱）的有用信息。所以，必须对所有的人群进行这种分析，包括男人、女人、儿童。另外，即使我们对一种职业确定了收入和风险之间的权衡关系，其他职业未必也能得到这些数值。

工资差额法有可能应用于空气污染控制领域，以便改善城市舒适度、减少生命和健康的风险。由于应用了实际劳动力市场计算得来的价值，所以这个方法是有一定说服力的。

然而，工资差额法无论是在理论上还是在实践中都有很多的缺点。比如它假设劳动力市场是完全竞争的，这在大多数国家是不适合的，因为这些国家的劳动力市场并不一定非常活跃，而且也不一定能够真正地把环境质量反映到工资中，特别是在发展中国家更是如此。另外，工人，特别是贫穷和技术不熟练的工人，对于环境风险知之甚少，贫困和恶劣的环境经常是紧密相连的，而且许多国家的穷人对生活或工作条件是不能选择的，经常可以发现低工资和恶劣环境条件共存。由于他们在理论上的支付意愿和实际支付的可能性之间存在差距，所以，他们对舒适和风险的态度似乎不反映其他人群的态度。因此，工资差额法在发展中国家的适用性仍然是不确定的。

为了用一个特定的模式来确定工资与环境恶化（例如空气污染）之间实际上是否有实质性的相关，还需要更多的经验，有待进一步研究。当前，在评价空气污染水平减少对生命和健康风险的效益时，应当考虑使用几种不同的方法。

思考题

1. 什么是替代市场评价法？替代市场评价法应用时必须具备哪些条件？

2. 什么是内涵房地产价值法？内涵房地产价值法分析的基本程序是什么？该……合于哪些环境问题的评价？

3. 什么是旅行费用法？旅行费用法分析的基本程序是什么？

4. 什么是防护支出法？举例说明由于环境变化我们日常生活中防护支出

第六章　权变评价法

在对环境影响进行经济分析时，有时需要依靠建立虚拟市场来衡量环境质量变化的价值，这种方法就是权变评价法，它也是一种陈述偏好的方法。本章主要介绍权变评价法的概念、分类及方法的局限性。

第一节　权变评价法概述

一、权变评价法的概念

权变评价法（contingent valuation method，CVM）也称意愿调查评估法或意愿调查法，有时也称为假设评估法（hypothetical valuation）。它是以调查问卷为工具来评价被调查者对缺乏市场的物品或服务所赋予的价值的方法，它通过询问人们对于环境质量改善的支付意愿（WTP）或忍受环境损失的接受赔偿意愿（willingness to accept compensation，WAC）来推导出环境物品的价值。

当缺乏真实的市场数据，甚至也无法通过间接的观察市场行为来赋予环境资源以价值时，只好依靠建立一个假想的市场来解决。权变评价法就是试图通过直接向有关人群样本提问来发现人们是如何给一定的环境变化定价的。在替代市场都难以找到的情况下，只能人为地创造假想的市场来衡量环境质量及其变动的价值。故权变评价法又称为假想市场法。

CVM 与其他方法相比，一个最大的特点，就是它特别适宜于对那些选择价值占有较大比重的独特景观和文物古迹价值等环境服务价值的评估。因此，它可以作为政府决策的一种科学有效的工具。CVM 主要适用于缺乏市场价格和替代商品价格的评估，因而是“公共物……价值评估的一种重要的方法。

……愿调查评估法最初是在发达国家提出并用来对某些公共品的价值进行评估的，上述公……公园的使用权、清洁的空气或水、濒危物种或通畅的视野。公共品的本质特性是一……并不会对第二个人可以得到的消费量产生影响（虽然某些公共品，例如娱乐场所……程度时将会出现拥挤的现象）。清洁大气和国防是公共品的典型代表。只要一……供给，那么，再多一个人使用该公共品的边际成本就是零。因此，对比没……，将所有应答者的支付意愿加起来就可以得到总的支付意愿的估算值。……就类似于将个人的补偿需求曲线纵向相加。

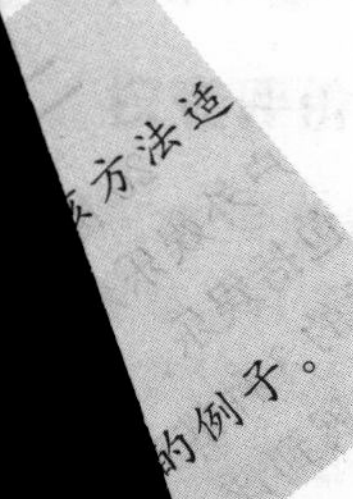

……产生与发展

……济学家 Robert K. Davis 第一次使用调查表评估一个海岸森林地带的……年代中期以后，权变评价法被经济学家用于计量多种物品效益，……等。1979 年，美国水资源委员会将权变评价法作为评估项目效……纪 80 年代以后，权变评价法在很多国家得到应用，应用的领域……区、濒危物种、交通安全与生命价值、自然区域、环境资源等。

在西方国家，该法得到较为广泛的应用，并且已经演变出若干种技术，其中一些常见于商业市场研究中，所有这些技术都试图弄清人们对特定环境状况所赋予的货币价值。在很多情形下，它是唯一可用的方法，例如用于评价环境资源的选择价值。目前，权变评价法已经成为对环境物品进行价值评估时用得最多的一种方法，这实际上标志着它的日趋成熟，如美国公共管理局在修订水利工程评估原则和方法中，明确了它的可适用性；1993 年，美国国家海洋与大气事业管理局在报告中肯定了该法的可靠性，并认为它可以作为赔偿诉讼的判决依据；1994 年，美国内政部、商务部在各自起草的自然资源折损评估原则条例中，又将它作为最重要的方法之一。

CVM 之所以在西方国家得到广泛应用，是因为人们意识到这一方法能够解决许多其他环境经济评估方法所无法解决的问题。由于环境物品没有市场，因而它通常没有价格，环境质量变化的价值只能以人们福利的变化来衡量，这就造成了用直接市场法对环境物品进行价值评估的困难。而 CVM 却能克服这个困难，CVM 通过构建假想市场来获知人们的支付意愿。虽然目前人们对 CVM 的准确性仍有很大争议，但这一方法的有用性已经得到了很多学者的肯定。他们认为，只有支付意愿才是一切商品和效用价值的唯一合理的表示方法，它不仅包括商品的价格（即消费者支出），而且还包括消费者剩余，因此 WTP 可以完整地评价环境物品的使用价值，而其他方法仅能评估部分使用价值，如市场价值法仅能评价消费者支出、旅行费用法仅能评价消费者剩余。

总之，CVM 已显示出其是一个强有力的和似乎万能的用来测度无市场物品经济价值的工具，可望用于测度更广范围物品的经济效益，包括那些至今尚未有市场供应的潜在物品，而且是以一种与经济理论相一致的方式进行。

三、采用权变评价法时必须具备的条件

当具有以下条件时，可以使用意愿调查评估法。

① 环境变化对于市场产出没有直接的影响；
② 难以直接通过市场获取人们对物品/服务的偏好的信息；
③ 样本人群具有代表性，对所调查的问题感兴趣并且有相当程度的了解；
④ 有充足的资金、人力和时间进行研究。

四、权变评价法的适用范围

权变评价法特别适用于对其他方法难以涵盖的环境问题的评价。CVM 通常适用于评价下列一些环境问题。

① 空气和水的质量；
② 休闲娱乐（包括钓鱼、狩猎、公园、野生生物）；
③ 无市场价格的自然资源（如森林和荒野地）的保护；
④ 生物多样性的选择价值；
⑤ 生命和健康影响或风险；
⑥ 交通条件改善；
⑦ 供水、卫生设施和污水处理。

第二节 权变评价法的分类

权变评价法所采用的评估方法大致可以分为 3 类：①直接询问调查对象的支付或接受赔

偿的意愿；②询问调查对象对表示上述意愿的商品或服务的需求量，并从询问结果推断出支付意愿或接受赔偿意愿；③通过对有关专家进行调查的方式来评定环境资产的价值。表 6-1 概括了几种常用的权变评价法。

表 6-1　权变评价法的分类

直接询问支付意愿	投标博弈法、比较博弈法
询问选择的数量	无费用选择法、优先性评价法
征询专家意见	德尔菲法(专家调查法)

一、投标博弈法

投标博弈（bidding game approach）有着各种不同的类型，尽管它们有着一些共同的特征。在一项投标博弈中，每一个个体都被要求对一个假设情况做出评估，并针对物品供应水平的某种特定程度的变化，描述他们的支付意愿（ WTP）或者接受补偿意愿（WAC）。这种技术最常用于发达国家，如对公园使用权、清洁的大气、水或者通畅的视野等公共品进行价值评估。

投标博弈有单次投标博弈和收敛（重复）投标博弈两种。

（1）单次投标博弈　在单次投标博弈中，调查者首先要向被调查者解释要估价的环境物品或服务的特征及其变动的影响（例如砍伐或保护热带森林可能产生的影响，或者湖水污染可能带来的影响），以及保护这些环境物品/服务（或者说解决环境问题）的具体办法；然后询问被调查者，为了改善保护该热带森林或水体不受污染他最多愿意支付多少钱（即最大的支付意愿），或者，如果将要失去购买该物品的机会的话，作为交换，他们愿意为此而接受的最小补偿。将回答取平均值，由此可以推断得到一个针对总人口的总支付意愿或者总的补偿水平。

（2）收敛（重复）投标博弈　在收敛投标中，询问被调查者是否应当或者愿意为所描述的某种情况或物品支付一定的货币数额。随后，这一数量在不断重复之中变化，直到达到一个最大的支付意愿（或者一个最小的接受补偿意愿）。例如，要询问被调查者，如果森林将被砍伐，他是否愿意支付一定数额的货币用于保护该森林（如 10 元），如果被调查者的回答是肯定的，就再提高金额（如 11 元），直到被调查者作出否定的回答为止（如 20 元）。然后调查者再降低金额，以便找出被调查者愿意付出的精确数额。同样，可以询问被调查者是否愿意在接受一定数额的赔偿的情况下，接受森林砍伐或水体污染的事实，如果回答是肯定的，就继续降低该金额，直到被调查者作出否定的回答为止。然后，再提高该金额，找出被调查者愿意接受的赔偿数额。

单一投标博弈可以通过面对面或邮件两种方式来进行，重复投标博弈只能在面对面的交谈中来进行。

二、比较博弈法

比较博弈法（trade-off game）又称权衡博弈法，它要求被调查者在不同的物品与相应数量的货币之间进行选择。在环境资源的价值评估中，通常给出一定数额的货币和一定的环境商品或服务的不同组合。该组合中的货币值，实际上代表了一定量的环境物品或服务的价格。给定被调查者一组环境物品或服务以及相应价格的初始值，然后询问被调查者愿意选择哪一项。被调查者要对二者进行取舍。根据被调查者的反应，不断提高（或降低）价格水平，直至被调查者选择二者中的任意一个为止。此时，被调查者所选择的价格就表示他对给定量的环境物品或服务的支付意愿。此后，再给出另一组组合，经过几轮询问，根据被调查者对不同环境质量水平的选择情况进行分析，就可以估算出他对边际环境质量变化的支付意愿。

这里给出一个假想实例来说明这一方法的应用。假设就某一小区的公园扩建计划，调查小区居民对公园扩建计划的支付意愿。从对小区居民的调查中需要获得的信息是居民对公园面积边际增量的支付意愿。假设公园的现有面积为 $1km^2$，小区居民总数 20000 人。

第一步，选定被调查者，必须是足够多的有代表性的人群。为了简化起见，假设选择了 6 个具有代表性的人。

第二步，详细介绍要评价的环境物品或服务的属性（这里要介绍公园的属性）。

第三步，向被调查者提供两套选择方案：①公园面积不扩大，仍然保持 $1km^2$ 的面积，因而居民也不需要付钱；②扩大公园面积，同时支付若干数额的货币，不断地改变所付金额的大小，直到被调查者对不扩建、不付钱和扩建一定的面积并支付一定数量的钱这两种方案的选择都无所谓为止。

在表 6-2 的支付方案Ⅱ中，任意给出一个捐赠的钱数（比如说 10 元），向被调查者询问其愿意选择哪一种支出方案（方案Ⅰ还是方案Ⅱ）；或者认为这两项支出有差别吗？如果被调查者选择了Ⅱ，那么就逐步提高捐赠水平（比如说 11 元）；如果选择了Ⅰ，那么就逐渐降低捐赠水平（比如 9 元）。反复询问被调查者，直到其认为两种支出方案没有差异为止。假设在捐赠水平为 15 元时，被调查者对支出方案Ⅰ和Ⅱ的选择无差异（即认为选择Ⅰ也行，Ⅱ也可以），则就可以把它解释为被调查者对公园面积扩大 $1km^2$ 的支付意愿为 15 元。

表 6-2　利用比较博弈法估算小区居民对公园扩建的支付意愿

支出方案	支出方案Ⅰ	支出方案Ⅱ
捐赠金额/元	0	10
公园面积/km^2	1	2

重复上面的过程，确定出被调查者对公园面积不断扩大的支付意愿。假设扩大公园面积方案共有 6 种选择：从 $1\sim6km^2$（或者说公园总面积为 $1\sim7km^2$）；每次重复过程中，表 6-2 中的支出方案Ⅰ保持不变，只改变支出方案Ⅱ中公园面积和相应的捐赠金额。

假设对 6 个被调查者都重复进行了上述过程，并获得了相应的信息，其结果见表 6-3。

表 6-3　被调查者对公园面积扩大的不同方案的支付意愿

公园面积/km^2	被调查者的支付意愿/元							总的支付意愿/万元	扩建成本/万元	净效益/万元
	被调查者1	被调查者2	被调查者3	被调查者4	被调查者5	被调查者6	平均			
1	0	0	0	0	0	0	0	0	0	0
2	15	18	11	8	22	13	14.5	29.0	2.0	27.0
3	22	27	15	12	33	20	21.5	43.0	4.0	39.0
4	26	32	18	15	40	26	26.2	52.4	6.0	46.4
5	20	36	20	17	45	31	29.7	59.4	8.0	51.4
6	31	39	21	18	48	34	31.8	63.6	10.0	53.6
7	32	40	21	18	50	35	32.7	65.4	12.0	53.4

第四步，选择净效益最大的扩建方案。假设被调查者的支付意愿的平均值可以代表该小区每个居民的支付意愿。则该小区居民对公园扩建的不同方案的总支付意愿为某一方案的平均支付意愿乘以 20000 人；同时，假设公园扩建的成本随着公园面积的增加而线性增加，假设每平方千米的扩建费用为 20000 元。把每一个方案的支付意愿总值减去相应的扩建成本，就可以获得每一个扩建方案的净效益。上述的计算结果反应在表 6-3 中，根据表 6-3 的计算结果，可以发现当公园面积为 $6km^2$，或者说再扩建 $5km^2$ 时，净效益最大为 536000 元。

三、无费用选择法

无费用选择法（costless choice）通过询问个人在不同的物品或服务之间的选择来估算环境物品或服务的价值。该法模拟市场上购买商品或服务的选择方式，给定被调查者两个或多个方案，每一个方案都不用被调查者付钱，从这个意义上说，对被调查者而言，是无费用的。

在含有两个方案的调查中，需要被调查者在接受一笔赠款（或被调查者熟悉的商品）和一定数量的环境物品或服务之间做出选择。如果某个人选择了环境物品，那么该环境物品的价值至少等于被放弃的那笔赠款（或商品）的数值，可以把放弃的赠款（或商品）作为该环境物品的最低估价。如果改变上述的赠款数（或商品），而环境质量不变，这个方法就变成一种投标博弈法了。但是，其主要区别在于被调查者不必支付任何东西。如果被调查者选择了接受赠款（或商品），则表明被评价的环境物品/服务的价值低于设定的接受赠款额。

下面，通过一个简单的实例来说明这一方法的应用。

假设太湖湖水严重污染，已经影响了湖边居民的生活。要对湖边的居民进行随机抽样调查，并通过无费用选择法进行试验。

首先向被调查者详细介绍太湖水污染的影响，然后提出两个方案供被调查者选择。方案 1 为每年赠给被调查者一笔款项；方案 2 为清除 90%的湖水污染。每人只有一次选择赠款的机会，如果选择减少 90%的污染，就意味着减少 90%污染的价值至少等于被放弃的款项；进一步给出更高的赠款额，对另一组被调查者调查，直至被调查者选择赠款，这就意味着减少 90%的污染的价值低于最后一个款项。假设的调查结果见表 6-4。

表 6-4　减少太湖水污染的无费用选择法调查结果

调查人数	选择本项方案的人数		调查人数	选择本项方案的人数	
	减少 90%湖水污染	接受赠款(括号内为赠款数)		减少 90%湖水污染	接受赠款(括号内为赠款数)
20	20	0(10 元)	20	4	16(40)
20	14	6(20 元)	20	0	20(50)
20	10	10(30 元)			

表 6-4 表明，对每一套方案都随机选取 20 人进行调查。当赠款额为 10 元时，第一组的 20 个人都选择了减少 90%湖水污染的方案，说明被调查者认为减少 90 %污染的最低价值为 10 元（或者说最低的支付意愿）；当赠款额提高到 50 元时，第 5 组的 20 个人全部选择了接受赠款，表明被调查者认为减少 90%的湖水污染的最高价值（或者说最高的支付意愿）小于 50 元。该实验可以测定出减少污染的最低价值和最高价值范围，但是无法求出被调查者对减少污染的平均支付意愿。

四、优先性评价法

优先性评价法是权变评价法的另一种方法，它力图模拟完全竞争市场的机制，然后找到无价格商品（例如环境质量）支付意愿的价值或表现形式。这种方法与前面叙述的无费用选择法相似，让被询问者在各种不同的商品中进行选择。它的特征是对一组商品指定起始价值或起始价格，然后调整这些价值，使它们收敛到一组平衡的价值。

五、德尔菲法

德尔菲法（Delphi Technique）与上述其他调查技术的不同之处在于，接受询问的是“专家”而不是消费者。在一个重复的过程中，这些专家将试着为某个特定的物品定价。德尔菲法已经用来对各种各样的资源进行定价（包括濒危物种的保护价值）、在相互竞争的领域之间对有限资源进行分配以及在发展和保护之间做出适当的平衡。

这一技术涉及向每个专家团体提问，要求他们对某种特定的物品做出评估或定价。随后，所选择的价值将同他/她对其选择所做的解释一起，在成员内进行传阅。在看到这些意见后，专家们被要求重新考虑其估算值，并做出一个新的决定。理想情况下，后续的每一轮次中所做的估算值都应该更加接近，直到它们最终紧密地出现在一个平均值附近。

通常，这样一个小组的成员并不聚集起来，或者，即使他们聚集到了一起，个人之间估算结果是通过书信而不是口头来交流的。这样就可以避免专家相互间的直接面对，从而可以避免任何一个人主导该小组。德尔菲进程的结果将取决于所涉及的专家的质量、他们反映社会价值的能力以及上述进程的进行方式。

这种方法通常用于预测，但也适用于估价环境商品的价值，其准确度取决于专家组的水平，专家组反映社会价值的能力和专家实施这个方法的技能。这种方法的主要优点在于它的背靠背调查的特点以及专家组有计划的重新会面。它可以作为一种检验常规调查结果的有用手段。

第三节 权变评价法的应用

在具体运用权变评价法时，需要解决的关键技术问题主要有抽样方案的确定、调查问卷的设计、调查资料的收集方法以及数据的统计分析。下面，我们将对这几个关键问题进行具体分析。

一、抽样方案的确定

1.抽样的概念

所谓抽样，指的是从组成某个总体的所有元素的集合中，按照一定的方式选择或者抽取一部分元素（即抽取总体的一个子集）的过程，或者说，抽样是从总体中按一定方式选择或抽取样本的过程。

抽样主要涉及和处理有关总体与部分之间的关系问题。抽样主要解决的是对象的选取问题，即如何从总体中选出一部分对象作为总体的代表的问题。抽样方法是架在研究者十分有限的人力、财力和时间与庞杂、广阔、纷繁、多变的社会现象之间的一座桥梁，有了它的帮助，研究者可以方便地从较小的部分了解很大的整体。

2. 抽样的类型

根据抽样对象的具体方式，抽样分为不同的类型。从大的方面看，各种抽样都可以归为概率抽样和非概率抽样两大类。概率抽样是依据概率论的基本原理，按照随机原则进行的抽样，因而它能够避免抽样过程中的人为误差，保证样本的代表性；非概率抽样则主要是依据研究者的主观意愿、判断或是否方便等因素来抽取对象，它不考虑抽样中的等概率原则，因而往往产生较大的误差，难以保证样本的代表性。因此，在权变评价法中，主要涉及概率抽样方法，它是目前用得最多、也是最有用处的抽样类型。

3. 抽样的一般程序

虽然不同的抽样方法具有不同的操作要求，但是它们通常都要经历如下几个步骤。

(1) 界定总体　界定总体就是在具体抽样之前，首先对从中抽取样本的总体范围与界限做明确的界定。这一方面是由抽样的目的所决定的，因为抽样虽然只对总体中的一部分个体实施，但其目的却是为了描述和认识总体的状况与特征，是为了发现总体中存在的规律性，因此必须事先明确总体的范围；另一方面，界定总体也是达到良好的抽样效果的前提条件。如果不清楚明确地界定总体的范围与界限，那么即使采用严格的抽样方法，也可能抽出对总体严重缺乏代表性的样本来。

(2) 制订抽样框　这一步骤的任务就是依据已经明确界定的总体范围，收集总体中全部抽样单位的名单，并通过对名单进行统一编号来建立起供抽样使用的抽样框。需要注意的是，当抽样是分几个阶段、在几个不同的抽样层次上进行时，则要分别建立起几个不同的抽样框。

(3) 决定抽样方案　由于各种不同的抽样方法都有自身的特点和适用范围，因此对于不同研究目的、不同范围、不同对象和不同客观条件的社会研究来说，所适用的抽样方法也不一样。这就需要在具体实施抽样之前，依据研究的目的要求、各种抽样方法的特点以及其他相关因素来决定具体采用哪种抽样方法。除了抽样方法的确定以外，还要根据要求确定样本的规模以及主要目标量的精确程度。

(4) 实际抽取样本　实际抽取样本的工作就是在上述几个步骤的基础上，严格按照所选定的抽样方法，从抽样框中抽取一个个的抽样单位构成样本。依据抽样方法的不同以及依据抽样框是否可以事先得到等因素，实际的抽样工作既可能在研究者到达实施之前就完成，也可能需要到达实施后才能完成。即，既可能先抽好样本，再下去直接对预先抽好的对象进行调查或研究，也可能一边抽取样本一边就开始调查或研究。

(5) 评估样本质量　所谓样本评估，就是对样本的质量、代表性、偏差等进行初步的检验和衡量，其目的是防止由于样本的偏差过大而导致的失误。评估样本的基本方法是将可得到的反映总体中某些重要特征及其分布的资料与样本中的同类指标的资料进行对比，若两者之间的差别很小，则可认为样本的质量较高，代表性较大。一般来说，用来进行对比的指标越多越好，各种指标对比的结果越接近越好。

4. 抽样方法

抽样的最终目的在于通过对样本的统计值的描述来相对准确地勾画出总体的面貌。概率抽样的方法可以帮助我们实现这一目标，并且可以对这种勾画的准确程度做出估计。

(1) 简单随机抽样　简单随机抽样又称纯随机抽样，是概率抽样的最基本形式。它是按照等概率原则直接从含有 N 个元素的总体中随机抽取 n（$N>n$）个元素组成一个简单随机样本。

（2）系统抽样　系统抽样又称为等距抽样或机械抽样。它是把总体的单位进行编号排序后，再计算出某种间隔（抽样间距＝总体规模/样本规模），然后按这一固定的间隔抽取个体的号码来组成样本的方法。它和简单抽样一样，需要有完整的抽样框，样本的抽取也是直接从总体中抽取个体，而无其他中间环节。

（3）分层抽样　分层抽样又称类型抽样，它是先将总体中的所有单位按某种特征或标志（如性别、年龄、职业或地域等）划分成若干类型或层次；然后，再在各个类型或层次中采用简单随机抽样或系统抽样的办法抽取一个子样本；最后，将这些子样本合起来构成总体的样本。

（4）整群抽样　它与前几种抽样的最大差别在于它的抽样单位不是单个的个体，而是成群的个体。它是从总体中随机抽取一些小的群体，然后由所抽出的若干个小群体内的所有元素构成的样本。整群抽样中对小群体的抽取可以采用简单随机抽样、系统抽样或分层抽样的方法。

（5）多段抽样　多段抽样又称多级抽样或分段抽样，它是按抽样元素的隶属关系或层次关系，把抽样过程分为几个阶段进行。在社会研究中，当总体的规模特别大，或者总体分布的范围特别广时，研究者一般采取多段抽样的方法来抽取样本。多段抽样的具体做法是先从总体中随机抽取若干大群（组）；然后再从这几个大群（组）内抽取几个小群（组），这样一层层地抽下来，直到抽到最基本的抽样元素为止。

5. 样本规模和抽样误差

样本规模又称为样本容量，它指的是样本中所含个案的多少。一般要求样本数要足够多，以便能反映出被调查区域的人群的情况。实际数目是由所预期的反应多样性程度、希望的准确性等级及估计不回答的比例来决定的。

根据一些专家的看法，应用权变评价法时的样本规模至少不能少于100个案。这是因为，在研究中研究者不仅需要以样本整体为单位来计算平均数、标准差、相关系数等统计量，同时，他们更经常地需要将样本中的个案按不同的指标划分为不同的类别，进而分析不同类别之间的差异，分析不同变量之间的关系。因此，要保证所划分出的每个子类别中都有一定数量的个案，就必须扩大整个样本的规模。

抽样误差就是用样本值去估计总体值时所出现的误差。它是由于抽样本身的随机性所引起的误差。无论采取什么样的抽样方式，这种误差都是不可避免的；但是另一方面，抽样误差的大小是可以在样本设计中事先进行控制的。一般来说，抽样误差主要取决于总体的分布方差和抽样规模。

二、调查问卷的设计

1. 问卷的结构

调查问卷是权变评价法中用来收集资料的工具。它在形式上是一份精心设计的问题表格，其用途则是用来测量人们的行为、态度和社会特征的。尽管实际调查中所用的问卷各不相同，但是它们往往都包含这样的几个部分。

（1）封面信　即一封致被调查者的短信。它的作用在于向被调查者介绍和说明调查的目的、调查单位或调查者的身份、调查的大概内容、调查对象的选取方法和对结果保密的措施等。

（2）指导语　即用来指导被调查者填答问卷的各种解释和说明。

（3）问题及答案　这是问卷的主体，也是问卷设计的主要内容。它是指通过什么方法来询问被调查者的支付意愿。它主要分为两大类：一类是直接问题或开放式问题，即提问被调查者为环境物品愿意支付的最大金额；另一类是“是/否”型问题或封闭式问题，即对已确定需支付环境物品的费用询问被调查者是否接受。

（4）编码　在以封闭式问题为主的问卷中，为了将被调查者的回答转换为数字、输入计算机进行处理和定量分析，需要对回答结果进行编码，即赋予每一个问题及答案一个数字作为它的代码。编码既可以在问卷设计的同时就设计好，也可以等调查完成后再进行；前者称为预编码，后者称为后编码。

2.问卷设计

语言是问卷设计的基本资料，要设计出含义清楚、简明易懂的问题，必须注意问题的语言。在问卷设计中，对问题的语言表达和提问方式有下列常用的规则。

（1）问题的语言要尽量简单　无论是设计问题还是设计答案，尽可能使用简单明了、通俗易懂的语言，而不要使用一些复杂的、抽象的概念以及专业术语。

（2）问题的陈述要尽可能简短　问题的陈述越长，就越容易产生含糊不清的地方，回答者的理解就越有可能不一致。因此，短问题是最好的问题。

（3）问题要避免带有双重或多重意义　双重（或多重）含义是指在一个问题中，同时询问了两件（或几件）事情，或者说，在一句话中同时问了两个（或几个）问题。由于一题两问，往往使得被调查者无法回答。

（4）问题不能带有倾向性　问题的提法不能对回答者产生某种诱导性，应保持中立的提问方式，使用中性的语言。在问题中引用或列举某些权威的话，或者运用贬义或褒义的词语，都会使问题带有倾向性，都会对回答者形成诱导。

（5）不要用否定形式提问　当以否定形式提出问题时，由于人们不习惯，因而许多人常常容易漏掉问题中的“不”字，这样就恰恰与他们的意愿相反了。

（6）不要问回答者不知道的问题　所问的问题都应该是被调查者能够回答的，或者说，被调查者确实具有回答这些问题的知识能力。

（7）不要直接询问敏感性问题　当问及某些个人隐私或人们对顶头上司的看法这样的一些问题时，人们往往会具有一种本能的自我防卫心理。因此，如果直接提问，则将会引起很高的拒答率。所以，对这些问题最好采取某种间接询问的形式，并且语言要特别委婉。

3.问卷调查表的具体内容

问卷调查表的设计十分重要。问卷设计的过程就是一个假想市场的过程，因此要创造出一个能为被调查者理解的评价背景。问卷的设计不必套用固定的模式，但是也有一些基本的原则。一般情况下，一个完整的调查问卷必须包括三部分的内容，即环境物品、支付工具和评价背景。

首先，应对环境物品进行描述，保证调查对象对环境物品有清楚的了解。其具体内容包括环境物品的用途、环境物品质量的参考水平和目标水平、环境质量变化的原因、环境质量变化的范围和时限。

其次，应对与支付工具有关的各个方面进行清楚的说明。其具体内容包括支付意愿或受偿意愿方式的选取、支付意愿的支付方式（如直接支付、缴纳个人所得税、征收门票或改变物品的价格等）、支付意愿的决策单位（如个体或家庭）、支付时限（是否一次性支付，如果是，何时支付等）等。

最后，调查问卷应包括有关调查对象及其家庭的社会、经济和人口统计方面的一组问题，这些信息对分析和核实其支付意愿是非常必要的，特别是在回答采用“是”或者“不是”的问卷中时。社会经济背景调查的内容依据研究目的和实际情况来确定。

三、资料的收集与调查数据的统计分析

从总体上看，调查研究中的资料收集主要有两种基本类型。一是自填问卷法；二是结构访问法。自填问卷法指的是调查者将调查问卷发送给（或邮寄给）被调查者，由被调查者自己阅读和填答，然后再由调查者收回的方法。结构访问法则是指调查者依据结构式的调查问卷，向被调查者逐一地提出问题，并且根据被调查者的回答在问卷上选择合适的答案的方法。

一般来说，对回收的数据主要分 3 个层次进行分析。列出频度分析，把不同规模的支付意愿与作此声明的数对应起来；将支付意愿的答复与调查对象的社会经济特征及其他有关因素交叉列表；采用多变量统计法将答案和调查对象的社会特性相联系。

对于采用是/否提问的 CVM，上述对于生成估值函数或需求函数是必不可少的步骤。这一结果既是抽查人口愿意支付的不同数额的概率，或是某一数额的支付意愿的人口比例的估计。可以采用离散选择统计方法来处理这些数据。而且，在统计的过程中，需要对数据进行筛选，以筛选那些有疑问的答案、有抵触性的答案和偏差较大者，这样可以减少分析过程中主观偏向和某些极端数据样本的风险。通常情况下要把那些特别极端的回答从有效问卷中剔除，因为这些出价可能是不真实的或是对问题的错误回答。这可以用诸如 5%～10%的中心剔除点法等方法来摘除那些极端的回答。

把估计出的平均支付意愿（或接受赔偿意愿）乘以相关的人数，即可简单得出总支付意愿（或接受赔偿意愿）。然而，如果作为样本的人群不能代表总人群的情况，那么就要建立起对支付意愿（或接受赔偿意愿）的出价与一系列独立变量，诸如收入、教育程度等之间的关系式，用以估算总人口的支付意愿值。

在数据分析完后，应检验数据和采用方法的可靠性，主要有以下 3 种检验方法。

① 对调查设计的内部检验，推敲不同分离样本之间的某些细节来检验是否产生了有系统的差别；

② 进行多变量分析，分析支付意愿与需求函数中各个社会经济变量的相关关系（如收入、教育、家庭状况、住房条件等）；

③ 如果与预期的关系不同，则应考虑调查方法有问题；如有可能，将 CVM 的估值与采用其他方法的估值进行比较；如有时间，还可以将人们的支付意愿同实际支付额进行比较。

四、案例分析

【案例 6-1】　里约热内卢大都会地区对改善地表水质的支付意愿

在里约热内卢大都会地区进行的一项研究中，利用了单一博弈的意愿调查评估法来推导对改善地表水质的支付意愿（Scura 和 Maimon，1993）。研究中建立的假想市场按照公民投票的形式来建模，其中应答者可以将现有的税收收入重新分配到政府为改善地表水质量而采取的各种干预行动中去。

作为对 100 个家庭进行的 30 分钟私人访谈，这一调查中包含 39 个问题，分成 3 个部分。第一部分包含对于在假想的市场中可以购买的不同水质的描述，其中包括可见的展示，例如，文字描述、水源与水污染影响的照片，以及类似于卡逊和米歇尔（1984）所使用过的一种水质分

级指标。水质分级指标中将不同用途（例如划船、垂钓和游泳）所需水质的各种可能等级进行了比较。第二部分包含有关应答者的统计学特征和社会经济特征问题，例如，收入、教育水平、读写能力和住房及供水类型等。将这些数据同近期人口统计的信息加以比较，可以给出调查样本对于该地区总人口的代表性。此外，第二部分包含的问题还包括地表水使用的频率和偏好，对地表水质问题的严重性和重要性的认识。利用这一信息有助于理解有关支付意愿的回答。最后一部分问题的作用是针对地表水质中具体的递增性改善，例如，从可划船的水质到可垂钓的水质，或从可垂钓的水质到可游泳的水质，分别确定应答者的单一出价。

对支付意愿的回答加以平均并针对里约热内卢大都会区域的总人口加以汇总，可以得到地表水质改善的总支付意愿的估计值。虽然有很多人对支付意愿的回答为零（100 个人中有 30 个），但是，那些给出非零答案的回答表明，平均而言，对地表水质的改善有着很高的支付意愿。针对不同的水质水平，从最差的可划船水质到最高的可游泳水质，表 6-5 对支付意愿［以美元/(家庭·月）表示］进行了总结。假设有 2880 万个 4 口之家，那么最后一列就说明了里约热内卢大都会区域为了将水质提高并维持在不同水平时的总支付意愿，例如，达到可划船水质的总支付意愿为每年 1.33 亿美元，而可游泳水质的价值每年 2.28 亿美元，几乎翻番。

表 6-5　里约热内卢大都会区域地区对地表水质改善的支付意愿

水质级别	支付意愿 应答者的平均值 /[美元/(家·月)]	支付意愿 里约热内卢大都会区域的人口 /(10^6 美元/年)
可划船	4.64	133
可垂钓	5.52	159
可游泳	7.90	228

来源：Scura 和 Maimon，1993 年。

【案例 6-2】　印度乡村供水的意愿调查评估

有关乡村人口对不同的供水服务水平的偏好所做的一项研究中，辛等（Singh 等，1993）应用了意愿调查评估法，考察了印度克拉拉邦（Kerala State）的一些乡村中对庭院自来水或者房屋自来水连接的支付意愿。

目前，在克拉拉邦，公共供水系统只提供了很低的社区服务水平，仅仅为很少的私人用水提供了服务。这项服务得到了很多补贴，每月从家庭用户中收取的水费是非常低的。从这项服务中没有产生什么收入，水管理部门无力将这一系统服务的可靠性维持在一定水平上。因此，消费者不得不用管道供水之外的一些传统水源如浅井、河流、水池、雨水和小贩来作为补充，而这些水源的质量通常都不高。这样一来，供水就陷入了一个“低水平的均衡怪圈”——服务不佳因而没有收入，而不佳的服务仍继续下去。

由此带来的研究课题是有没有可能使这一系统走出目前的怪圈呢？利用意愿调查评估法，可以允许应答者考虑供水特性中产生假想变化，并对下面的问题做出回答，管网连接的成本、每月的收费和改善的服务质量三个变量对于他们做出购买庭院自来水（成为供水系统的一个“连接口”）决策的影响。

应答者的选择将在一个离散的随机效用框架内进行模型化，在这一框架内，每个个人的回答等同于每个应答者如下得到的间接效用，即，以购买庭院自来水来取代继续使用现有水源。这一选择将会同时受到假想的水源特点和家庭特点的影响。在影响用水决策的变量中，水政策的决策者只能控制连接费用、每月收费和服务质量这三个变量。可以利用一个重复投标过程，并且往往由某个事先选择的最大可能出价来开始。如果得到了一个负面的回答，面谈者就通过一个预先安排的投标计划来继续做下去。

分析结果表明，供水系统有可能走出上述的“低水平均衡怪圈”。一项意愿调查评估法调查对1150个家庭进行了研究，其中包含了在供水系统已经得到改善的地区中的连接与未连接管网的家庭，还包括了在目前尚未得到改善的系统的地区中的家庭。调查发现，新连接的障碍在于高昂的初装费以及不良的信贷市场条件。此外，一旦连接到管网上，那么，对改善服务质量的支付意愿很高。

图6-1显示了在目前每月5卢比的收费条件下连接的数量、收入和消费者剩余。作为对比，图6-2显示了将收费增加到每月10卢比时增加的连接、收入和消费者剩余（需求曲线是从调查结果中估算得到的，假设连接费用为100卢比）。在每月10卢比的收费条件下，连接增加了，那些原来已经连入管网的用户的消费者剩余会有少量损失（他们的成本从每月5卢比增加到了每月10卢比），但是，在新的收费结构下，拥有私人连接的用户数量将大量增加，所产生的消费者剩余也会大量增长，这远远超过了上述的损失。正如从图6-1和图6-2中可以看到的，消费者剩余从图6-1中的5500卢比增长到图6-2中的25000卢比，增长了约450%。

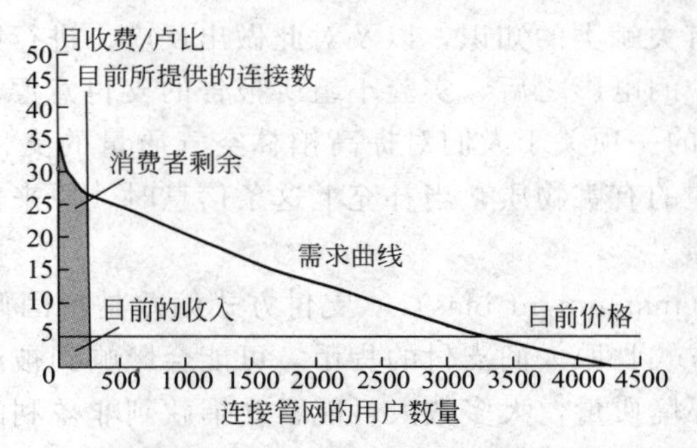

图6-1　目前庭院自来水的可得性以及消费者剩余

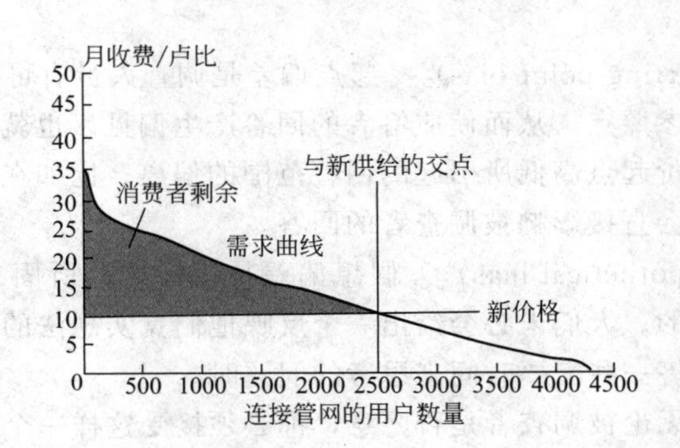

图6-2　在每月收费提高和连接不受限制的情况下模拟所得的消费者剩余的改变

来源：Singh，Bhanwar，Radhika Ramasubban，Ramesh Bhatia，Jolu Briscoe，Charles Griffin 和 Chongchun Kim. 印度克拉拉邦的乡村供水：如何走出低水平均衡怪圈. 水资源研究，1993，29（7）：1931～1942.

意愿调查评估法这一应用的结果表明，通过做出一些重大的政策改革，例如，将连接费用折算到每月的收费中去、增加月收费、并利用相应增加的收入来进行投资以维持高质量的服务等，地方的水管理部门可以引导其走向一个更高的均衡状态。

第四节 权变评价法的总体评价

一、权变评价法的局限性

意愿调查评估法并不对实际的行为做出分析，调查的特点确定了他们是假设的，人们对于环境物品的价值做出明确决策方面没有任何经验，调查技术还会出现一系列偏见，这些偏见会影响结果的准确性和可信度。

1.各种偏差的存在

（1）信息偏差（information bias） 当被调查者的回答取决于所提供的环境信息，而且调查者可能向被调查者提供了太少或错误的信息时，便会产生信息偏差。理想情况下，应当向调查的应答者提供有关选项的明确、全面和没有偏见的描述。例如，在一项有关保护座头鲸（生活在夏威夷的一种鲸）的支付意愿的研究中，240位学生（应答者）被分成两个等同的小组，分别在观看一场电影之前和之后，按照一种单一投标模式进行了两次调查（样本参见Dixon和Gowen，1986）。在看电影之前和之后用的是同一张调查问卷，唯一的区别是通过观看这场电影增长了有关鲸类的知识，以及对此做出反应、进行第二次投标的机会。在观看了一场有关座头鲸保护的电影之后，实验小组所报告的支付意愿增长了33%（达到57美元）。再如，在德国进行的一项关于人们对提高柏林空气质量的支付愿望研究发现，被调查者最初并没注意到空气中的有害物质，当补充上这条信息时，原来信息不完全的被调查者增加了他们的支付意愿数额。

（2）支付方式偏差（instrument bias） 支付方式偏差是指因假设的支付方式不同而导致的偏差。用什么样的方式收取人们支付的货币，可能会影响到被调查者所表明的支付意愿的大小。例如，为保持环境质量，大多数人可能喜欢捐款到非盈利的环境保护基金，而不是支付更高的门票费。因此，调查中采用不同的支付手段，例如税收、门票、使用费等，可能会得到不同的支付意愿。

（3）起点偏差（starting point bias） 起点偏差是调查人员有可能通过对一个可接受的范围内的投标设置一个参照点，从而使应答者的回答产生偏见。也就是讲，所建议的支付意愿和接受赔偿意愿的出价起点高低所引起的回答范围的偏离。比如在收敛投标中，调查者给出的初始价值的高低，会直接影响被调查者的回答。

（4）假想偏差（hypothetical bias） 假想偏差是投标博弈所固有的另一个问题，也是在调查技术中普遍存在的。人们未必会给出一个反映他们真实想法的问答，特别是如果他们没有什么动机来准确回答一些需要时间来思考的问题时。

在权变评价法中，无论被调查者是否愿意，都必须接受这样一个基本前提，即被调查者可能被要求支付一定数额的金钱来改善环境质量或防止环境恶化。即便在发达的市场经济中，人们有时也不情愿接受这样一个基本前提。例如，在英国和斯堪的那维亚半岛国家许多老人有资格享受医疗保健服务，但他们很不情愿说出愿意为健康服务支付多少钱，因为他们已习惯于接受免费的服务，许多人在答卷上都写着0。

（5）部分-整体偏差 部分-整体偏差是在被调查者没有正确区别一个特殊环境的价值（如一个鸟类保护区）同它只作为其中一部分的更广泛的群体环境（所有鸟类保护区）的价值时所产生的偏差。例如，Kahneman和Knetsch（1992）的研究发现，人们对安大略州区小数量（约占总数的1%）的湖泊的平均支付意愿与对这个州所有湖泊的平均支付意愿几乎没有明显的差别。

(6) 策略性偏差（strategic bias） 当被调查者对环境变化的支付意愿或接受意愿说谎时便产生了策略性偏差。这一策略性偏见，将会反映出应答者如何考虑他们的回答将对结果产生的影响。如果他们感觉到他们最终需要支付其回答的数额，那么，他们有可能降低其实际的答案。如果他们认为高的回答将会带来他们所希望看到的结果，而他们实际上并不需要支付这一数额时，他们可能会加大他们实际上愿意支付的数额。

一般认为，当人们对自己不熟悉的物品之间做出选择时，由于意愿调查评估问题的假设特性而出现的种种问题会更频繁也更严重。其结果同公共物品相比，针对私人物品（例如供水的改善）所确定的可能价值往往更可靠，预测的准确程度也更高。

2. 支付意愿和接受赔偿意愿之间的不一致性

在支付意愿和接受赔偿意愿之间存在着极大的不对称性。权变评价法研究的结果表明通常情况下接受意愿比支付意愿的数量高三倍。从原理上讲，支付意愿适于估价效益，而接受赔偿意愿同费用分摊有关。一种似乎有道理的解释是同人们对获得其尚未拥有的某物的评价相比，人们对其已有之物的损失会有更高的估价。也就是说，即便在权变评价的假设条件下，也不存在唯一为人们所接受的环境质量定价方法，价值评估是否准确取决于是把环境变化作为收益还是作为损失（和避免的损失是什么）。

3. 抽样结果的汇总问题

在处理诸如选择价值这类问题时，将抽样结果加总为有关总人口的结果是非常复杂和难于处理的。在美国的大峡谷（Grand Canyon）案例中，采集的样本是所有现在的使用者（参观者），并把人群范围界定为所有西南各州的居民以及全美国的居民。但实际上，可能会有比如加拿大和其他国家的潜在的国际观光者的存在。正确定义适当的人群范围，包括现存的非使用者、未出生者或所有潜在的未来使用者，对于总价值水平及其可信程度至关重要，但就这些人群的固有属性而言，这又是一个无休止、无法很好地解决的问题。

如果是针对互不相关的问题对样本人口的支付意愿进行调查，存在着把不同种类的支付意愿加总的问题。由于并未要求实际的现金支出，所以人们为一定的环境问题的出价也可能不会受其现金拥有量的约束。同样，当某种资源可以用于不同用途而且稀缺时，人们的实际预算和对支出的估算将受到约束。可以通过合理的设计并结合这类预算约束的调查来解决这一问题，否则，意愿调查评估研究将失去可信性，对国际性的环境资产的选择价值的支付意愿评估尤其如此。

二、权变评价法的准确性

研究者如何知道是否获得了准确的答案或信息呢？人们通常通过对比权变评价法的结果以及根据其他价值评估技术得到的结果（特别是内涵财产价格法和旅行费用法）来验证权变评价法的准确性。当然，这种检验是在假设对比研究的结果是正确的前提下进行的。

三、权变评价法的应用前景

权变评价法是一种直接评价方法，它是环境经济评价的最后一道防线，任何不能通过其他方法进行的环境经济评价几乎都可以用权变评价法来进行。从这个意义上说，权变评价法是一种万能的方法。权变评价法可以用于测度环境资源所有的效益，如果仔细设计 CVM 调查表，使每位应答者能将被评价的某项环境舒适性看成是一大类环境物品的一个代表，那么就可以从整体上评价某一环境物品的选择价值。CVM 是至今为止唯一能够获知与环境物品有关全部使用价值的方法。目前，CVM 正成为一种极有用的工具，被越来越广泛地应用于对公共物品的评价研究，其应用范围越来越广，特别是对森林、自然保护区、自然环境、野生动物的评价以及对环境质量改善的评价。

与此同时，一些环境经济学家也强调，在使用权变评价法时需要特别小心，以避免不必要的误差。由于权变评价法所测定的是一种行为倾向，即打算支付多少，而不是市场上买卖的真正行为和真正支付，因此回答中会有大量偏差，而且这些偏差是不可避免的。试验表明，CVM 调查的 WTP 值往往要大于实际支付值，行为倾向比实际行为的支付要高出 25%～33%，通过市场过程而获得的价值反映了许多市场体系中行为的结果，而权变价值则只是反映人们对某一假定情况的个人倾向。由于权变评价法行为倾向与真实行为之间存在着本质差别，所以必然会导致权变评价结果的偏差。

权变评价法要求进行大量的数据搜集与处理，其结果取决于被调查者对某一环境变化可能对其自身的影响的理解，取决于从实际收入角度来看被调查者所宣称的支付意愿与接受意愿的真实性。因此，被调查者的环境意识以及政府对环境信息的公开程度等都会影响到评估结果的准确性。

此外，发展中国家通常都比较缺乏对消费者进行市场调查的传统。研究者要克服的主要障碍是被调查者的不信任，或相反的过于“殷勤”的问题（迫切给出答案）。对于收入分配不公平和普遍的绝对贫困的社会，应该区分不同组群（阶层）所持的相对价值尺度。

当被调查者能够了解环境变化对他们自身生活的影响时，就比较容易给出较真实的答案，比如，对当地的环境质量变化问题。但如果对较贫穷的人群调查，就会发现他们不太可能对生物多样性或珍稀物种保护问题给予认真的回答。也就是说，权变评价法的评价结果还有赖于被调查者如何理解环境所处的危机以及这些危机对他们可能产生的影响，该方法假设被调查者都受过一定程度的教育，并且具有一定水平的环境意识。从这种意义上说，权变评价法实际上更适合于评估区域性环境问题，而不适合于评价全球性环境问题。

思考题

1. 什么是权变评价法？权变评价法可以分为哪几类？
2. 运用权变评价法时需要解决哪几个关键技术问题？
3. 如何理解权变评价法的局限性？

第七章　成果参照法

前面几章分析了已有的基本的环境影响经济分析方法，它们在估算环境影响的货币价值方面具有重要的作用。而成果参照法是在基本分析方法研究的基础上形成的一种简易可行的评价方法。

第一节　成果参照法概述

一、成果参照法的概念

所谓成果参照法，就是把一定范围内可信的货币价值赋予受项目影响的非市场销售的物品和服务。成果参照法实际上是一种间接的评价方法，它采用一种或多种基本经济分析方法的研究结果来估计类似环境影响的经济价值，并经修正、调整后移植到被评价的项目上。

二、成果参照法的理论基础

根据人们对成果参照法的理解，可以看出其理论依据是“替代原则”。所谓替代原则，就是一个理性的消费者在购置一项资产时，所愿意支付的价格不会高于市场上具有相同服务功能的替代品的市场价格。

在环境影响经济分析中，替代原则并不需要与目标影响完全相同的影响作为替代物，而是需要与目标影响具有同等的效用。如果参照影响不是目标影响同等效用的替代物，则不能用于评估过程。参照影响必须是相似而且相关的，也就是说，目标影响与参照影响之间必须具有可比性，这种可比性具体体现在以下几个方面。

① 参照物与评估对象在服务功能上具有可比性，包括环境影响的性质、影响的范围、影响的强度、影响持续的时间等；

② 参照物与评估对象所面临的市场条件具有可比性，这实际上体现了人们对环境影响经济价值的偏好和预期，包括受影响人群的数量、受影响人群的社会经济特征等；

③ 参照物评估时间与目标影响的评估基准日间隔不能过长，只有在一个适度的间隔时间内，时间对环境经济价值的影响才是可以调整的。

成果参照法是一种最简单、直观的方法。一般来说，在市场上如能找到与被评估对象完全相同的参照物，就可以把参照物价值直接作为被评估对象的评估价值。但是实际上，在环境影响经济分析过程中，完全相同的参照物几乎是不存在的，即使是同一地域中两个相同的项目所产生的环境影响，其所面对的自然环境与社会环境也会存在差异。因此在现实中，在大多数情况下，人们所获得的基本上是相类似的参照物价值，往往都需要进行价值调整。

三、成果参照法的数学表达形式

运用成果参照法时，都会涉及两个数值，一个是价值指标，一个是与价值有关的可观测变量。运用成果参照法，对于可比影响而言，价值指标数据和可观测变量数据都应该具备；而对于评估对象而言，应该能够获得可观测变量的数据。例如，在生产效应方法中，价值指标数据就是单位污染所导致的环境影响的经济价值，可观测变量就是以一定单位计算的环境污染量，可比影响的经济价值与其以一定单位计算的环境污染量之间的比率可以计算出来，用这一比率乘以待评估影响的环境污染量就可以得出评估影响的价值。

用数学术语表示，有助于进一步理解和把握成果参照法。以 V 表示价值指标的数值，以 x 表示可观测变量的数值。成果参照法所依赖的假设前提是评估对象的 V 与 x 的比例与可比影响的 V 与 x 的比例相同，即：

$$V(\text{目标影响})/x(\text{目标影响})=V(\text{可比影响})/x(\text{可比影响}) \tag{6-1}$$

在应用成果参照法时，一个关键的步骤是挑选可观测变量 x，要使得这样一个变量与价值指标有着确定的关系。一般而言，这样一个可观测变量的选取可以根据经济理论所表明的与环境影响经济价值存在因果关系的那些变量。

四、采用成果参照法必须具备的条件

使用成果参照法时，必须具备如下几方面的条件。

① 参照的是基本方法的科学样品；

② 评价的是相似的资源；

③ 对资源的影响在类型和程度上是相似的；

④ 当地人口的社会经济状况是类似的或可说明的；

⑤ 对于受影响资源的产权的文化理解是类似的。

另外，在实际操作中，还需要使用可能得到的当地数据，以补充成果参照法的不足。

五、成果参照法的基本步骤

一般来说，成果参照法主要包含文献筛选、价值调整、计算单位时间的价值、计算总贴现值四个环节。

1. 文献筛选

从现有的大量文献中，可以得到和被评估对象相类似的环境影响的经济价值。在对这些文献进行筛选时，需要遵循一些基本原则。

① 所预期的环境变化应该在程度与类别上与所评估和研究项目相似；

② 如有可能，应该采用人口、区位与所评估项目相似的分析研究，因为经济价值体现着随社会经济和其他特征而异的偏好；

③ 对各研究中的社会、经济、文化差异应加以仔细考虑，因为这些研究的价值基础在所评价的项目地区并不一定成立；

④ 对这些研究的技术水平应加以评估，包括是否有足够的信息支撑、是否基于充裕的资料、经济评价方法是否合理。

在有些情况下，成果参照中的不确定性可能太大，以至于不应该进行参照研究。一般来讲，决定分析人员可能不进行成果参照研究的原因主要是对某些类型的影响缺乏足够的文献资料；所分析的项目区的总体与文献中所涉及的总体差异太大；项目区域所影响的资源、影响程度、潜在的可替代资源状况与基本分析方法研究中的情况相去太远；缺乏足够有效的资料来对环境影响的经济价值进行移置或对研究结果进行适当调整。

2. 价值调整

通过基本的经济分析方法所得出的研究结果——环境影响的货币价值，一般都必须做些调整，使之能够用于所分析的项目区域。一般情况下，在同一研究报告中有几种价值时，从原研究中选取“最合适的”或可用的价值；从几份研究报告中得出环境影响经济价值的区间(或平均值)；采用收益函数移置方法，即应用原研究中的需求函数或支付意愿函数并做适当地调整，来分析项目区域的收益。

3. 计算单位时间的价值

即将价值乘以受影响人数，得到单位时间影响的总价格。例如，假设为避免项目区呼吸道疾病所估算的支付意愿为每人 1 天 10 美元，患病的持续时间为 7 天，项目区 200 万人口的 1%估计将在项目的第一年受到影响。在此，每一个受影响个人的价值为：10×7＝70(美元)。于是，将每人单位价值乘以所估计的 2 万受影响人口，便得到第一年的总额为 140 万美元。而且，如果影响随时间变化，则要对预期有影响存在的每一时间的价值进行估算。

4. 计算总贴现值

这一步的工作主要有两项任务。确定预期有影响出现的时间区段，要注意到项目成本和收益出现于不同时间（从典型情况看，一开始便有项目成本，而收益和破坏值可以出现在项目完成很长时间以后)；采用所建议的贴现率（以及其他适当的贴现率进行敏感性分析)，计算贴现后的总年度损失值和收益。贴现率和影响价均应以相同方法处置通货膨胀率（即两者应该均为实际值，或两者均为名义值)。

为了更好地理解成果参照法的基本步骤，我们举一个例子来进行描述。假定一个项目对山东青岛市的一片海滩有影响。虽然环境影响经济分析需要知道这片海滩的娱乐和生态旅游的价值，但是到目前为止还没有人做过这种价值评估。如果使用成果参照法，将包括以下步骤。

① 确定和选择对类似海滩、海滩用途和/或人口做过货币评价的基本研究；

② 调整从基本研究获得的价值，反映项目影响和项目基础条件的差异以及不同用户人群的差异；

③ 用调整后的价值（可能是“单位价值”，例如每个游客每天的价值）乘以受影响的单位数（新增游客人数或一个游客在当地多停留的天数)；

④ 计算与项目相关时期的总贴现价值。

第二节 成果参照法应用中需要注意的问题

虽然有些类型的成果参照法在政策分析和决策中得到了广泛和成功的应用，但是在使用这种方法时仍然需要十分谨慎。这种评价环境影响的方法的准确程度取决于所使用的数据值，一般来说，参照影响和目标影响之间的差别越大，估计的准确性也就越差。有关参照物选择标准见表 7-1。

表 7-1 参照物选择标准的优点和缺点

选择标准	优点	缺点
相近的环境影响程度与类别	由于与较大变化联系在一起的价值不可以用于较小的变化，环境影响的移置较为可信	对于缺乏科学基础的人来说，可能难以找到真正相似的环境影响
基本分析方法研究中包括人口的社会经济特征	容易将基本分析方法研究地区的情况调整使之适应所评估项目地区影响的人口	当基本分析方法研究者仅因为没有报告社会经济特征，可能排除非常好的基本分析方法研究结果
在人口数量与构成、地理及环境特征上相似的地区	环境影响及受影响的人口可能接近，使得调整容易进行	假定价值的主要决定因子是相近的，而这些因子可能是也可能不是主要因子
高水平的近期研究	经济价值的移置性强，近期研究很可能包括当前经济条件；可以采用现有技术	所涉及的问题可能太具体、范围太窄而难以利用，难以理解。由于近期研究可能尚未发表，因而有关资料难以得到

具体应用成果参照法时，需要注意如下一些问题。

（1）已有的基本评价分析方法对有关的环境影响的经济价值评估差异太大。这实际上是在预料之中的事情，因为非市场价值取决于环境物品与服务的供求关系，这种供求关系在区域之间相去甚远，而且取决于基线状况及预期的不同于基线状况的环境变化。估算值的差异还体现在研究方法的差异、研究人员在选择样本大小的判断差异、支付意愿的决定因子、数据代用、经济计量特征以及其他因子的不同上。由于研究水平不同，也可以导致出现差异。因此，我们必须正确地理解这些价值之间的差异。

（2）非市场物品和服务的特性。不允许将它们简单加以归类，并将其价值不经修正而用于下一个项目的经济分析。必须要做出合理的判断，以保证研究区域的价值适合于新项目区的价值。而且，仍有一些价值（例如碳储备和其他生态系统的收益）采用当前所有的分析方法并不容易估算。对于这些影响，评价人员只能在最终评估结果中作定性描述。

（3）大项目且环境影响大的项目，或规模小但环境影响大的项目，可能要求比成果参照方法所提供的分析更为严谨的分析。这些分析可能包括进行基本分析评价研究。

（4）到目前为止，大多数环境影响经济分析评价工作是在发达国家进行的（主要是美国，英国和北欧国家）。将发达国家所进行的研究得出的价值应用于发展中国家，应该考虑个人收入、产权、体制、文化、气候、自然资源及其他一系列因子的差异。然而，要确定这些差异如何影响价值，通常并不简单。

（5）成果参照法分析采用 IEE/EIA 以及在资料准备工作中所量化的影响作为分析的始点。

第八章　环境影响经济度量方法的局限性

前几章讨论的方法与技术有助于对所计划项目的环境影响进行识别、量化和货币化，并将这些影响纳入对项目或政策的总体分析之中。其中一些技术很容易应用，但另外一些却需要更多的数据和时间。尽管这些方法与技术在理论上是合理的，但对可持续性和环境影响的经济度量仍存在着一定的局限，如对一个人的生命损失加以评价，还引发了重要的伦理学问题，其他如遗传基因多样性和文化重要性的价值，也产生了难以处理的度量方法问题。这里将简要地讨论其中的一些问题。

一、收入分配

在环境影响的经济评价中存在一个重要的假定，即社会效益（总支付意愿）是所有社会成员的个体效益（个体支付意愿）的简单加总。做出这个假定的前提是承认社会成员在收入方面的分配是合理的，即假定有公平合理的分配。如果实际分配情况不是如此，环境影响的经济评价就有可能导致财富更不合理地分配，出现富人越富、穷人越穷的现象；总收入高的人支付能力强，总收入低的人支付能力弱。环境影响经济评价不管支付意愿是来自富人还是穷人，这就等于把本来不具有同等支付能力的人相同对待，这本身就是不公平的。

通常，在衡量经济效益时，并不考虑谁受益和谁受损，也不管社会认为现行的收入分配制度是否合理。但是，在大多数情况下，尤其是一些国际组织贷款项目（如亚洲开发银行和世界银行）都要求在项目评估中必须考虑效益和费用的分配。对于那些将主要损害穷人的项目，即使它们的效益费用比很高，从分配的角度来看，也许仍是不可取的。

目前，可以用于克服环境影响经济评价在收入分配方面的缺陷的主要有三种方法，定性考虑、权重或者建立有关分配的约束条件。在任何一种方法中，分析人员的主要任务仅仅是为决策者提供信息，然后由决策者来决定应该如何使用这些信息。

为决策者提供信息的最简单的方法，就是尽可能地按照收入阶层、团体或区域来估算项目实施后的效益和费用，并确定项目最终使哪些人受益和哪些人受损。所有这些信息都将提供给决策者，由他们对项目在分配方面的影响加以评估，并从分配的角度来判断项目是否可以被接受。应该说，效益和费用的影响范围对于项目的最后成功是非常重要的，这一点在水利项目和建立自然保护区的行动中表现得十分明显。在这两种情况下，需要付出最高代价的往往是那些由于建设该项目而必须从水库或水坝的建设地点迁走的移民，以及由于新建保护区而被剥夺了传统使用权利的人们。如果他们的需求未被考虑进去，也没有为他们提供其他可供选择的机会或补偿性的支付，那么建设项目可能就会造成无法解决的社会成本，甚至说，这些移民可能会直接影响到项目本身的可行性，如侵占水域、偷猎动物、砍伐植物等。

为了解决环境影响经济评价在收入分配方面的问题，一种更为深入的分析就是对不同团体或收入阶层获得的收益和承担的费用赋予一定的权重，也就是说，对他们的支付意愿应该采用加权加总的办法而不是采用简单的加总办法。通常，对处于不利条件的人群获得的效益或者承担的费用所分配的权重应当比富人们的权重更大。权重的分配显然是一个主观决定，是决策者而不是项目分析者的任务。

第三种方法是对不同团体间可允许的利益分配设置限制条件。例如，可以为指定的低收入阶层或人群设置最低可接受的利益分配目标。只有那些使得该团体至少有一定比例的收益增长的项目才给予进一步的考虑。尽管目标必须由决策者制定，但可以向分析人员咨询如何修改项目，以促进其在分配方面的改善。

尽管在有关的环境影响经济评价中，对公平分配问题做了很多研究，并提出了很多方法，但是，因为分配的合理性问题涉及人们的价值判断，具有较强的主观性。因此，尚未有统一的看法。

二、代际公平

贴现率是表明资金在不同时间的价值权重的指标，贴现率越高，表明发生在未来的资金的价值越小。贴现率的实质，是以当代人的观点看待发生于未来的资金，认为发生在未来的效益不如发生在当前的效益大；发生在未来的费用不如发生在当前的费用损失大。贴现率的这种特性引起了人们关于代际不公平的争论。因为贴现率分配给未来资金的价值权重，反映了当代人对后代人利益的权衡估价，意味着后代人的利益没有当代人的重要，这对后代人是不公平的。

贴现率以及收益与费用的时间选择属于关键的变量。试考虑建一个牲畜养殖场来取代热带雨林区的开发项目。虽然热带雨林的实际产出同牲畜的价值相比也许确实较少，但还应当考虑许多因素。在很多地区，放牧活动只能在短期内有利可图——许多由雨林开发出的土地肥力有限，只能支持牲畜养殖几年的时间，然后，其产出开始逐渐下降。最终结果经常是退化、贫瘠的土地，在未来几乎无法支持任何动植物的生长。另外，热带雨林拥有的许多无价的效益却永远地丧失了。另一方面，再考察一个在目前退化的地区建设乡村森林的发展项目。这样的地区，可能没有被利用或产出很少，也许仍有支持可再生的薪柴资源和其他木材产品的不确定的潜力。然而，可能需要大量投资，而且在许多年内都不会有回报。

上述两个项目对于受影响区域内的未来居民都有重要影响。在前一种情况下（牲畜放牧），后人可能获得的可用资源将比没有该项目时更少，而在后一种情况（森林发展）下，当代人和后代人都可以从项目中获益。即便如此，对两个项目的成本效益分析很可能显示出前者比后者更有利可图。这在很大程度上取决于分析中所采用的贴现率的大小。

一个项目能带来很快、很大的经济效益，但其产生的环境危害是滞后的，并且是长期的，这时，效益发生在近期，被当代人获得；环境成本发生在远期，主要由后代人承担。按照贴现的原则，发生在近期的效益的价值权重大，发生在远期的环境成本的价值权重小，更远期的环境成本在当前可以忽略不计。这样的项目在进行费用-效益分析时很可能是效益现值大于费用现值，从而被认为是经济可行的。其结果是，当代人获得效益，后代人承担费用的项目可以通过费用-效益分析；并且，选择的贴现率越高，这样的项目越容易通过费用-效益分析。可见，贴现未来的资金，对后代人是不公平的；而且，选择的贴现率越高，对后代人越不公平。反之，对于那些环境保护项目，由于其费用主要发生在近期，而产生的效益却相对滞后，并且延续到远期。贴现时，近期的费用被赋予很高的价值权重，远期的效益被赋予很低的价值权重，其结果是，费用现值很高，而效益现值很低。当比较费用现值和效益现值时，这类项目就会很难通过。

面对贴现，尤其是高贴现率带来的代际不公平，有学者提出，在涉及环境影响的项目评估中，应该尽量采用低的贴现率，给未来的效益或费用以更大的价值权重。甚至有人认为，取任何大于零的贴现率都是不道德的，都是对后代人的歧视。但是采用低的贴现率也会产生负面效应，即低贴现率将会使更多的项目通过费用-效益分析，具有经济可行性。项目总是投资在先，效益在后，因此，低贴现率将会鼓励更多的投资项目。但是凡是投资项目总是要消耗物质资源和环境资源的，更多的投资项目意味着消耗更多的资源，这对后代人并不总是有利的，尤其是对不可更新资源，当代人使用得越多，留给后代人的就越少。因此，贴现率并非越小越好。

三、风险与不确定性

许多普遍可供使用的评估技术都是以基本的函数为基础的。但是，被评价的因果关系往往存在很大的不确定性，风险即是一个与此相关的概念，而且在不确定性可以量化时得到了普遍应用，这种应用是通过将概率分配给各种不同的可能结果而实现的（例如，某种不确定结果，如筑堤失败的风险为0.0001，这种风险被认为是“可接受的风险”）。项目分析中常常会忽略风险与不确定性，尽管它们在预测项目成功的可能性中发挥着关键性的作用。

例如，对于一个面向生产的开发项目，未来价格和预期产量都存在着不确定性。对于土壤保持项目，在实施或不实施该项目这两种情况下，土壤的侵蚀率及其对生产力的影响都可能是未知的。自然事件，如干旱、暴风、冰雹以及动植物疾病等都可能对项目造成严重的影响。

所有项目都面临一定程度的不确定性。在项目分析中，对风险与不确定性的处理是一项困难而又十分重要的任务。最常用的处理方法是对事先无法确定其精确值的价格、数量以及其他变量使用“期望值”。实质上，这就涉及将一些不确定性（其中不同后果的概率是未知的）转化为风险（其中将不同后果的概率根据其发生的可能性进行加权）。各种可能的结果都根据其发生的概率进行加权，然后把这些加权的结果加和起来，就得到了一个平均值或期望值。这些概率可以通过历史趋势、主观判断或多种适当的技术来进行估计。

例如，试考虑一个产出量存在着不确定性的森林项目。下面是林务官所能得到的年度产量的最佳估算值：

$0.4 t/hm^2$　　概率为20%

$0.5 t/hm^2$　　概率为40%

$0.6 t/hm^2$　　概率为30%

$0.7 t/hm^2$　　概率为10%

年产出的期望值为$0.4\times0.2+0.5\times0.4+0.6\times0.3+0.7\times0.1=0.53$（$t/hm^2$）。

这种用来计算风险和不确定性的“期望值”方法是将这些变量引入费用-效益分析中的标准方法。该技术带来的问题之一是它造成了对单独一个数的使用，而无法指出不确定性的程度或真实价值可能的取值范围。它也不能解释一个个体对待风险的态度。

另一种处理风险与不确定性的方法是灵敏度分析。在该方法中，对项目分析进行一定的修正，以考察有关关键变量的不同假设的影响，以及它们对项目的总体盈利性的影响。通过对不同变量赋予最乐观的和最悲观的取值，可以显示哪些变量将对收益与费用产生显著的影响。尽管这并不能反映上限值和下限值出现的概率，但仍可以显示哪些变量对项目的成功是至关重要的。

四、不可逆性

许多项目需要改变自然生境。重大工程的开发，如大坝、矿井或工业设施等，将排除它们所在地区的其他利用方式。由于这些天然土地不能以一个合理的成本进行复原，在该地区建立的每个项目都将减少这些可利用的自然区域的供给量。从这个意义上说，项目的影响是不可逆的。生境的变化也威胁到动植物物种的持续存在——这是另一种具有不可逆后果的影响。

对于有可能带来不可逆影响的项目应当给予特别的关注。由于不可能准确地预测将来的情况，在今天看来无足轻重的不可逆影响最终也许会是至关重要的。今天的决策对未来的影响具有不确定性，这就决定了为保证正确的决策必须格外谨慎。

一些经济学家把一个不可逆的行动看作是限制未来选择的一种行动。另一些经济学家则认为不可逆的结果是一种约束，因为他们限制了随后所能采取的行动的范围。这样一来，今天做出的不可逆决策将减少未来的社会福利，因为所有将来的选择都将受到过去所做出的无法改变的决策的限制。

保留将来选择的价值被称为“选择价值”。这也可以看作是一种“风险加价”（risk premium），即人们为了避免将来需要某种东西但却无法获得的风险所愿意支付的、超过其对自己的预期价值的金额。选择价值的估计不是一件容易的工作，绝大多数的尝试都涉及一定形式的意愿价值评估。

另一个同不可逆性与不确定性相关的概念被称为“准选择价值”（quasi-option value）。这种价值表示当可供选择的某种方案涉及不可逆的选择并且选择方案的收益存在不确定性时，推迟决定所能带来的效益。在多数情况下它的取值是正的，因为推迟一项决定通常会减少将来价值的不确定性，但它也可能是负的，如果发展本身可以导致对将来决策获得更有利的信息的话。现在通常认为“准选择价值”是广义的“选择价值”的一部分。不过，这些价值非常重要，尤其是在濒危物种生境或物种的保存与保护的工作中。表 8-1 是关于人们对保护许多濒危物种和有价值的生境的支付意愿 CVM 的研究调查。对单个物种的人均年支付费用为 1～50 美元，大部分集中在每年 8～10 美元的范围之内（数额并不大），但是在人口数量大的情况下进行平均时仍具有重要意义。生境的价值往往更高，通常在每年 30～50 美元的范围内［例如美国大峡谷的能见度，每年 27 美元；澳大利亚卡卡拉（Kakadu）保护区每年 40～93 美元；挪威保护河流反对水利设施建设的人均年支付意愿为 59～107 美元］。

不存在专一的方法来说明经济分析中的不可逆性。机会成本法是一种可能的方法，因为它间接地提供了保护环境成本的信息。一般来说，如果保留一种可选方案的成本相对较低，决策者应该谨慎地权衡其保留的可能性。

另一种可能方法是利用最小安全标准（ SMS）的规定。在处理那些在一定范围内是可再生的、但易遭受不可逆破坏的资源时，这种方法比较合适。这些资源包括土地资源和通常称为生物多样性的遗传资源，如动物与植物资源。最小安全标准的应用涉及计算防止资源不可逆破坏的安全边界。如果这个标准可在不需要“过多”费用的条件下实现，资源就应该受到保护。当然，什么样的水平属于“过多”费用需要由决策者来确定。

表 8-1 濒危物种和珍稀生境的支付意愿价值（1990 年价）

单位：美元/(人·年)

生境	物种/地区	支付意愿价值
挪威	褐熊、狼和豹熊	15.0
美国	秃鹰	12.4
	鸣鹤	4.5
	大灰熊	18.5
	大角羊	8.6
	蓝鲸	9.3
	宽吻海豚	7.0
	加利福尼亚海獭	8.1
	北部海象	8.1
	驼背鲸[①]	40～48(没有信息的情况下)
		49～64(有信息的情况下)
其他生境	**物种/地区**	**支付意愿价值**
美国	大峡谷(能见度)	27.0
	美国科罗拉多州旷野	9.3～21.2
澳大利亚	新南威尔士纳奇(Nadgee)自然保护区	28.1
	卡卡拉保护区，NT[②]	40.0(轻度破坏)
		93.0(严重破坏)
英国	自然保护区[③]	40.0(专家意愿)
挪威	保护河流反对开发水力发电	59.0～107.0

① 被调查者分成了两组，一组观看了有关的图像资料。

② 为被调查者展示了两种采矿开发的破坏前景。

③ 只对知情的专家进行了调查。

资料来源：Economics and the Conservation of Global Biodiversity，K Brown，D Pearce，C Perrings，and T Swanson.(1993). GEF Working paper No. 2，Washington，D. C. The Global Environment Facility.

五、生物多样性的价值

生物多样性的现状以及保证其保护的政策选择，越来越受到全球范围内的关注。生物多样性争议中的一个最困难方面就是识别生物多样性保护的货币价值。

生物多样性的一些利用可以进行市场交易和衡量，如生态旅游和自然观光是国际旅游业中的快速增长点（并且可以通过旅行费用法和各种意愿价值调查法衡量其价值）。全世界自然观光业每年可获得几十亿美元的收入，随着收入的增加和独特生境的日渐稀少，自然观光的需求将急速增长。

除了对个别种类（表 8-1）的保护所赋予的价值之外，一些直接方法也可以用来衡量个人或国家对生态系统生物多样性保护（或对其中所包含的商品与服务的保护）的支付意愿。“债务换自然”显示了发达国家帮助保护贫穷国家内独特的或濒危的资源的支付意愿。在这些交换中，国外的团体购买了一定数量的某国经过贴现后的债务（通常属于某私人银行）并达成一个协议，要求该国向特定账户或基金注入与被购买债务相应的资金（通常是当地货币），用来管理受保护区域或提供生物多样性的救济金。

原始自然生态系统的部分价值的另一种表现是碳补偿（carbon-offsets）和购买预留额

以将碳储存在热带雨林中的方法。分析表明，碳储存的"价值"（以避免的损失金额来表示）可以达到每吨5～10美元或者更多。由于原始林和次生林容纳了每公顷200～300吨碳，它们所蕴含的价值相当可观。

但是，所有这些都不是保护生物多样性或原始生态系统的内在价值的真实量度，它们只是其总体价值的一部分反映。在一个受到威胁的热带雨林系统中，也许包含有价值的遗传物质，但由于我们无法识别这种物质或其用途，也就不能给它任何合理的价值估计。因而，我们把重点集中在能够识别和衡量的方面。显然，问题在于我们并不知道这些价值究竟是代表了独特的和濒危的生态系统总体的真实经济价值的大部分还是仅仅是很小的一部分。

由于存在这种不确定性，所以人们不得不再次采取"谨慎原则"。要避免不可逆的损失和物种的灭绝。要仔细斟酌防止一种特有资源转变或消失的机会成本，因为在多数情况下这种成本可能非常低。

六、人的生命的价值

疾病成本法和人力资本法是对影响人类健康的项目进行评估的方法。但是，因为涉及的伦理问题超过了经济分析范畴，所以不能用同一种方法来评估直接挽救生命的项目和危害生命的项目。

统计生命的价值不应同个体生命的价值相混淆。统计生命的价值是指在某个大型群体中的任意某个人的死亡风险产生很小变化时的价值。给一个大型群体所面临的死亡、受伤或生病风险的增长赋予货币价值，这是社会在许多活动中必须解决的问题，如建筑设计、机动车辆和其他消费产品设计，还有污染减轻程度的确定等。

常用的一种方法是考察工人从事风险职业所需要的额外补偿。当年度死亡风险为0.0001时，根据工资补偿的情况，美国的统计生命的价值在100～800美元之间变化。由此推算出平均每个统计生命约100万～800万美元（Fisher等，1989；Viscusi，1992）。

另一用以评估防止过早死亡的收益的方法是咨询挽救一个生命的成本，然后对各种不同的挽救措施做出比较。这是一种用成本效益法分析统计生命价值的形式。对于一些挽救措施来说，如孩子的免疫或利用口腔补水化疗法（oral-rehydration）来治疗腹泻病人，成本可能很小，通常避免一起死亡只需要少量支出。另外一些挽救措施则可能非常昂贵，一项关于美国不同环境法规所挽救的生命的隐含成本的研究中，估计了由禁止使用各种杀虫剂和石棉相关产品的法规所挽救生命的单位成本。其中不少措施昂贵得难以想象，如在杀虫剂使用者中避免一例癌症差不多需要5200万美元（1994年）的费用，避免一例由于某些形式的石棉暴露而导致的癌症死亡需要4900万美元的费用。避免死亡的成本信息使决策者可以检查挽救措施的清单，并从中选出成本有效的方案，而不需要详细指出每个生命的价值。

给一个特定人的生命赋予货币价值，如人力资本法所尝试的那样，引发了棘手的道德伦理方面的问题。法庭通常依靠人力资本法和其他方法来确定过早死亡的补偿。从这种计算过程与其他间接方法如美国人避免过早死亡的支付意愿（自身保险和采取其他保护性措施）中得出的生命价值范围在几十万到几百万美元之间（通常采用一个大约300万美元的平均价值）。在英国，相应的数字大约为7.5万～100万英镑。

显然，这种衡量方法，尤其是人力资本法，在很大程度上依赖于人们收入的水平，并且在国与国之间会产生很大的差别。因而，没有合适的方法来比较国与国之间的死亡"成本"，尤其是当国家之间的收入水平差距很大的时候。在这些情况下，采用所导致的或所避免的死亡的绝对数字是更好的办法。

七、增量法

增量法这一名词常常用来表示由于只在单个项目基础上进行决策、没有考虑到多个此类决策的累计效应而引起的问题。例如，作为一项开发项目的一部分而损失了几公顷的雨林或较小比例的珊瑚礁，本身的意义也许并不大，但许多这样的项目的累计效应就会产生重要的影响。通常需要一个全国性的或地区性的计划来确保这类问题的正确解决。

八、文化、历史和景观资源

许多开发项目不仅会改变自然生境，而且可能对具有重要意义的人文或历史遗迹产生负面影响，还有一些项目将导致自然景观资源的丧失。在很多情况下，开发项目的这些方面对当地居民是否接受该项目具有重要的潜在影响。

人文或历史资源的损失很难进行量化和货币化，因为对这些损失的感觉依赖于文化传统和价值体系。意愿调查评价技术是对这些资源进行评估的一种方法，但这些技术内在的局限性使得它们难以获得富有意义的估算结果。例如，为了确定当地居民对于失去一个重要的文化遗址的接受补偿的意愿所进行的尝试表明，人们不愿意接受任何水平的补偿，不管是多高的价格。虽然他们保持这个遗址的支付意愿会受到收入水平的限制，但是对这种丧失进行补偿所需的金额却相当高，甚至无限大。

景观资源的度量也有类似问题，尽管涉及的价值可能要小很多。在这些情况下，资产价值评估法或意愿调查评估法都可以用来进行估计。

当这些问题的重要影响对项目的接受产生威胁的时候，就需要采取一些折中办法。这些折中办法包括改变项目地点，搬迁人文或历史遗迹，或采取一些其他缓解措施以减少损失。埃及的阿布斯贝尔（Abu Simbel）和其他历史文物在受到阿斯旺大坝水位升高的威胁时进行的迁移就是一个著名的例子。

尽管开发项目环境影响的经济学分析方法存在着局限性，这并不意味着这些评估技术都是无效的。在许多情况下，利用本书所提到的评估技术方法能够对开发的环境影响提供更加准确的估计，因而也能够对所建议的项目做出更加准确、公平的鉴定。当环境经济价值评估不能完全囊括所有的环境影响时，这些影响至少包含在项目的定性分析中。

第九章　案例研究

本章提供的 9 个实例研究，举例说明了完整的环境影响经济分析以及每种方法的应用，仔细研究这些案例，再结合具体条件可以进行移植和运用。

第一节　印度尼西亚伊里安岛宾突尼湾红树林环境影响经济分析

一、项目介绍

瑞腾比克（Ruitenbeek 1992，1994）对印度尼西亚的伊里安岛的宾突尼湾大约 300000hm^2 的红树林的 6 种管理决策进行了深入的收益成本分析。联系红树林面积损失与其他资源财产的生产力改变，这两者的基本损失函数存在着相当大的不确定性，用灵敏度分析法测定了当红树林砍伐速度、程度及其他商品和服务的生产之间的假定联系发生改变时的影响，同时用于评估贴现率改变的影响。

宾突尼湾支持着具有丰厚利润的商业捕虾业，沿海地区维持着 3000 户家庭的生计，他们生活在依靠农业、劳务工资和传统的红树林利用构成的混合经济中。商业性的西米（sago）生产在这个地区已经建立起来了。此外，许多其他来自红树林的商品与服务，尽管没有进行交易，也给当地居民带来了丰厚的收益；一项开发是引进了商业性红树林木片的生产。渔业持续增长的生产力和其他受益于红树林使用的地区可能受到红树林木片出口的快速增长的威胁。该地区问题中的最近利益已经导致提议建立宾突尼湾自然保护区，保护区包括 267000hm^2 的当地生态系统，其中包括海湾本身的 60000hm^2 地域。

该项研究估计了各种管理方案的成本与收益。除了砍伐红树林生产木片的不同管理计划的直接成本与收益之外，分析考虑了红树林收获活动对来源于或依赖于红树林生态系统、交易和不交易的其他商品与服务的影响，包括如下几项内容。

① 传统渔业、狩猎、采集和生产的当地使用；

② 沿海侵蚀的控制；

③ 商业性渔业；

④ 西米生产；

⑤ 可获得的生物多样性。

二、分析各种方案的收益-成本

既然由当地居民获得的许多商品与服务都是非贸易性的，那么，可观察到的市场交易对于评价而言就不能成为充分的基础。对 101 个家庭进行了一项家庭生产总构成，特别是来自红树林的非贸易性商品与服务的比例的调查。

以生产率变动法进行评估（基于生产中实物的改变以及观察到的和估计的价格）用于除了“可获得的生物多样性”之外的所有类别的收益，“可获得的生物多样性”定义为印度尼西亚能从国际社会作为交换而从维持其生物多样基础上得到的潜在收益。在另一项研究同评价与保护的倡议有关的发达国家与发展中国家之间的转移支付的基础上，人们对于没有受过人类干扰的、邻近红树林区域的“可获得的生物多样性”给出了每平方米1500美元的估价。

生产率变动法要求原因和影响的关系为已知。不幸的是，在红树林的损失同渔业生产力的直接减少或通过侵蚀而引起的农产品的间接减少之间的关系大部分是推测性，特别是在影响的数量与时间方面。因此，研究测定了红树林损失同该地区其他经济活动之间各种可能联系的重要性。这些联系通过两个参数来说明，即影响强度参数（a）和影响延迟参数（T）。

这些参数同初始收获年之间的关系如下。

$$(P_t/P_{t=0})=(M_{t-T}/M_{t=0})^a$$

式中，P 为所讨论的资源生产力；M 为红树林的面积。

例如，影响强度参数 $a=1$，对渔业而言，指红树林面积的损失同渔业产品下降之间的线性关系为1：1。类似地，$a<1$ 的值表示产量变化小于按比例的变化，而 $a>1$ 意味着产量变化大于按比例的变化。零值的影响强度参数 $a=0$，指在红树林的去除同渔业生产力损失之间没有联系。用于分析中的联系情景假设总结在表9-1中。

表9-1　对于联系情景的假设

当地利用、侵蚀	渔业		商业性西米		可获得生物多样性	
联系情景	a	T	a	T	a	T
A 无	0.0	—	0.0	—	0.0	—
B 弱	0.5	10	0.0	—	1.0	0
C 中度	0.5	5	0.5	10	1.0	0
D 强	1.0	5	1.0	10	1.0	−100b
E 很强	1.0	0	1.0	5	1.0	−100b

注：a 影响强度参数；b 负值表示任何年份可以得到的收益都是基于对未来没有受到干扰的红树林面积的预期。

资料来源于Ruitenbeek，1992。

延迟参数 T，是因为意识到这些影响可能并不是立即出现的，而且，影响的时间性将影响各种管理策略的成本与收益流，并因而影响活动的NPV（净现值）。T 以年来量度，如用0年、5年、10年来代表延迟的影响。

在当地家庭调查的基础上，对形成家庭收入重要部分的许多传统经济活动的现值进行了估计。对于当地的、传统的使用，例如传统渔业、放牧、采集和生产，评价分三步进行。第一，从家庭调查中估计了来自所有贸易商品的总收入，这一数值大约为每年每个家庭1400000卢比（约700美元）；第二，将这项估计值上调，以便考虑在家庭经济中起作用的非贸易性的商品与服务的份额；这样，结果变为每年每个家庭总共5100000卢比（约2550美元）；第三，纠正当地价格中的扭曲以便反映自由市场价格，价格纠正是基于距离最近的大市场中的价格减去运输成本。在被输入的影子价格中，当地产品的总价值估计每户每年9000000卢比（约4500美元），一个大得惊人的数字（其中，市场交易部分仅为总价值的15%）。调查发现，传统的红树林利用对低收入家庭的贡献占有很大的比例。

对于侵蚀控制，被输入的收益是基于当地生产的农产品的价值，估计为每户每年1900000卢比（约800美元），如果沿海区域受到严重侵蚀，则假定上述价值不复存在。

对于商业性渔业，假定商业性捕虾业的可持续产量约为每年5500t，如果以平均价格为6.25美元/kg计算，那么，每年的收益就是35000000美元。可能还有另外一个潜在重要的渔业成分——捕虾业的“捕捞副产品”鱼，按质量计算它占拖网捕捞量的90%。这些鱼很少被利用，或者被扔回海湾，或者少数鱼被船员吃了或卖给当地社区。如果鱼类食品与肥料的商业加工得到发展，那么，捕捞副产品便有一个每年多达10000000美元的潜在价值（假定0.15美元/kg的很低价值）。

从1990年起，宾突尼湾里15000hm² 总面积的区域被分配作为商业性西米的生产。假定从事西米生产的面积保持不变，到2001年，其生产量已达到每年225000t。将粗西米加工成淀粉的生产特性和投入需求建立在可得文献的基础上，假定在分析所覆盖的90年间，西米价格保持在300卢比/kg（0.15美元/kg）。

假定木片的实际出口价格在分析所覆盖的时期内保持在40美元/m³。生产成本基于由公司提供的投资成本和来自典型运营所估计的运行成本，而特许权、税收、补偿支付这些转移支付均被排除在分析之外。

分析评估了6种不同的红树林砍伐方法，其范围从完全禁伐的一个极端到另一个完全砍光的极端见表9-2。表9-3中给出了所涉及的关于红树林损失面积和体积的有关假设。收益成本分析对以1991年为基准年的90年间进行了分析，并为每种方法假设了不同的联系情景。因此，这些情景中既包括木片的收益与成本，也包括依赖于红树林的其他产品与服务。

表9-2 所评估的红树林砍伐方法

方法	描 述
禁伐	全部红树林面积(304000hm²)保持在原始状态
20年伐光	全部可收获面积(240000hm²)只砍光一次
30年伐光	全部可收获面积(240000hm²)只砍光一次
以30年为周期，80%选择性砍伐	全部可收获面积的80%(192000hm²)以30年为周期进行持续的砍伐
以30年为周期，40%选择性砍伐	全部可收获面积的40%(96000hm²)以30年为周期进行持续的砍伐，这相当于所提议的自然保护区面积之外的总可收获面积的100%
以30年为周期，25%选择性砍伐	全部可收获面积的25%(6000hm²)以30年为周期进行持续砍伐，这相当于所提议的自然保护区总面积的62%；它也相当于以其容量的80%使目前的木片厂运行20年

注：资料来源于Ruitenbeek，1992。

表9-3 红树林面积和有关的假设

涉及对象	面积和体积	涉及对象	面积和体积
总管理面积	364000hm²	木片厂要求	
红树林总面积	304000hm²	红树林储存率	80m³/hm²
收获总面积	240000hm²	木片厂	300000m³/a
所提议的自然保护区之内	143000hm²	现期特许时间	20年
所提议的自然保护区之外	97000hm²	以100%容量砍伐20年所要求的蓄积量	6000000m³
不可收获总面积	64000hm²	以80%容量砍伐20年所要求的蓄积量	4800000m³
深度达10m的宾突尼湾内的总面积	60000hm²	以100%容量砍伐20年所要求的面积	75000hm²
所提议的自然保护区面积	267000hm²	以80%容量砍伐20年所要求的面积	60000hm²

注：资料来源于Ruitenbeek，1992。

基准情况为“没有联系”，指某处每种资源成分取值为独立作用，这是当资源分开管理并且没有意识到各个部门间生产的内在联系时的隐含假设。因此，在“没有联系”的假设条件下所评估的方法中，“砍光”的情况是最佳的砍伐策略，这一点并不令人惊奇，因为贴现率大于红树林的增长率。然而，在这种策略下，如果“没有联系”的假设不正确，将会有重要的经济成本应当加在海湾的其他使用者身上。正如表 9-4 中所看到的，对于每一种方法的总净现值由 6 种不同的收入来源构成，其中的 3 个（当地使用、侵蚀控制、生物多样性）在项目分析中通常总被忽略。

表 9-4 费用-效益分析的总结

（以 1991 年的不变价格，贴现率 7.5%） 单位：10 亿卢比

实例情景	联系	当地使用的 NPV	侵蚀控制的 NPV	伐木的 NPV	鱼产品的 NPV	西米的 NPV	生物多样性的 NPV	总的 NPV
禁伐		399	145	0	1016	546	131	2237
2A、伐光(20 年)	无	399	145	756	1016	546	131	2994
2C、伐光(20 年)	中度	295	102	756	824	440	74	2491
2D、伐光(20 年)	强	237	79	756	710	378	27	2189
4C、有选择的砍伐(80%)	中度	339	119	532	908	487	95	2481
6C、有选择的砍伐(25%)	强	383	138	166	986	530	120	2321

注：资料来源于 Ruitenbeek，1992。

26 种管理方法（禁伐和每种其他 5 种管理方法的每一种方法中的 5 种不同联系）的 NPV（净现值）以 7.5%的贴现率进行计算。表 9-4 给出了对这些方案的总结，在禁伐的情况下没有联系。表 9-4 列出了来自费用-效益分析中的一些结果，其中包括伐光的 3 种选择（不存在联系、中度联系和强联系）和 80%、25%有选择地砍伐方法的中度和强联系情景。表 9-5 给出了同样的方案并描述了从“禁伐情景”开始的边际变化。注意到除了一种情况之外，增加“伐木”的收益都能够抵消损失，这种例外情况就是具有强联系的 20 年伐光方案。一般地，在红树林砍伐同其他非木片收益之间的联系越强，允许进行一些开采的方案就越有吸引力。

表 9-5 从基于“禁伐情景”的边际变化

实例情景	联系	当地使用的 NPV	侵蚀控制的 NPV	伐木的 NPV	鱼产品的 NPV	西米的 NPV	生物多样性的 NPV	总的 NPV
禁伐		399	145	0	1016	546	131	2237
2A、伐光(20 年)	无	0	0	756	0	0	0	756
2C、伐光(20 年)	中度	−104	−43	756	−192	−106	−54	257
2D、伐光(20 年)	强	−162	−66	756	−306	−168	104	−158
4C、有选择的砍伐(80%)	中度	0	−26	532	−108	−59	−36	303
6C、有选择的砍伐(25%)	强	−16	−7	166	−30	−16	−11	86

注：资料来源于 Ruitenbeek，1992。

因此，当考虑联系的影响时，最佳砍伐策略就会改变。在“非常强的联系”情景下（线性的和立即的影响），“砍光”是最坏的选择，而“禁伐”是最佳的选择方法。如果存在“弱联系”，选择性砍伐方法是最佳的，而这些方案在“中度联系”的假设也是具有竞争力的。例如，在具有线性的但延迟 5 年的联系的情景下（强联系情景），25%的红树林的选择性砍伐比 30 年伐光的方法多 35000000 美元，而比禁伐只多 1500000 美元。

灵敏度分析以 5%和 10%的贴现率进行，假定为不变价。从表 9-6 可见，在较低贴现率下，禁伐比伐光或者中度联系下的选择性砍伐更具有吸引力。然而，在较高的贴现率下，其他管理方案都比禁伐更具有吸引力。

表 9-6 贴现率改变对各种管理方案的净现值（NPV）的影响

情景	联系	每年 7.5%	每年 5%	每年 10%
禁伐		2237	3498	1625
伐光(20 年)	中度	2491	3364	1988
选择的砍伐(80%)	中度	2481	3640	1877
选择的砍伐(25%)	中度	2321	3563	1707

扩展的分析允许决策者选择一种红树林管理方案，这种方案能够认识到保护红树林持续产生多种经济产品与服务的重要性。

第二节 尼泊尔森林发展规划环境影响经济分析

本案例以亚洲开发银行项目评估报告和弗莱明（Fleming，1983）一个类似项目的报告（可参见 Hufschmidt 等，1983）为基础，描述了关于尼泊尔两个流域管理项目的费用-效益分析中的收益评价。它也是生产力变化技术的应用的一个实例，该技术把市场价格作为评估环境改善收益的一种手段。在这个例子中，利用投入产出的市场价格或适宜的影子价格来对项目所带来的生产力的物质变化进行估价。对于引入此项目和不引入此项目时（实施和不实施项目的分析）的生产力效应都进行了估价。现场效应和非现场效应也都包含在分析之中。

一、项目介绍

尼泊尔森林由于过度砍伐和过度放牧而持续退化，造成了供水不足、污染严重、薪柴和树叶饲料的缺乏以及土壤侵蚀的加剧。

凯斯曼德（Kathmandw）和泊哈勒（Pokhara）周围森林过度砍伐主要是由农村人口对增加收入的需求和城市居民薪柴短缺所造成的。在居住了全国人口的 52%的中部山区，大部分森林已经转变成了灌木林地。树木被大量砍伐，林地被过度放牧。最终，山区森林自然植被的蓄水能力降低了，径流在数量上和速度上都有所增加。每年估计有 24000 万立方米被侵蚀的土壤被该国的主要河流及其支流输送到下游，造成严重的破坏。

为帮助满足城乡居民对木材与饲料的需求，并减少下游地区的淤积作用，提议引进系统化的山林管理。项目区域面积有 38500hm^2，其中 10000hm^2 用于农业，1500hm^2 用于牧场。该项目所管理的部分只涉及其余 27000hm^2 的林地和牧场，其中有 22000hm^2 由凯斯曼德森林区的 3 片森林组成，另外 5000hm^2 是泊哈勒森林区的两片森林。这两个林区是巴格马塞逖河（Bagmati seti）和塞逖河（seti）主要的集水区域，并且服务于凯斯曼德和泊哈勒的城市中心区。

项目的组成要素有如下几项。

① 整个区域的管理计划，包括森林普查、工作计划的准备和林中土地利用的区划等。

② 灌木林地和林区的改善措施，包括 16000hm^2 灌木林地的看护、7000hm^2 林区的改善以及总量为 27000hm^2 的森林区中设置另外的篱笆。

③ 在森林区域内的 4000 多公顷草地上植树，种植薪材、饲料品种和用作篱笆的树种。

生存型农业是该地区的主要经济活动。主要农作物有大米、玉米、小米、土豆和其他蔬菜。饲养水牛和黄牛是为了牛奶、肥料与犁耕。家畜饲料由农业残余物（约占 50%）以及来自森林的饲料组成。森林还提供了薪柴和木材。

二、不实施该项目时土地利用预测

城市化造成的人口加速增长，正在蚕食凯斯曼德和泊哈勒周围的国家森林。由此产生的对森林的3种主要需求是薪柴（既用于生活又用于工业）、家畜与放牧所需的饲料以及农业用地。薪柴的平均消耗量为每人每年 $1m^3$ 左右，每年总的需求量约800万～900万立方米。关于凯斯曼德和泊哈勒周围森林的薪柴产生量的一项估计表明，其每年的可持续产生量远远低于需求量。弥补这种不足的办法是从特赖（Terai）进口木材、从周围森林中非法砍伐树木或利用牲畜粪便作为替代燃料。从政府的森林中非法砍伐和出售薪柴与树叶饲料，这是该建议项目所在地居民的一个主要收入来源，也是森林资源遭到掠夺的主要原因。而把牲畜粪便用作燃料又会减少原本短缺的农业肥料。

考虑到每年2.6%的人口增长速度，而农业生产力却没有可预见的增长，所以，把森林转变成农业用地的压力将持续存在。还有很大的压力要将森林转变为牧场以支持数量不断增长的牲畜。

预测表明，现有的利用率加上人口增长所带来的不断增加的压力，将在14年之内破坏尼泊尔山区的所有林地，共约250万公顷。因而，在没有该项目的情况下，大规模清除植被所造成的严重后果将是该地区的蓄水能力持续下降、雨水径流的速度和流量增加，甚至在山下产生更为严重的淤积问题。

表9-7给出了实施与不实施该项目时对于土地利用情况的预测。

表9-7 实施与不实施该项目时预计的土地利用情况（以5年为间隔）

1983～2022年（根据 Fleming，1983） 单位：hm^2

不实施项目时的土地利用	1983	1988	1993	1998	2022
农业用地	10000	13730	15769	18424	26848
牧场	4000	4520	5107	5771	7475
草地	1500	1500	1500	1500	1500
灌木林地	16000	13830	13555	12805	2677
森林	7000	4920	2569	0	0
实施项目时的土地利用①	1983	1988	1993	1998	2022
农业用地	10000	10000	10000	10000	10000
牧场	4000	0	0	0	0
草地	1500	1500	1500	1500	1500
灌木林地②	16000	16000	16000	16000	16000
森林②	7000	7000	7000	7000	7000
种植园②	0	4000	4000	4000	4000

① 假设存在一个单独的农业管理计划，该计划能减少土地转变为农业用地的需求。

② 关于项目产量的预测参见表9-11。

注：实际数据无法获得；表中数据是合成数据。

三、实施该项目时土地利用预测

假设一个独立的农业项目将使现存耕地的生产力以及人口增长率相同或更快的速率增

加，农业用地的数量将稳定在 10000hm²。不会有牧场、草地、灌木林地或林地被转变为梯田。

该项目将大大促进对土壤侵蚀、山崩和突发洪水的控制。在贫瘠山头的斜坡上建造植被，有利于增加含水层的回灌，从而改善水文状况。不过，这些类型的收益并不容易量化。

该项目也将有助于减轻凯斯曼德和泊哈勒峡谷薪柴和家畜饲料的短缺问题。另外，通过号召森林保护的社区合作，它还可减少森林破坏事故和非法获取森林产品现象的发生。把因目前薪柴短缺而用作燃料的牲畜粪便改用作肥料，它还将有助于改善该地区的整体农业生产力。

四、收益评价

该项目计划减少土壤侵蚀、增加流域内不同土地利用的生产力、并形成包括薪柴和草料在内的资源的可持续流动。以不同土地利用产品的经济价值估算为基础的费用-效益分析，可用来对项目进行评估。项目的收益被认为是采用该项目时所获得的土地价值（产品的经济价值）减去不采用该项目时的土地价值。用这些收益和成本可计算一般形式的经济内部收益率（EIRR）。收益评价的计算以表 9-8 和表 9-9 的值为基础。

表 9-8 各种产品每公顷的产出（不实施项目时）

项目	牧地	草地	没有受到管理的灌木	没有受到管理的森林
草/[kg/(hm²·a)]	1200	6000	500	—
树叶/[kg/(hm²·a)]	—	—	700	1400
木材/[kg/(hm²·a)]	—	—	1	2.2

表 9-9 动物产品的产量和价值（不实施项目时）

项目	肥料产生量，每畜每年/kg	1983 年价值/(卢比/kg)	项目	牛奶产量，每1000kg 饲料/L	1983 年价值/(卢比/L)
氮	15	6	草料	60	1.5
磷	2	18	树叶饲料	120	1.5

五、土地利用价值确定

牧场。饲养动物可以产生牛奶和肥料。给定表 9-8 和表 9-9 中的价值，并假设饲料的消耗率为每畜每年 14000kg，计算可得年产生的肥料价值为每畜每年 126 卢比或每公顷每年 11 卢比。这一数字是将表 9-9 中确定的每畜产生肥料的价值再乘每公顷土地的牲畜承载能力数值而得到的。牧场的承载能力为 0.0857，即每公顷牧场上的草的生产力 1200kg 除以每头牲畜每年所需要的饲料量 14000kg 所得到的结果。同样，每公顷牧场牛奶产出量的年价值可计算为 108 卢比/(hm²·a)。因而，牧场年产出总值将是牛奶和肥料产量价值的总和，即 119 卢比/(hm²·a)。

由于这里利用市场价格来确定每公顷牧场的肥料和牛奶价值，所以，很重要的是要确保这些价格反映出实际的机会成本或边际支付意愿。任何投入的价格补贴都应加到价格中，而且，如果牛奶价格是受政府所控制的话，应当获取能够更准确反映边际支付意愿的替代价格。

草场。由于草场饲料的产出量是牧场的5倍，所以，来自草场的年价值为595卢比/(hm^2·a)。

没有得到管理的灌木林地。表9-8给出了灌木林地（退化林地）的产量数据。根据这些数据计算得出：灌木林地草类产出的肥料价值为5卢比/(hm^2·a)，牛奶的价值为45卢比/(hm^2·a)。

假设每只牧养动物平均每年消耗7100kg的树叶，由此可算出灌木林地产生的肥料价值为12卢比/(hm^2·a)，牛奶的产量价值在126卢比/(hm^2·a)。把草类和树叶的产量相加，就得到每公顷没有得到管理的灌木林地每年可产生价值为17卢比的肥料和价值为171卢比的牛奶。

1.直接市场价值法

1983年，在凯斯曼德和泊哈勒主要市场中薪柴的经济价格（市场价格减去将薪柴运到市场的成本）是560卢比/t。假设木材的平均密度为500kg/m^3，薪柴价值则为280卢比/m^3（500kg/m^3×0.001t/kg×560卢比/t）。目前，尼泊尔薪柴公司（FCN）仅分别供应着尼泊尔全国和凯斯曼德峡谷总薪柴量的2%和8%。除非FCN找到另一种替代资源，否则，薪柴的市场价格将会提高。该项目的生产量大约是凯斯曼德地区目前薪柴消耗量的20%左右。由于薪柴的市场规模较小且相互隔离，市场价格不一定能代表市场外的薪柴价格。因而产生了另外两种间接衡量薪柴价值的方法。

2.间接替代方法

薪柴也可根据同它最相近的替代品的替代用途的价值进行估计（例如，在木柴不可得时把牲畜粪便干燥并燃烧）。利用牲畜粪便作为燃料而不作为肥料的机会成本，可以用粮食产量损失的形式进行估计。这基于下列几项假设。

① 1m^3 木材的能量同0.6t牲畜干粪便或2.4t牲畜新鲜粪便是等价的；

② 每个家庭每年在0.5hm^2 耕地上平均使用6t新鲜粪便；

③ 利用粪便作为肥料，玉米的预期产出量将增加15%，假设玉米产量从1.53t/hm^2增长到1.8t/hm^2，且玉米的价格等于1200卢比/t，这将使每吨新鲜粪便产生27卢比[(1.8－1.53)×1200]/12＝27的机会成本。这样，薪柴的价值将为每立方米65卢比[(27×2.4＝65)]。

3.间接机会成本法

第三种方法是以家庭从森林收集木材所花费的时间为基础的机会成本法，假设薪柴是一种普通的财产资源。这种方法基于如下几项假设。

① 每个家庭每天收集30kg的薪柴；

② 每个家庭每年平均花费132个工作日收集薪柴，假设木材的平均密度为500kg/m^3，则每个家庭每年收集7.92m^3 的薪柴（132工作日×0.06m^3/d）。每天的收集工资为5卢比（基于其他雇佣机会的人力机会成本），则价值估算为83卢比/m^3。因此，3种方法所估算的薪柴价值可总结如下。

方法	价值（卢比/m^3）
直接市场价值法	280
间接替代方法	65
间接机会成本法	83

选择最保守的估计值（最低值）来进行分析。每公顷没有受到管理的灌木林地的年产薪柴价值为65卢比[表9-8，以1m^3/(hm^2·a)的产量为基础]，灌木林地的每年总产值可以

通过牛奶、肥料、薪柴的价值进行估计，总计约 253 卢比/(hm^2·a)。

没有受到管理的林区。这类地区对受到限制的放牧、砍柴和收割草料都开放。肥料的年价值估计为 25 卢比/hm^2，牛奶的年价值估计为 252 卢比/hm^2。利用间接替代的方法，薪柴的年价值估计为 143 卢比/hm^2。因而，没有受到管理的林区的总价值为 420 卢比/(hm^2·a)。表 9-10 总结了每公顷牧场、草场、没有受到管理的灌木林地和林区的价值。

表 9-10　每公顷产生各种产品的价值（未实施该项目时）

单位：卢比/(hm^2·a)

土地利用	牛奶	肥料	薪柴	总计
牧地	108	11	—	119
草地	540	55	—	595
没有受到管理的灌木林地	171	17	65	253
没有受到管理的林区	252	25	143	420

六、实施该项目后的土地价值评估

实施该项目时，仍以上述计算方法为基础。表 9-11 列出了每公顷受项目影响的土地的实物产量，把这些产量转化为基于薪柴、肥料和牛奶价值的经济价值，就得到了表 9-12 所列的结果。

表 9-11　产出预测（实施项目时）　单位：t/hm^2

项目实施后的年数	林场	受到管理的灌木林地	受到管理的林区
薪柴			
1	0	1.2	5.5
2	0	0	0
3	0	2.5	0
4	0	0	0
5	0	2.0	0
6	20.0	0	22.5
7～9	0	0	0
10	0	5.2	0
11	8.0	0	25.0
12～15	8.0	0	0
16	8.0	0	27.5
17～19	8.0	0	0
20	8.0	20.0	0
21	8.0	0	27.5
22～25	8.0	0	0
26	8.0	0	27.5
27～29	8.0	0	0

续表

项目实施后的年数	林场	受到管理的灌木林地	受到管理的林区
薪柴			
30	8.0	35.0	0
31	8.0	0	27.5
32～34	8.0	0	0
35	8.0	35.0	0
36～40	8.0	0	36.2
饲料			
1～5	2.0	0.7	1.4
6～10	5.6	0.9	1.6
11～15	5.6	1.3	3.0
16～20	5.6	1.7	3.3
21～25	5.6	2.1	3.3
26～40	5.6	2.7	3.3

注：1.（$t/hm^2 \times 2 = m^3/hm^2$；$t/hm^2 \times 1000 = kg/hm^2$）。

2.所有数据均以薪柴计。

资料来源：Asian Development Bank，Appraisal of the Hill Forest Development Projects in the Kingdom of Nepal（1983）。

表 9-12　单位公顷内不同产品的价值（实施项目时）

单位：卢比/（$hm^2 \cdot a$）

项目实施后的年数	林场	受到管理的灌木林地	受到管理的林区
薪柴			
1	0	156	715
2	0	0	0
3	0	325	0
4	0	0	0
5	0	260	0
6	2600	0	2925
7～9	0	0	0
10	0	676	0
11	1040	0	3250
12～15	1040	0	0
16	1040	0	3575
17～19	1040	0	0
20	1040	2600	0
21	1040	0	3575
22～25	1040	0	0
26	1040	0	3575
27～29	1040	0	0

续表

项目实施后的年数	林场	受到管理的灌木林地	受到管理的林区
薪柴			
30	1040	4550	0
31	1040	0	3575
32～34	1040	0	0
35	1040	4550	0
36	1040	0	4706
37～40	1040	0	
牛奶			
1～5	360	126	252
6～10	1008	162	288
11～15	1008	234	540
16～20	1008	306	594
21～25	1008	378	594
26～40	1008	486	594
肥料			
1～5	35	12	25
6～10	99	16	28
11～15	99	23	53
16～20	99	30	59
21～25	99	37	59
26～40	99	48	59

注：所有数据均以薪柴计。

七、分析

在不同的管理方式中，土地总价值可通过将每种类型的土地公顷数乘以它们的单位面积价值来计算。土地的不同类型已在表 9-7 中给出，表 9-10 给出了不实施该项目时的价值，表 9-12 给出了实施该项目时的价值。其中，假设每公顷牧场和草地的价值在两种情况下是相同的。没有受到管理的土地总价值（不实施项目）在表 9-13 中给出。表 9-14 则列出了实施项目时受到管理的土地价值数据。

项目对于土壤侵蚀、山崩和洪水控制的贡献没有进行准确的量化，因而也没有包含在这项分析中。管理项目的增量收益被认为是不受管理的土地的产品价值（即未实施此项目）与实施此项目时产品价值的差值。在这两种情况下，农业产出的价格都被认为是稳定不变的。用项目的增量收益减去成本，就得到净收益流，由此产生的经济内部收益率为 8.5%（表 9-15）。

这个案例说明了价值评估技术在评价项目所带来的农场和灌木林地/林区生产力变化的货币价值时的应用。利用了一个实施/不实施项目的分析框架来确定生产力变化的范围。在估算肥料、牛奶和薪柴的价格时，同时采用了直接的和间接的方法。

表 9-13 没有受到管理的土地的总价值

年	放牧草场			灌木林地			林区			总价值/卢比
	面积/hm²	单位面积价值/(卢比/hm²)	价值/卢比	面积/hm²	单位面积价值/(卢比/hm²)	价值/卢比	面积/hm²	单位面积价值/(卢比/hm²)	价值/卢比	
1	4000	119	476000	16000	253	4048000	7000	420	2940000	7464000
2	4104	119	488376	15566	253	3938198	6584	420	2765280	7191854
3	4208	119	500752	15132	253	3828396	6168	420	2590560	6919708
4	4312	119	513128	14698	253	3718594	5752	420	2415840	6647562
5	4416	119	525504	14264	253	3608792	5336	420	2241120	6375416
6	4520	119	537880	13830	253	3498990	4920	420	2066400	6103270
7	4638	119	551922	13775	253	3485075	4450	420	1869000	5905997
8	4755	119	565845	13720	253	3471160	3980	420	1671600	5708605
9	4872	119	579768	13665	253	3457245	3510	420	1474200	5511213
10	4990	119	593810	13610	253	3443330	3040	420	1276800	5313940
11	5107	119	607733	13555	253	3429415	2569	420	1078980	5116128
12	5240	119	623560	13405	253	3391465	2056	420	863520	4878545
13	5373	119	639387	13255	253	3353515	1542	420	647640	4640542
14	5506	119	655214	13105	253	3315565	1028	420	431760	4402539
15	5639	119	671041	12955	253	3277615	514	420	215880	4164536
16	5771	119	686749	12805	253	3239665	0	420	0	3926414
17	5842	119	695198	12383	253	3132899				3828097
18	5913	119	703647	11961	253	3026133				3729780
19	5984	119	712096	11539	253	2919367				3631463
20	6155	119	732445	11117	253	2812601				3545046
21	6126	119	728994	10695	253	2705835				3434829
22	6197	119	737443	10273	253	2599.069				3336512
23	6268	119	745892	9851	253	2492303				3238195
24	6339	119	754341	9429	253	2385537				3139878
25	6410	119	762790	9007	253	2278771				3041561
26	6481	119	771239	8585	253	2172005				2943244
27	6552	119	779688	8163	253	2065239				2844927
28	6623	119	788137	7741	253	1958473				2746610
29	6694	119	796586	7319	253	1851707				2648293
30	6765	119	805035	6897	253	1744941				2549976
31	6836	119	813484	6475	253	1638175				2451659
32	6907	119	821933	6053	253	1531409				2353342
33	6978	119	830382	5613	253	1420089				2250471
34	7049	119	838831	5209	253	1317877				2156708
35	7120	119	847280	4787	253	1211111				2058391
36	7191	119	855729	4365	253	1104345				1960074
37	7262	119	864178	3943	253	997579				1861757
38	7333	119	872627	3521	253	890813				1763440
39	7404	119	881076	3099	253	784047				1665123
40	7475	119	889525	2677	253	677281				1566806

表 9-14 受到管理的土地的总价值

年	林场			灌木林地			林区			放牧草场			总价值/卢比
	面积/hm^2	单位面积价值/(卢比/hm^2)	价值/卢比	面积/hm^2	单位面积价值/(卢比/hm^2)	价值/卢比	面积/hm^2	单位面积价值/(卢比/hm^2)	价值/卢比	面积/hm^2	单位面积价值/(卢比/hm^2)	价值/卢比	
1	395	1000	395000	294	16000	4704000	992	7000	6944000	119	4000	476000	12519000
2	395	2000	790000	138	16000	2208000	277	7000	1939000	119	3000	357000	5294000
3	395	3000	1185000	463	16000	7408000	277	7000	1939000	119	2000	238000	10770000
4	395	4000	1580000	138	16000	2208000	277	7000	1939000	119	1000	119000	5846000
5	395	4000	1580000	398	16000	6368000	277	7000	1939000	119			9887000
6	3707	4000	14828000	178	16000	2848000	3241	7000	22687000				40363000
7	1107	4000	4428000	178	16000	2848000	316	7000	2212000				9488000
8	1107	4000	4428000	178	16000	2848000	316	7000	2212000				9488000
9	1107	4000	4428000	178	16000	2848000	316	7000	2212000				9488000
10	1107	4000	4428000	854	16000	13664000	316	7000	2212000				20304000
11	2147	4000	8588000	257	16000	4112000	3843	7000	26901000				39601000
12	2147	4000	8588000	257	16000	4112000	593	7000	4151000				16851000
13	2147	4000	8588000	257	16000	4112000	593	7000	4151000				16851000
14	2147	4000	8588000	257	16000	4112000	593	7000	4151000				16851000
15	2147	4000	8588000	257	16000	4112000	593	7000	4151000				16851000
16	2147	4000	8588000	336	16000	5376000	4228	7000	29596000				43560000
17	2147	4000	8588000	336	16000	5376000	653	7000	4571000				18535000
18	2147	4000	8588000	336	16000	5376000	653	7000	4571000				18535000
19	2147	4000	8588000	336	16000	5376000	653	7000	4571000				18535000
20	2147	4000	8588000	2936	16000	46976000	653	7000	4571000				60135000
21	2147	4000	8588000	415	16000	6640000	4228	7000	29596000				44824000

续表

年	林场			灌木林地			林区			放牧草场			总价值/卢比
	面积/hm^2	单位面积价值/(卢比/hm^2)	价值/卢比	面积/hm^2	单位面积价值/(卢比/hm^2)	价值/卢比	面积/hm^2	单位面积价值/(卢比/hm^2)	价值/卢比	面积/hm^2	单位面积价值/(卢比/hm^2)	价值/卢比	
22	2147	1000	8588000	415	16000	6640000	653	7000	4571000				19799000
23	2147	2000	8588000	415	16000	6640000	653	7000	4571000				19799000
24	2147	3000	8588000	415	16000	6640000	653	7000	4571000				19799000
25	2147	4000	8588000	415	16000	6640000	653	7000	4571000				19799000
26	2147	4000	8588000	534	16000	8544000	4288	7000	29596000				46728000
27	2147	4000	8588000	534	16000	8544000	653	7000	4571000				21703000
28	2147	4000	8588000	534	16000	8544000	653	7000	4571000				21703000
29	2147	4000	8588000	534	16000	8544000	653	7000	4571000				21703000
30	2147	4000	8588000	5084	16000	81344000	653	7000	4571000				94503000
31	2147	4000	8588000	534	16000	8544000	4228	7000	29596000				46728000
32	2147	4000	8588000	534	16000	8544000	653	7000	4571000				21703000
33	2147	4000	8588000	534	16000	8544000	653	7000	4571000				21703000
34	2147	4000	8588000	534	16000	8544000	653	7000	4571000				21703000
35	2147	4000	8588000	5084	16000	81344000	653	7000	4571000				94503000
36	2147	4000	8588000	534	16000	8544000	4228	7000	29596000				46728000
37	2147	4000	8588000	534	16000	8544000	653	7000	4571000				21703000
38	2147	4000	8588000	534	16000	8544000	653	7000	4571000				21703000
39	2147	4000	8588000	534	16000	8544000	653	7000	4571000				21703000
40	2147	4000	8588000	534	16000	8544000	653	7000	4571000				21703000

表 9-15 经济评价：效益费用流 单位：千卢比

年份	成本①	收益增长	净收益
1	22597	5055	－17542
2	27128	－1898	－29026
3	28648	3850	－24798
4	27646	－802	－28448
5	32246	3512	－28734
6	34604	34260	－344
7	8996	3582	－5414
8	9183	3779	－5404
9	5278	3977	－1301
10	5763	14990	9227
11	3309	34485	31176
12	3215	12448	9233
13	3120	12210	9090
14	3215	12448	9233
15	3309	12686	9377
16	3403	12805	9402
17	3498	12707	9209
18	3302	14805	11503
19	3309	14904	11595
20	3215	56602	53387
21	3120	41389	38269
22	3215	16462	13247
23	3309	16561	13252
24	3403	16659	13256
25	3498	16757	13259
26	3403	43785	40382
27	3309	18585	15276
28	3215	18956	15741
29	3120	19055	15935
30	3215	91953	88738
31	3309	44276	40967
32	3403	19350	15947
33	3498	19448	15950
34	3403	19546	16143
35	3309	92445	89136
36	3215	44768	41553
37	3120	19841	16721
38	3215	19940	16725
39	3309	20038	16729
40	3403	20136	16733

① 项目成本由亚洲开发银行的《山丘森林开发项目评价》（Appraisal of the Hill Forest Development Project，1983）给出，包括项目的初始成本和后续的管理费用。

注：经济内部收益率（EIRR）＝8.5％。

第三节　菲律宾里特汤戈南地热电厂环境影响经济分析

有关汤戈南地热厂的项目，S·格兰特斯塔夫（Somluckrat Grandstaff）对B·巴拉哥特（Beta Balagot）准备的材料进行了改写，形成了完整的案例研究，可以参见迪克逊与哈夫斯尼特的研究（1986）。本章是该案例研究的一部分，该案例研究对不同污水处理方案的成本有效性进行了分析，其中，污水来自菲律宾里特（Leyte）岛上的一个地热电厂。已经做出决策，要建立这一电厂并开发当地的地热能，需要判断的是，究竟采用哪种方法处理电厂排出的废水才可以通过最为成本有效的方式来保护环境。

在全面的案例研究中，考虑了7种处理污水的方法，每种方法的建设费用和运行成本都不同，而每种方法对环境的影响也都不同。分析中依次考察了每一种方案，确定了该方案的货币价值，并在可能的情况下考察了其环境影响。

并不是所有的环境影响都可以量化并货币化，但是分析中也不能忽略那些不能量化的影响。这些影响按定性的方式加以列举并在做出最终决策时做了考虑。通过这种方式，决策者或项目规划者得到了一系列有关每种方案的实际建设与运行成本以及不同环境影响的信息。

虽然每种方案都属于一个完整的效益成本分析，然而，一个更加全面的描述可以包含整个项目的效益成本分析，其中包括将电厂作为一个整体来设计的不同方案以及处理污水的不同方案。通过这种方式，对整个项目（而不是项目中某一个部分）的经济价值进行了探索，并同其他的发电方式进行了比较。

一、背景信息

过去，菲律宾高度依赖于进口原油以满足其能源需求，因此采取了促进不同方式的国内能源生产的政策。其中包括：核能、水电、煤、石油、天然气和地热能。地热能是从地球的天然热量中得到的。依靠现有的技术，只有同新的热侵入岩和火山现象相关的地热储层才能用来发电。有两种形式的高温热能：热蒸汽田（就像在美国的间歇泉中看到的一样）以及热水（湿）田［就像在新西兰的怀拉基（Wairakei）和博德兰（Broadland）所见到的一样］。目前，菲律宾所开发的只是生产蒸汽和水的混合物的湿田。

在里特，对汤戈南（Tongonan）的勘探开始于1973年，1978年证实有3000MW的潜在的地热生产性储量。案例研究中考察了汤戈南地热电厂（TGPP）的第一期，容量为112.5MW。这一电站依靠的是一个湿蒸汽地热源并将产生残余液体和天然气。它们的化学性质和热力学性质有可能对环境产生不利影响，而产生不利影响的程度将取决于排放速度、频率以及处理方法。

二、环境影响预测

由能源部和菲律宾国家石油公司的咨询顾问金斯敦·雷诺兹·汤姆和阿拉迪司有限公司准备的《环境影响报告书》指出，对环境的主要不利影响来自地热废液的处理。汤戈南井中流出的液体中的溶解固体比其他大多数地热田中流出液中都更多，其中包括氯、硅、砷、硼和锂。众所周知，砷、硼、锂和汞都会对植物、动物和人产生危害，全面的案例研究对此进行了考察。对地热废水的随意处置会对健康和生产力产生严重影响。因此，为了使上述影响减少到最低程度，政府已经对其规定了排放限值。汤戈南井出水的砷、硼和锂的浓度都超过了国家污染控制委员会的建议限值。

虽然全面的案例研究考察了全部 7 种污水处理方法的成本与效益，在这里只概述了对其中 4 种方法所做的分析，其余的分析可以参见迪克逊与哈夫斯尼特的研究（1986）。

三、减缓方案

有 7 种方法被提议用来处理废水。

① 回灌；

② 不经处理即排入玛晓河（Mahiao River）中；

③ 经过脱砷处理后排入玛晓河中；

④ 不经处理即排入宝河（Bao River）中；

⑤ 经过脱砷处理后排入宝河中；

⑥ 不经处理，通过寥点（Lao Point）的入海口排放到海里；

⑦ 不经处理，通过白松点（Biasong Point）的入海口排放到海里。

在第一个方案中，来自汽水分离站的地热余液将通过管道输送到地热田中的回灌井中。在电厂以 112.5MW 的容量满负荷运转时，需要 7 口回灌井。此外，还需要 1 个备用处理系统，它由 1 个热池和其他应急配置所构成。为了进行系统维护或遇到其他有限的紧急情况时，需要临时关闭回灌系统，这时就可以利用备用处理系统。当系统关闭时间较长时，就可以通过这个备用方案将经过化学处理的废液排入河里。

方案 2 和方案 3 中都涉及将废液直接排入玛晓河。排放前，废液需要在一个热池中停留几天，通过化学处理去除砷。

在方案 4 和方案 5 中，废液将通过管道排放到宝河中。这里也需要一个热池，在将废液排放入河之前对其加以冷却。方案 5 中必须对废液在热池中进行处理，以便使砷沉淀下来。

方案 6 和方案 7 中需要选择一个入海口来排放废液。对两个可能的地点廖点和白松点进行了研究，前一个地点的入海口需要 22km 长的管道，后一个需要 32km 长的管道。

四、各种方案的成本和环境影响预测

这 7 个方案中的每一个都需要不同的建设投资和运行维护及检修费用，对环境也都有着不同的影响。分析中使用的是 1980 年的价格。

（1）回灌　修建 7 口回灌井和备用废液处理系统需要 2 年时间。每个井的成本为 1000 万比索（1 比索＝0.1430 元人民币），总共需要 7000 万比索。从分离站到回灌井的管道系统需要耗资 2000 万比索。备用废液处理系统另需耗资 1700 比索。每年的运行维护费用总计 1040 万比索。

虽然从生态上来看，回灌是最好的处理方法，但它并不是一种成熟的技术。在通过地下蓄水层提取热水的地区，正如这个项目所在的地点，重要的是要了解当地的地下水文情况并对回灌地热废水的任何影响进行仔细的监测。

回灌还有可能降低温度并相应降低地热水中的潜在能量。此外，汤戈南的地热液体中含有大量的硅等溶解固体，这有可能堵塞回灌管道。可以通过添加化学物质而使上述固体保持溶解状态，这就可以解决上述问题，但是，这些化学物质的影响有可能导致其他的环境问题。

（2）不经处理就排入玛晓河中　热池的修建将费时 1 年，耗资 700 万比索。估计运行维护费用为每年 43300 比索（4.33 万比索）。

未经处理的废液中含有高浓度的砷和硼，如果直接排入河中，将会对宝河灌溉系统所供应的约 16.19km^2 稻田的生产力产生不利影响。

如果农业灌溉用水受到严重污染，农民们很可能不去灌溉他们的农作物，其后果就是生产力急剧降低。灌溉稻田的平均产量是每公顷 3050kg，而不灌溉的稻田的产量只有 1895kg（NIA 地区第 8 办公室，1980）。每年一季稻产出也会减少。然而，因为宝河灌溉系统所生产的水稻仅仅是地区总产量的一小部分，可以安全地假设，产量上的这些变化不会影响地方上的水稻价格。

以该地区 1975～1978 年的生产成本数据为基础来估算，每公顷灌溉水稻的净回报为 346 比索，而不灌溉水稻的净回报则为 324 比索。如果灌溉水对全部 4000hm^2 稻田都不能用的话，那么，经济损失将如下所示：

$$4000\text{hm}^2 \times 346 \text{ 比索}/(\text{季}\cdot\text{hm}^2) \times 2 \text{ 季} = 2768000 \text{ 比索}$$

如果产出是一季不灌溉水稻，那么净回报将为：

$$4000\text{hm}^2 \times 324 \text{ 比索} = 1296000 \text{ 比索}$$

因此，每年的损失就是这两者的差值，147 万比索。

将未经处理的废水排放到河流系统中的额外环境成本是人类健康与牲畜所面临的风险。为了对此加以评估，还估算了水净化系统的成本，这一系统可以使河水能够安全用于生活或饮用。修建这样一个系统需要 5000 万比索，每年的运行维护费用为 1500 万比索。

更难估算的是淡水生态系统的成本，因为缺乏有关沿河垂钓的经济价值的数据。然而，另外一种可以估算出来的环境成本是对三角洲的污染，这将影响该地区的海洋渔业。奥默克湾（Ormoc Bay）三角洲或红树林区域在维持相邻的渔业基地的生产力方面有着重要作用，因为那里是好几种鱼类觅食和产卵的基地。

在奥默克湾——卡默蒂斯海（Camotes Sea）地区，渔业是一个重要的产业。根据 1978 年的数据，渔业的净回报估计为捕捞总回报的 29%。虽然每年捕鱼业的年产值都会因实际的捕捞量和市场价格而有所不同，但是 3940 万比索可以作为总产值的一个代表值。如果由于重金属污染而丧失渔业，那么，每年的经济损失将是 1140 万比索（3940 万比索×0.29）。这里假设所投资的设备可以出售或者转移到其他地区去，但是，损失的渔业产量却无法通过其他地区产量的增长而得到补偿。

（3）处理后排入玛晓河　需要修建一个热池，成本为 700 万比索，1 年完成。除了热池本身的运行维护费用以外，还有处理砷的成本。对于 15 口生产井而言，每口井每年的总费用为 400 万比索。

目前还没有有关硼与砷对稻田的协同影响的科学研究，因此，没有什么依据来判断去除砷是否会降低对生产力的影响。硼与砷还可能对水生生态系统有一些残余的影响，但是无法识别这些影响。

估计水净化系统的建设投资为 2600 万比索，每年运行维护费用为 750 万比索。

（4）出水不经处理就排入宝河　一个热池将耗资 700 万比索。修建一段长约 6km 或 7km 的管道将费时 2 年，耗资 1300 万比索。运行维护费用将为每年 620 万比索。

由于排放点将位于灌溉渠道转弯的下游，因此宝河灌溉系统地区不会受到废液的影响。

需要一个水净化系统来为宝河排放点下游两岸的居民服务。修建这一系统将耗资 1500 万比索，费时 2 年。运行维护费用为每年 450 万比索。

本方案中将利用方案 2 中使用的渔业生产信息来估算对海洋环境的成本。

（5）将处理后的出水排放到宝河里　投资成本与方案 4 相同。然而，运行维护费用要更高。估计每年处理废液中砷的成本为每口生产井 400 万比索。

当废液中的砷经过处理之后，修建水净化系统的成本降低。估计投资成本为 750 万比索，但是所需的修建时间仍不变。预计运行维护费用为 200 万比索。

(6) 在廖点的入海口将废水排放到海里　这一计划中需要一段长 22km 的管道，需要修建 2 年，耗资 4500 万比索。每年的运行维护费用为 4180 万比索。

废水的海洋处置可能会影响到沿海渔业的生产力和奥默克湾、卡默蒂斯海的商业性捕鱼业。然而，没有足够的信息来量化这些影响。

(7) 在白松点的入海口将废水排放到海里　这一计划中需要一段长 32km 的管道，需要修建 2 年，耗资 6500 万比索。每年的运行维护费用为 6080 万比索。

海洋渔业的生产力将会受到影响。在估算方案 6 和方案 7 对海洋生产力的影响时，需要将奥默克湾和卡默蒂斯海的水文情况和扩散模式考虑在内。

五、各种方案的环境影响经济分析

有可能获得充足的信息来对不同方案的主要环境影响做出分析。虽然总的方法都是成本有效性分析，但是，单个的影响通常都是利用基于市场价格的直接生产率变动法来评估的。

因此，假设可以用市场价格来评价农业和渔业生产，即不存在大的价格扭曲。因而不需要利用影子价格。这一点对于菲律宾而言可能是对的，也可能是错的，但是，在这个案例中，没有对价格做出调整。针对处理系统中使用的进口设备以及为水泵和所涉及的其他设备供应能量的石油产品，做出了一个类似的假设。再一次地，如果存在大的扭曲，如补贴、外汇管制或者资本定量配给，那就需要有影子价格。

针对每个所提议的废水处置计划，在计算直接成本和相关的环境成本的现值时，采用了 15%的贴现率，并估计地热电厂的项目寿命为 30 年。表 9-16 中列举了方案 1、方案 2、方案 3 和方案 6 的直接建设成本以及运行维护及检修成本的计算。表 9-17 中列举了相同案例中环境资源成本的计算。

表 9-16　备选的废水处置方案的直接建设投资以及运行维护及检修费用的计算

单位：比索

方案 1　回灌	费用/10^6 比索
1. 修建(2 年)	
a. 回灌井	70
b. 管道	20
c. 备用系统	17
年修建成本	53.5
2. 每年的运行维护费用	10.4
现金流	
年　1　2　3　…　30	
现金流/10^6 比索　53.5　53.5　10.4　…　10.4	
以 15%的贴现率计算的现值	
第 1 年：53.5×0.8696=46.5(10^6 比索)	
第 2 年：53.5×0.7561=40.4(10^6 比索)	
第 3～30 年：10.4×4.9405=51.4(10^6 比索)	
总直接成本的现值/10^6 比索	138.30

续表

方案 2　不经处理就排入玛晓河中						费用/10^6 比索
1. 修建						
a. 给水系统(2 年)						50
b. 热池(1 年)						7
2. 每年的运行维护费用						
a. 给水系统						15.0
b. 热池						0.0433
现金流						
年	1	2	3	…	30	
现金流/10^6 比索	25	25	15	…	15.0	
		7	0.0433	…	0.0433	
成本/年	25	32	15.0433	…	15.0433	
以 15%的贴现率计算的现值						
第 1 年:25×0.8696=21.74(10^6 比索)						
第 2 年:32×0.7561=24.20(10^6 比索)						
第 3～30 年:15.0433×4.9405=74.32(10^6 比索)						
总直接成本的现值/10^6 比索						120.26
方案 3　处理后排入玛晓河						**百万比索**
1. 修建						
a. 给水系统(2 年)						25
b. 热池(1 年)						7
2. 每年的运行维护费用						
a. 给水系统						7.5
b. 热池						0.0433
c. 为 15 口气井去除砷(每口井 400 万)						60
现金流						
年	1	2	3	…	30	
现金流/10^6 比索	12.5	12.5	7.5	…	7.5	
		7	0.0443	…	0.0443	
			60	…	60	
成本/年	12.5	19.5	67.5433	…	67.5433	
现值						
第 1 年:10.87(10^6 比索)						
第 2 年:14.74(10^6 比索)						
第 3～30 年:333.7(10^6 比索)						
总直接成本的现值/10^6 比索						359.3
方案 6　在廖点的入海口排海处理						**费用/10^6 比索**
1. 修建						
a. 管道(2 年)						45
2. 每年的运行维护						41.8
现金流						
年	1	2	3	…	30	
现金流/10^6 比索	22.5	22.5	41.8	…	41.8	
现值						
第 1 年:19.57(10^6 比索)						
第 2 年:17.01(10^6 比索)						
第 3～30 年:206.51(10^6 比索)						
总直接成本的现值/10^6 比索						243.09

表 9-17 备选污水处置方案的环境与资源成本的计算 单位：比索

方案 1 回灌

虽然这一方案涉及：①可能的潜在能量的损失；②回灌的管道中溶解固体的处理成本；③为防止回灌管道堵塞而使用的化学物质所造成的额外环境问题，然而无法估算其环境成本

方案 2 不经处理就排入玛晓河

这种情况下的环境影响包括可以量化的和不可量化的后果，具体包括以下几种情况。

① 水稻产量：4000hm² 每季，由 BRIS 提供服务；

② 河流渔业：无数据；

③ 牲畜健康；

④ 洗衣、洗澡和人体健康；

⑤ 海洋生态系统。

(1)可以量化的影响

① 水稻生产损失的价值：

水稻种植总面积＝4000hm²

如果因严重污染无法利用灌溉水而造成的年损失

为 4000×346×2－[4000×324]

＝ 2768000－1296000

＝ 147(万比索)

以 15％的贴现率计算，水稻损失的现值为(第 3～30 年)

147×4.9405＝726(万比索)

② 渔业损失的价值：

依据目前所得到的有关里特的渔业运作的平均成本和收益概况来对产品的总损失做出假设，净回报

为 6914－4918

＝ 1996

或者约为总回报的 29％

1980 年卡默蒂斯海与奥默克湾的渔业总产值

为 3940 万比索

每年渔业产值的损失为 3940×总回报的 0.29

＝ 1142(万比索)

以 15％的贴现率计算，水稻损失的现值为(第 3～30 年)

1142×4.9405＝5645(万比索)

(2)不可量化的影响

河流渔业、牲畜健康、人类健康、作为洗衣和洗澡等用途损失的水、对海洋生态环境的影响，可能造成的家庭混乱

方案 3 处理后排入玛晓河

环境影响

① 水稻生产：未知。

② 河流渔业：无数据。

③ 牲畜健康、洗衣、洗澡和人体健康：无法量化但小于方案 2 中的此类损失。

④ 海洋生态系统：未知

方案 6 排海处理

环境影响：对海洋生态系统的未知影响

表 9-18 中对全部 7 种方案的计算结果进行了汇总。不计环境成本值，因为它所需要的直接成本最低。只要对环境影响进行了评估并添加到直接成本中去，那么，就可以得到总的直接的和间接的可计算成本。

表 9-18　在不同方案下的废液处理成本　单位：10^6 比索

备选方案	直接成本	环境成本	可计算总成本	不可量化或不可计算的成本
1.回灌	138.3	未知	138.3	能量损失
2.不经处理排入玛晓河	120.2	水稻 7.3 渔业 565	184.0	淡水渔业、牲畜健康、洗衣用水、洗澡用水、人体健康、海洋生态系统
3.处理后排入玛晓河	359.3		359.3	水稻生产以及方案 2 中的其他各项(除海洋生态系统之外),但是相对较小
4.不经处理排入宝河	81.1	渔业 56.5	137.6	淡水渔业、牲畜健康、家用、人体健康、海洋生态系统
5.处理后排入宝河	359.1		359.1	小于方案 4
6.廖点排海	243.1	未知	243.1	无法量化,但是很高
7.白松点排海	353.2	未知	353.2	无法量化,但是很高

方案 3、方案 5、方案 6 和方案 7 将遭到拒绝，因为同方案 1、方案 2 和方案 4 相比，它们的成本都相对较高，而在后三种方案里，现在就可以做出选择。如果决策是严格地依照可计算成本来进行的，那么，方案 4 是最便宜的计划。然而，方案 4 和方案 2 都会严重污染海洋生态环境，造成未知而无法定量的结果。将未经处理的废液排入玛晓河的方案 2 将遭到拒绝，因为它不仅会像方案 4 一样造成污染，成本也更高。对比之下，方案 1 中最主要的不可定量的影响就是因蒸汽温度下降而可能造成的能量损失。因此，回灌就成为最理想的方案，虽然其总的可计算成本略高于方案 4。在这种情况下，虽然方案 4 成本最低，但由于其中内在的环境不确定性更高，因此，方案 1 中略高的可计算成本更容易得到接受。

第四节　印度尼西亚雅加达空气污染健康影响分析

世界各地不断增加大量资金用于克服空气污染和水污染。一个主要的分析问题是辨认那些投资的收益以确定收益是否超过了成本。无论是在各种不同的控制方法之间，还是在空气污染与水污染的控制之间，这些信息都有助于为各种方法或方案确定优先序。空气污染日益成为一个影响上亿人的城市问题。本案例给出了一个日益获得普遍接受的方法论——使用剂量-反应关系的损失函数方法的应用实例，它估算了削减空气污染的健康影响。可以再用一些额外的信息给这些健康影响加上一个货币价值，在其中或通过利用疾病成本法估算所减少的疾病（发病率）的货币价值，或者，在死亡的情况下，在对于减少过早死亡的支付意愿的基础上进行估算。

剂量-反应关系的大多数是建立在来自美国、加拿大、英国的数据之上的，它把有关不同污染物的空气质量变化的信息同不同的健康产出联系起来了。其原理是对于一定的污染物在空气中的污染水平的变化量可以同所观察的人口中的发病率（疾病）与死亡率（死亡）呈现统计性关系。通过回归分析，可以估算出受周围空气污染浓度的变化量和暴露人口的系数，这项工作的大多数已经在欧洲、美国已经做过了，该研究给出了此法在雅加达（Ostro，1994）的一次应用。所估算的健康影响可通过下式估算。

$$dH_i = b_i \times POP_i \times dA$$

式中 dH_i——健康影响 i 在人群风险中的变化量；

b_i——健康影响 i 的剂量-反应曲线的斜率；

POP_i——有健康影响 i 的风险的人口数量；

dA——所考虑的环境中空气污染物的变化量。

一、雅加达空气污染健康影响分析概述

印度尼西亚的首都雅加达位于赤道以南的热带地区，人口在820万～900万之间，城市面积650hm^2。空气污染与水污染都是主要的环境问题。这里列出的结果主要集中在空气污染，特别是悬浮颗粒物，一般指TSP（总悬浮颗粒）以及更细的、危害更大的微粒成分——PM_{10}，或者说粒径小于10μm的颗粒。污染暴露可以用各种方法来衡量，通常是以每立方米空气中TSP或者PM_{10}的微克数来表示的。TSP和PM_{10}可以直接转换：PM_{10}约为TSP的55%，也就是100$\mu g/m^3$ TSP约合55$\mu g/m^3 PM_{10}$。

由于在雅加达没有适合于当地条件的剂量-反应函数，该研究采用了在发达国家估算的剂量-反应关系。因此，隐含的假设即为发达国家在空气污染水平同随之的健康影响之间的关系可以外推，用来估计雅加达的健康影响。我们注意到了发达国家和印度尼西亚在基准的健康状况、公众保健、人口统计和职业暴露以及其他因素之间都存在着显著的差别。因此，模型有可能低估了印度尼西亚的健康影响。

在研究中，剂量-反应函数是从可获得的文献中所确认并采用的（有关背景研究的细节请参见Ostro，1994）。既然由于各个研究所估计的系数都存在偏差，在此，给出3种可选的假设，其中，中值估计占的权重最大。高（低）值估计是将系数增加（减少）一个估算所得的标准差来计算的。

可获得的流行病学研究将空气中颗粒物浓度同一些不利的健康影响联系了起来，其中包括死亡、呼吸病疾病就诊、急诊、成年人受限制活动天数、儿童下呼吸道疾病、哮喘和支气管疾病等。TSP是在印度尼西亚最常用的一种度量颗粒物的方法。因此，所有的剂量-反应函数都调整到使用TSP浓度。

研究人员估算了将TSP浓度从雅加达当前的水平（其范围是城市中各部分从低于100～350mg/m^3不等，见图9-1）削减到印度尼西亚标准（90mg/m^3）和WHO指导值的中值（75mg/m^3）所带来的收益。在每种情况下，估算都是建立在暴露于不同污染水平下的人口信息之上的（这一信息的基础是关于人口密度的普查数据、城市内有关排放与空气质量监测的结果和一个扩散模型的使用）。

二、死亡率

过早死亡是一个同颗粒物的高浓度水平有关的主要问题。在文献调查的基础上，与PM_{10}的变化量有关的“全原因死亡率”的变化的中值估计值表达如下：

$$\text{死亡率的变化量} = 0.096 \times PM_{10}\ \text{的变化量}$$

估计值的上限和下限系数分别为0.130和0.062，早亡数量的中间估计值表达如下：

死亡率变化量$=0.096 \times PM_{10} \times 1/100 \times$自然死亡率$\times$暴露人口，

假定雅加达的自然死亡率为 0.007，死亡率变化的范围如下（每人）：

死亡率变化的上限估计值$=9.10\times10^{-6}\times PM_{10}$ 的变化

死亡率变化的中值估计值$=6.72\times10^{-6}\times PM_{10}$ 的变化

死亡率变化的下限估计值$=4.34\times10^{-6}\times PM_{10}$ 的变化

例如，如果雅加达 PM_{10} 的水平降低了 $10\mu g/m^3$，同时如果有 500 万人口暴露于这一削减，那么，所估计的健康收益为每年减少 335 例早亡。

6.72×10^{-6}(DDR 系数)$\times10$（PM_{10} 的变化）$\times5000000$(人口)$=335$

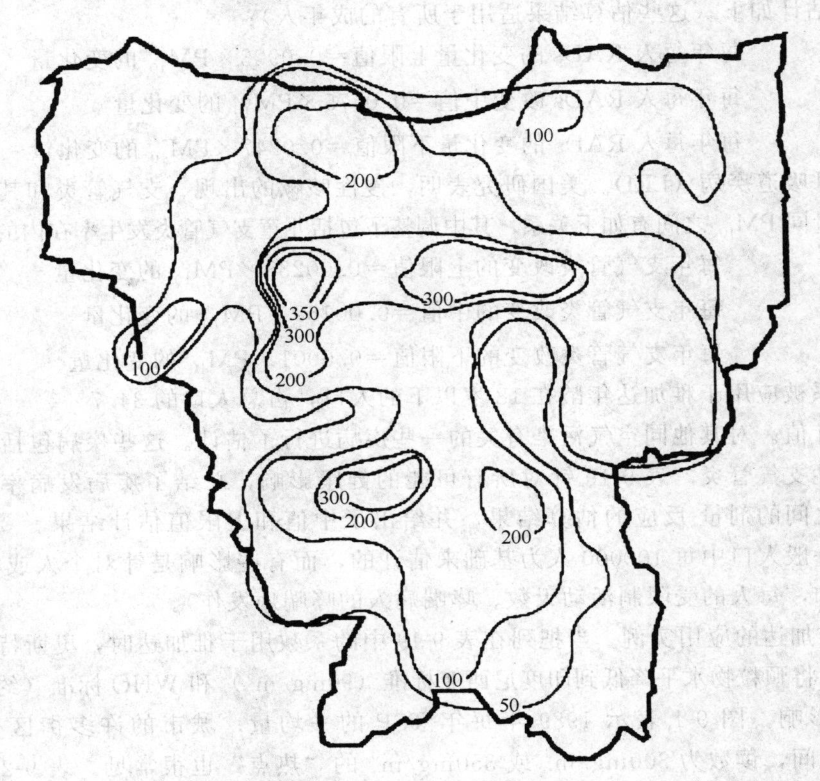

图 9-1 雅加达年平均 TSP 浓度等值线（单位：mg/m^3）

来源：Ostro，1994。

三、发病率

用类似的方法可以估计空气质量的变化对于同空气污染有关的疾病的影响。在每种情况下，剂量-反应关系得到确认并且同一个离散的健康影响联系了起来。

呼吸道疾病就诊（RHA）。基于加拿大和美国的研究，呼吸道疾病就诊数同空气中硫氧化物与 TSP 的水平之间存在着统计上的显著关系。

下列函数所针对的是每 100000 人口。

每 100000 人 RHA 改变的上限值$=1.56\times PM_{10}$ 的变化量

每 100000 人 RHA 改变的中值$=1.20\times PM_{10}$ 的变化量

每 100000 人 RHA 改变下限值$=0.84\times PM_{10}$ 的变化量

急诊（ERV）。将基于美国研究的急诊数同 TSP 暴露之间的关系通过对中间系数加上或减去一个标准差以产生雅加达的估计的上限和下限。

每 100000 人 ERV 改变的上限值 $=34.25\times PM_{10}$ 的变化量

每 100000 人 ERV 改变的中值 $=23.54\times PM_{10}$ 的变化量

每 100000 人 ERV 改变的下限值 $=12.83\times PM_{10}$ 的变化量

受限制活动天数（RADs）。受限制活动天数包括卧床天数、误工天数以及其他因疾病而使正常活动受到限制的天数，即使是不要求医疗看护时也是如此。美国的研究表明，不同粒径的颗粒物同 RADs 之间也有统计上的显著关系。将 PM_{10} 标准化之后，RADs 同 PM_{10} 之间的关系估计如下（这些估算结果适用于所有的成年人）：

每年每人 RADs 的变化量上限值 $=0.0903\times PM_{10}$ 的变化量

每年每人 RADs 改变中值 $=0.0575\times PM_{10}$ 的变化量

每年每人 RADs 的变化量下限值 $=0.0247\times PM_{10}$ 的变化量

儿童下呼吸道疾病（LRI）。美国研究表明，慢性咳嗽的出现、支气管炎和其他呼吸道疾病的年变化量同 PM_{10} 之间有如下关系，其中调整了包括儿童支气管炎发生率在内的一些参数：

每年支气管炎改变的上限值 $=0.00238\times PM_{10}$ 的变化量

每年支气管炎改变的中值 $=0.00169\times PM_{10}$ 的变化量

每年支气管炎改变的下限值 $=0.0001\times PM_{10}$ 的变化量

这一关系被应用于雅加达年龄在 18 岁以下的人口，占总人口的 34.7%。

其他估计值。对其他同空气污染有关的一些疾病进行了估计。这些疾病包括哮喘、呼吸道疾病和慢性支气管炎。表 9-19 针对所有可能的健康影响，总结了疾病发病率同 PM_{10} 水平的变化量之间的剂量-反应的估算结果，并给出了中值和上限值估计结果。要注意的是，一些影响以一般人口中每 100000 人为基础来估计的，而有些影响是针对个人或特定人群来估计的（例如，每人的受限制活动天数、哮喘病人的哮喘病发作）。

该法在雅加达的应用实例。当把列在表 9-19 中的系数用于雅加达时，奥斯特罗（Ostro）能够估算出同将颗粒物水平降低到印度尼西亚标准（$90mg/m^3$）和 WHO 标准（约 $75mg/m^3$）相关的健康影响。图 9-1 表示 1989 年每年 TSP 的平均量；城市的许多街区处在 100～$200mg/m^3$ 之间，读数为 $300mg/m^3$ 或 $350mg/m^3$ 的“热点”也很常见。表 9-20 给出了减少颗粒物到印度尼西亚水平（$90mg/m^3$）的健康收益（满足更为严格的 WHO 标准会产生更大的收益，当然也需要付出更多的费用）。

表 9-19　PM_{10} 改变 $10mg/m^3$ 对发病率的影响

发病率类型	中值估计	高值估计
呼吸道疾病就诊病例数/10 万人	12.0	15.6
急诊病例数/10 万人	235.4	342.5
受限制活动天数/人	0.575	0.903
下呼吸道疾病病例数/(儿童/哮喘病人)	0.0169	0.0238
哮喘发作病例数/哮喘病人①	0.326	2.73
呼吸道疾病症状病例数/人	1.83	2.74
慢性支气管炎病例数/10 万人	61.2	91.8

① 应用于印度尼西亚人口的 8.25% 为假定患哮喘的。高估计值是通过将系数增加一个估计所得的标准偏差而得到的。

获救的生命数量和避免的疾病数量令人印象十分深刻。利用剂量-反应关系的中值估计，奥斯特罗（Ostro）估算出每年雅加达从减少颗粒物以达到印度尼西亚标准中所获得的收益，包括避免 1200 例早亡，减少 2000 例医院就诊，减少 40600 例急诊和减少超过 600 万个受限制活动天数，以及 820 万人口所得到的其他收益。

然而，想要达到印度尼西亚 TSP 标准并不容易，而且需要大量投入。为了估计应当采取哪种投资与管理方法，决策者很可能理想地希望对收益与成本进行比较。收益在很大程度上应归因于所避免的健康成本和减少的早亡。给早亡或死亡危险的微小变化加上一个货币价值是很困难的，而估计疾病成本较容易些。在这种情况下，没有给健康结果加上货币价值。尽管如此，按照表 9-20 所做的按照实物形式给出 TSP 的污染影响，仍是一个促进政府采取行动的有力信息。至少，可以应用成本-收益方法来确认那些每美元的投资能够产生最大健康收益的政府干预手段。

表 9-20 减少雅加达颗粒物水平以达到印度尼西亚环境标准的年健康收益

健康影响	中值估计
早亡人数	1200
医院就诊人数	2000
急诊(ERV)人数	40600
受限制活动天数(RADs)	6330000
下呼吸道疾病(LRI)人数	104000
哮喘发作人数	464000
呼吸道症状人数	31000000
慢性支气管炎人数	9600

四、健康影响的经济价值

在理想的情况下，对健康影响的评估应当包括疾病的成本（如医疗成本、收入损失和转移的费用）以及疾病对人产生的不那么有形的影响（如疼痛、不舒服和非工作活动中受到的限制等）。由支付意愿所评价的健康影响综合了所有的影响，而疾病成本法只包括医疗费与收入损失这些现金支出。

奥斯特罗（Ostro）并没有估算雅加达的死亡率和发病率的经济成本，尽管对于疾病（发病率）而言很容易估算。在美国已经有了相当数量关于疾病健康成本的文献。

对于预防或接受死亡风险中的微小变化的支付意愿（WIP）的估算值是建立在一些经验数据的基础之上的，这些经验数据是在美国和英国根据人们对死亡的风险与某些利益（如收入的增加）之间所做的实际的权衡而得出的。此外，研究者做了一些意愿调查评估研究，研究中的应答者被直接问到他们愿意支付多少钱来减少同工作或交通事故有关的危险。正如第八章所讨论的，对于“生命价值”存在相当大的争议。在美国，一个经常使用的数值是风险减少 0.0001 时为 300 美元。因此，对于很大的人口而言，风险的减少就意味着所避免的每例死亡价值为 300 万美元。

发病率改变的经济成本当然根据具体国家而不同。下面列出了较高成本国家——美国的医疗部门对一些疾病的成本所做的估算（Ostro，1992）。

呼吸道疾病就诊 RHA：平均住院 10.13 天，住院的平均费用 26898 美元，损失的日工资 125 美元，那么，每例 RHA 取值为花费 28164 美元。

急诊 ERV：损失的日工资 125 美元，平均住院 1 天，住院的平均费用 133 美元，那么，每例 ERV 取值为花费 258 美元。

受限制天数 RADs：20%的 RADs 导致损失的工作日，剩余的 80%以平均工资的 1/3 进行估价，损失的日工资 125 美元，那么，每例 RADs 取值为花费 58 美元。

儿童下呼吸道疾病 LRI：疾病发作两周，估价为每天 15 美元，每次生病时每个家长因看护而引起的受限制天数为 2 天，那么，每次生病的总成本取值为 326 美元。

这些成本是针对美国的。为了估计雅加达的疾病健康成本，需要有针对印度尼西亚具体情况所做的估算。这些数值会比美国的成本低，并且可能随着疾病类型而变化，这取决于美国和印度尼西亚的劳动力同资本之间的相对差别。

来源：Ostro Bart. 1992。关于雅加达颗粒物对健康造成影响的经济价值评估：初步研究。

Ostro Bart. 1994. 大气污染物造成健康影响的经济评估：方法论及其在雅加达的应用研究。世界银行政策研究工作论文 1301。

第五节 中国黄土高原水土保持的费用-效益分析

在开发项目所在地区，经常采取水土保持措施来改善农业生产。人们也意识到了为控制水土流失所采取的措施会使黄河下游受益，产生很重要的域外影响。本案例采用几种不同的方法，对于中国在黄土高原控制水土流失减少沉积物所采取的措施对黄河流域下游产生的域外效益，进行了“数量级”的估算（Magrath，1992）。该项目包括在黄河上游采取的一系列措施。

① 建设可以物理性地减少沉积物的设施（如修建闸沟、拦沙坝和放淤坝等）；

② 土地形式的修整（如将陡峭的坡地修建成梯田等）；

③ 土地利用的调整（如通过植树种草改善土地利用性能等）。

黄河每年向下游输送的沉积物平均为 16 亿吨。大约 11 亿吨流入黄海的渤海湾（需要 200 亿～240 亿立方米的水来冲刷）；约有 3 亿～4 亿吨沉积物沉积在黄河下游，同时大约 1 亿～2 亿吨沉积物沉积在该地区的灌溉系统，见图 9-2。

一、沉积物对下游的影响

沉积物在黄河下游的沉淀会产生 3 种类型的相关影响，即洪水、对灌溉系统的损害和稀缺水资源的利用效率低。大量的沉积物每年抬高河床约 8～10cm，减少了河道容量，增加了洪灾的危险。为了应对这种危险，千百年来人们修建了巨大的河堤以容纳河水。这样做的净影响就是黄河的很大一部分河段“悬挂”在周围平原的上面。目前，黄河比周围平原平均高 3～5m。如果堤岸决口，将给人民的生命和财产造成重大损失。由于沉积物不断增加，堤岸就得定期地不断加高，以防止决口。自 20 世纪 50 年代以来，堤岸加高工程已经进行了 3 次（预计下一次加高堤岸的费用为 40 亿元人民币）。

平均每年约有 1.5 亿吨的沉积物沉积在灌溉系统内。其中，大约 6700 万吨通过清淤或其他方法去除。

同用水冲刷沉积物的价值相比，供水的机会成本更高。因此，减少黄河沉积物产生的另一项效益就是增加了可以利用的水资源量。

二、项目对下游产生的经济效益

对项目的经济效益的分析，除了考虑因土地改善和农业产量的增加等对上游产生的经济效益外，还分析了对下游产生的每一种影响，并估算了因沉积物减少而对下游产生的潜在经济效益。这些效益通过所避免的洪水和其他灾害（包括将水从冲刷沉积物中解放出来用于其他用途）而得到了正确的衡量。但是，由于避免洪水灾害所带来的效益较难计算（河堤溃决将产生极大的灾难），那么，如果认为增高河堤的预防性支出在经济上是合算的，就可以认为避免洪灾产生的效益至少等于所避免的这些费用。项目的总效益可以认为是所避免的所有费用——增高堤坝的预防性费用、灌溉系统清淤的恢复成本以及目前用来冲刷沉积物的水资源的机会成本等。

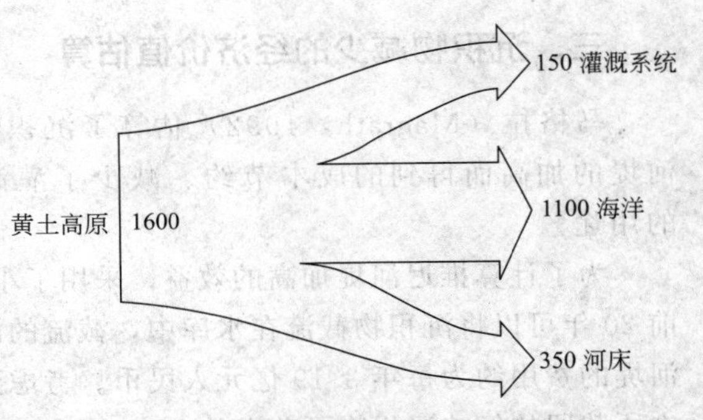

图 9-2　黄土高原的水土流失对黄河下游产生的影响（10^6 t/a）

这 3 种效益是采用 3 种独立的评估方法来估算的——预防费用法、减缓费用法和机会成本法。

该项目的评价时间段为 30 年。据计算，因该项目的实施，每年可以减少沉积物 4100 万吨，这样，整个项目周期内可以减少沉积物 12 亿吨。这代表了每年减少黄河沉积物负荷的约 2.6%。该项目中采取的各种处理措施引起的沉积物的累积减少量与年度减少量列于表 9-21 中。为了计算这些数据，应该在项目预评估中从每公顷土地中沉积物的产生量开始计算，然后，再根据所采取的每种主要的沉积物减少指数对这些数值加以调整。比如，该项目中的耕种保护措施预计可以使该区域中的 3 个省的每公顷土地减少沉积物的产生量达 60%。而这些系数在每项处理措施中都不同，在省与省之间也各不相同。表 9-22 列出了本研究中采用的数据（理论上，这些造成土地形式或者种植模式变化的干预措施能够不确定地产生效益。然而，实际的构筑物如拦沙坝在它们被沉积物填满之前总有一定的有效年限。不同的实际构筑物的有效年限也得到了计算，但在这里没有给出这些信息）。

表 9-21　各省采取措施后累积获得的沉积物减少的效益　单位：10^6 t

措施	陕西	山西	内蒙古	甘肃	合计
结构调整	40	11	24	20	95
修筑梯田	71	48	3	57	179
植树造林	129	131	116	154	530
恢复草地	167	18	130	45	360
其他	25	23	7	13	68
总计	432	231	280	290	1232

表 9-22　沉积物产生量减少的百分比

处理措施/土地利用	陕西	山西	内蒙古	甘肃①
土地保护	60%	60%	60%	5%～15%
灌溉	5%	40%	40%	17%～57%
梯田	20%	66%	80%	20%～60%
森林	40%	75%	70%	2%～13%
草地	50%	80%	50%	1%
果园	20%	75%	20%	

① 范围以土地使用类型为基础（如平原、丘陵、河谷、垅、平地）。

三、沉积物减少的经济价值估算

马格拉（Magrath，1992）估算了沉积物减少在黄河下游产生的3种效益，因推迟河堤的加高而得到的成本节约、减少了灌溉系统的清淤费用和节省了冲刷水可用于别的用途。

为了计算推迟河堤加高的效益，采用了小浪底大坝的有关信息。小浪底大坝在它运行的前20年可以将沉积物截流在水库中，截流的沉积物总量达到75.5亿吨，由此可节省的加高河堤的费用约为每年3.19亿元人民币。考虑到时间因素加以调整后，这意味着每年为水库中所截留的每吨沉积物可节省约0.77元人民币。但是，从图9-2中可以看出，每年在16亿吨沉积物中，只有3.5亿吨真正沉积在河道中，因此节省的0.77元人民币应该用350/1600，即22%的系数进行调整，才能代表因黄土高原所截留的每吨沉积物而推迟了加高河堤所得的效益，即节省0.17元/t。

对因沉积物减少而使灌溉系统维护费用降低所产生的效益也做了估算。在20世纪80年代后期，每年为去除3000万吨沉积物大约需要花费1亿元人民币，约等于3.33元/t。与以上分析相同，因为来自黄土高原的沉积物只有10%会真正沉积在下游灌溉系统中（总量为16亿吨中的1.5亿吨），而且只有1/5被去除，所以，这个值就减少到了0.07元/t。

最后一项效益是现在因为不需要冲刷沉积物因而可用于其他用途的额外水资源。对于因河流中沉积物的减少而解放出来的这部分水量，对其价值的评估结果相差甚远。根据不需要冲刷沉积物而节省下来的水的机会成本计算，对上述价值的估算结果从0～14.5元/t不等。这些数值的变化同所节省的水的时间跨度和这些水能否转变成农业用水或工业用水密切相关。

如果只考虑建筑河堤节省的费用（0.17元）和维护灌溉系统节省的费用（0.07元）等下游的效益，那么因沉积物减少而产生的效益为0.24元/t。如果再加上节省的水资源的机会成本，总的效益最高将达到14.74元/t。表9-23列出了这些计算结果。

表9-23 每减少一吨沉积物产生的效益

效益	元/t
推迟加高河堤	0.17
灌溉系统沉积物减少	0.07
节省水的机会成本	0.0～14.5
总计	0.24～14.74

鉴于沉积物减少产生的效益变化范围较大，这里选择1元/t为基准。在整个项目周期内，因沉积物减少而产生的效益的现值为9590万元，其中21%来自结构调整，37%来自植树造林，剩余部分来自于其他农业措施，如立体农业、改善草原和耕作保护。

虽然这些数据比较大，但是，它们对项目的内部收益率（IRR）只有一个边际效应，将内部收益率从19%提高到22%。下游得到的域外效益对评判整个项目并不是必需的。然而，这些信息可以帮助确定上游和下游各省应该为该项目所分担的成本以及中央政府应该在总项目费用支出中所占的份额。

来源：Magrath W B，1992. Loess Plateau Soil Conservation Project，Sediment Reduction Benefit analysis. Manuscript，Agriculture and Natural Resources Depalment. Washington，D. C.：The World Bank.

第六节 马达加斯加国家公园的费用-效益分析

在这个案例研究中，应用机会成本法、意愿调查评估法和旅行成本法来估算在马达加斯加建立一个国家公园的一些效益与成本。这是第一次应用意愿调查法来衡量一个公园对当地村民的经济影响。这项研究中的另一大特点是，在对每一种效益或成本进行估算时，都使用了两种以上的不同评价技术，并对估算结果进行了比较。研究资料是从克雷默、穆纳辛格、沙玛等（1993，1994）和克雷默的著作中得到的。

马达加斯加的显著地方特色使得它成为世界上生态最为丰富的国家之一。它还是全球经济最贫困的国家之一，人均年收入仅为 190 美元。这些因素合起来对马达加斯加的生物多样性造成了极大的压力，但也使得马达加斯加成为世界上保护生物多样性投资的首选目标之一。目前，政府保护生物多样性的行动之一就是建立一个公园和保护区体系，其中之一就是该研究的主题——曼塔地亚（ Mantadia）国家公园。

该研究同时估算了建立公园对临近乡村的成本和外国旅游者将这一公园作为一个国际性旅游胜地而带来的收益。究竟是否保护这一公园，这些估算结果对于科学的决策是十分有用的，他们估算了旅游者享受到的消费者剩余的大小，评价了当地村民为了放弃使用这一公园而需要的补偿。

一、当地居民成本调查

建立这个公园将给当地村民带来一项经济成本，因为他们再也无法使用这一公园和其中包含的各种资源。传统上，村民们依靠公园内和公园周围的森林来获得林产品和流动种植水稻所需要的土地。通常收获的林产品包括薪柴、鱼类和其他动物、草类和药品。村民们进行的传统形式的流动耕作也是公园内森林砍伐的首要原因。如果公园得以建立，那么，村民们将失去在公园土地上收获或生长的这些产品。在这项研究中，同时利用机会成本法和意愿评估调查法对村民们所承受的成本进行了估算。

研究中对公园周围 17 个村庄的 351 个家庭进行了调查，以此来计算了同传统的活动相关的机会成本。该调查中包含了同社会经济变量、土地利用、经济活动中的时间分配以及家庭生产等有关的问题。林产品的价格数据和用于收集林产品的时间数据来自商店的业主、家庭与乡村领导人以及出版的报告。这一信息被用于估算村民所收集的林产品的总价值，见表 9-24。然后，将这些估算结果同公园内土地利用与资源开发的信息结合起来，从而可以确定家庭总收入中来自森林的部分所占的份额，这部分收入是每年有可能会失去的。这样一来，估计建立曼塔地亚国家公园给村民带来损失的平均值为每户每年 91 美元。乡村调查中还含有或有价值评估问题。这些问题用补偿的方式来表述，有了上述补偿，村民们将会感到建立公园后他们的福利同继续使用公园中的森林是相同的。用来表达接受补偿意愿的是大米农产品，因为大米是这一地区的主要粮食，而且村民们熟知大米的交易。意愿评估调查的结果表明，为了使人们放弃使用公园，需要相当于 108 美元的大米作为补偿。

表 9-24 村民所采集的林产品的价值

林产品	观察次数	每年所有村子的总值/美元	每户的年平均值/美元
大米	351	44928	128.0
薪柴	316	13289	42.0
螯虾	19	220	11.6
螃蟹	110	402	3.7
稻田猬	21	125	6.0
青蛙	11	71	6.5

来源：Kramer 等，1994。

二、国际旅行者的利益估算

研究的第二部分集中在建立公园所带来的利益方面。这里利用旅行成本法和意愿调查法来估算国际自然旅游的经济价值。为了估算国际旅行者的需求，需要对传统旅行成本模型重新做出表述，因为到马达加斯加这样的国家来参观的旅行者要参加各种各样的活动。参观提议中的公园只是旅行者所参加的一系列活动中的一项。

以这个模型为基础准备了调查问卷并分发给了来到佩里耐特（Perinet）小型森林保护区的旅游者，该保护区毗邻提议中的曼塔地亚国家公园。表 9-25 列举了从国际旅行者样本对调查问卷的回答中得到的一些统计摘要。旅行者总体上都比较富裕且受过良好的教育，他们的年收入为 59156 美元，受过 15 年的教育，在马达加斯加停留 27 天。然而，政治上的不安定缩短了 94 次会谈的调查进程。因此，需要通过其他数据补充，这些数据来自美国和欧洲专门进行自然旅游的旅行组织者。研究人员利用从这两次调查中获得的数据，进行了应用旅行成本法一项计量经济学分析。然后，利用该模型来预测该项目对旅游者的利益，其中假设曼塔地亚国家公园将使当地的导游、教育性资料和帮助理解马达加斯加自然区域的质量提高 10%。旅行成本法的结果是每位旅行者在每次旅行中的支付意愿平均增加了 24 美元。如果保守地假设每年将有 3900 位旅行者参观这一新公园（与目前游览佩里耐特保护区的人数相同），那么，这就相当于对外国旅行者的“利益”为每年 93600 美元。

表 9-25 国际旅行者的统计摘要

变量	观察次数	范围	平均值
年收入	71	3040～296400 美元	59156 美元
教育	86	10～18 年	15 年
年龄	87	16～71 岁	38.5 岁
在马达加斯加停留的时间	83	3～100 天	26.6 天
在佩里耐特停留的时间	80	1～8 天	2 天
到马达加斯加旅行的总成本	78	355～6363 美元	2874 美元

来源：Kramer 等，1993。

研究人员还利用意愿调查法直接估算了公园对国外旅行者的价值。他们向来到佩里耐特森林公园的旅行者提供了有关新公园的信息，并利用一种离散选择的格式来询问，如果他们能在新公园中看到两倍多的狐猴，或者只能看到与目前旅行中同样多的狐猴，那么，为了到马达加斯加参观这一新的国家公园，他们的支付意愿将增加多少。因为预计这些旅行者中的大多数只会到马达加斯加旅行一次，所以他们的回答代表了为保护这一公园而一次性付清的款项。平均的支付意愿为每年 253500 美元。

三、结果比较

对乡村居民一方而言，依据两种完全不同的方法——机会成本法和意愿调查法对福利进行了估算，其结果非常接近（分别为每户每年 91 美元和 108 美元）。根据对这一地区居民收入的估计值，这一数额大约相当于当前家庭收入的 35%，对于贫困的家庭而言这个数目非常大。

对于国际旅行者的收益而言，旅行成本法和意愿调查法得到的结果差距相对较大（分别为每次旅行 24 美元和 65 美元）。意愿调查法的估算结果中包含了一些非使用价值，因此它的结果可能会更高一些，而旅行成本法的估算结果中只包含了直接使用价值。正如从表 9-25 中可以看到的，这些估算结果相对于旅行者平均年收入而言，所占的比例实际上很小。

表 9-26 曼塔地亚国家公园的经济分析的总结

对建立国家公园所造成的当地村民的福利损失的估算		
使用的方法	每户的年平均值/美元	总现值①/美元
机会成本法	91	566070
意愿调查法	108	673078
对建立国家公园为外国游客所带来的福利收益的估算		
使用的方法	每次旅行的年平均值/美元	总现值①/美元
旅行成本法	24	796870
意愿调查法	65	2160000

① 以 10%的贴现率计算 20 年的总值。

来源：Kramer，1993；Kramer 等，1993。

表 9-26 对有关曼塔地亚国家公园的经济分析做出了总结，提供了对邻近村民的机会成本和国际旅行者所享受到的消费者剩余。分析表明，为了放弃使用这一公园，村民们需要大约 50 万～70 万美元的补偿，而国际旅行者愿意为了参观这一公园而额外支付 80 万～216 万美元。这一公园的建立将有可能产生很大的收益，包括旅游业为当地带来的收入、生物多样性的保护、水域的保护和对气候的调节。在国际旅行者方面存在大量的消费者剩余，这一点可以有助于为当地的村民建立起一种补偿机制，因为村民将失去其部分的经济基础。进行补偿的具体形式为直接补偿、创造其他的生产收入的机会、其他方法等，这些方法尚有待决定。然而，很清楚的是曼塔地亚国家公园的建立将会给邻近的村民带来一定的成本，但是，公园也会创造利益，可以用于弥补那些成本。

资料来源：

Kramer R A. 1993。马达加斯加的热带森林保护. 为东北大学发展联盟准备的论文，威廉学院。

Kramer R A，Munasinghe M，Sharma N，Mercer E 和 Shyamsundar P，对马达加斯加生物物理资源的经济评估，见于 Munasinghe M 的《环境经济学与可持续发展》，世界银行环境论文第 3 号。华盛顿特区：世界银行，1993 年。

Kramer R A，Sharma N 和 Munasinghe M. 保护热带雨林中的成本和补偿问题：马达加斯加的案例研究. 环境工作论文第 62 号，华盛顿特区：世界银行，1994 年 1 月。

第七节　博奈尔海洋公园的经济分析与生态分析

这项案例研究是有关加勒比海博奈尔海洋公园（Bonaire Marine Park，BMP）的，是一份生态与环境的综合分析。海洋资源可持续管理的核心是对经济功能和生态功能的和谐利用，而并不是在严格保护或任意开发这样的极端之间做出抉择，这一点目前已经越来越清楚了。该研究中估算了同潜水旅游相关的收益与成本以及对保护公园的支付意愿。BMP 研究明确地考虑了生态利益的生产同经济利益的生产之间的关系，确认了对不断增长的利用的限制（详见 Scura 和 van't Hof，1993；Dixon，Scura 和 van't Hof，1993，1994）。

一、博奈尔的自然和社会经济背景

博奈尔是一个新月形的岛屿，面积为 228km^2，位于加勒比海，距离委内瑞拉海岸以北约 100km 处。1990 年，估计博奈尔的居民人数为 10800。环绕着博奈尔的加勒比海海水从海岸到距海岸 60m 处作为博奈尔海洋公园（BMP）得到了官方的保护。

博奈尔的经济极为单一，其经济支柱是旅游业，特别是同水肺式潜水（SCUBA diving）相关的旅游。1991 年，几乎有 17000 名水肺式潜水旅游者访问了博奈尔。辅助性的活动包括旅店、一定数量的餐厅和商店以及少量的娱乐场与夜总会、地面旅游经营者、租车代理处和交通服务部门。根据旅游统计数字，到博奈尔进行潜水旅游的年增长率约为每年 9%～10%。

BMP 是于 20 世纪 80 年代早期利用荷兰政府和其他资源的资助建立起来的。在 1981 年，由于没有引进旅游者费用系统，从而给公园造成了严重的资金困难。最后，没有职员、没有资金，该公园成了一个“纸上的公园”——建立在纸上的而没有任何实际意义的管理部门。然而，在 20 世纪 90 年代初期，在对 BMP 正规管理的缺乏、潜水活动的增长以及沿海开发的总体后果进行了认真考虑之后，博奈尔岛政府委托对有关情况进行了评价，得到了如下的主要建议。

① 引进一个旅游者收费系统；

② 引进一个经营水上体育活动的许可证系统；

③ 为 BMP 建立一种新的制度结构，其中包括来自旅游业的代表。

公园重新得到建立，通过引入许可费制度，每位潜水员每年 10 美元，从而可以创收以支付有关支出。在 1992 年，该项费用（称为“门票”）筹资超过 17 万美元，足够覆盖工资、运行成本和设施折旧。公园还从出售纪念品和书本以及从捐助中获得了收入。

研究中估计了旅游对 BMP 的影响以及旅游业对博奈尔经济的重要性。虽然不可能从本质上对生物多样性做出评价，但是，可以把生物多样性和清洁的海水都作为潜水旅游的一个直接的和一个派生的需求，还可以利用同这种需求相关的信息来考察对这些生态服务的支付意愿。

二、BMP 的生态利益和成本

为了对 BMP 在对海洋生态系统提供保护上所取得的成功做出评价，冯霍夫（van't Hof）对 79 个水肺式潜水员开展了一项旅游者调查，以便了解他们对目前该公园条件的感受，以及相对于其他加勒比海地区和 BMP 过去的条件而言，他们对某些参数的评价。这些问题有助于从一个潜水员的角度来评价博奈尔海洋公园的环境承载力。第二，通过一组照片对珊瑚和物种多样性进行了分析。

接受采访的大多数潜水员认为，珊瑚礁目前的状况不错。他们认为，同他们游览过的其他地方相比，除了小开曼岛（Little Cayman）与开曼布拉克岛（Cayman Brac）以外，博奈尔的珊瑚礁的总体条件更好或者相同。照片分析的结果表明，潜水员使用次数的增长对珊瑚礁有不利影响。对不同时期和不同地点的珊瑚进行对比，其结果表明，在潜水最多的区域，珊瑚的范围已经显著地缩小了。同控制点相比，潜水最多的场所中物种的多样性指数更高，这一点印证了中等干扰原则，即当存在中等程度的自然压力或外界干扰时，物种多样性将会维持在较高水平，因为生态"小生境"处于开放状态以待新的物种来补充。然而，随着压力的增加，物种多样性将下降。在BMP中，最高的物种多样性出现在中等程度的波浪区。

也许最难以回答的问题是："就潜水员引起的危害而言，什么是可以接受的，什么是不能接受的?"根据对潜水员的采访以及从照片分析中得到的有关珊瑚和物种多样性的数据，似乎对某些场所的访问已经超过了该区域的承载力。

二次成像分析的结果表明，可能存在着游览的某种临界水平，超过这一水平就会产生显著的影响。图9-3对这种关系进行了描述，其中表面极限压力水平界于每年每个场所4000～6000次潜水之间（平均每个来访的潜水员在他或她停留在博奈尔的期间将潜水10～11次）。根据可以利用的潜水场所的数量，有可能估算出一个保守的"年承载力"为每年19万～20万人次潜水。在1992年，潜水量已经达到了18万次，因此，此后几年内就会达到这一水平。如果超过了这一容量，预计珊瑚的生物多样性将会迅速损失。

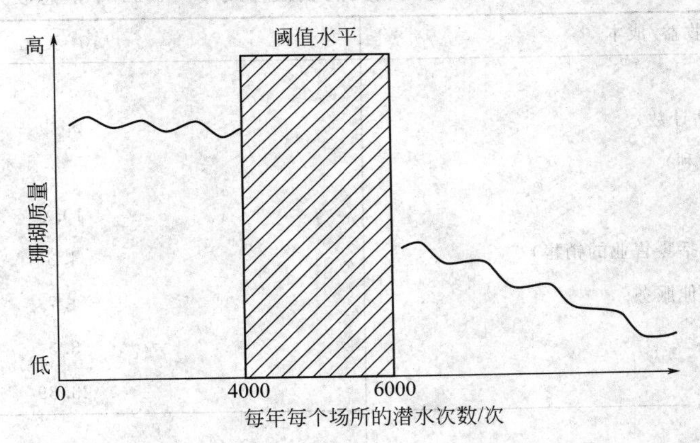

图9-3　潜水强度和极限压力水平

来源：Dixon，Scura和van't Hof，1993。

三、与BMP有关的经济利益与成本的量化

在斯库拉（Scura）和冯霍夫的研究中（1993），有一条重要的假设，即博奈尔之所以吸引游客是因为其独特的资源得到了保护。在这样得到保护的状态下，一个主要由私人经营的部门成功地将博奈尔作为一个旅游胜地来加以经营。然而，如果海洋生态系统的保护不再持续下去，博奈尔将失去其大部分吸引力，而目前私人和公共部门所得到一些相关收入也将失去。

由于资料限制，无法使用旅行费用法或者基于调查的意愿调查法对公园的使用者进行研

究，因此不能对BMP的真实“经济”收益做出估算。也很难估算从保护海洋生态系统中得到的其他经济利益，包括自然生态系统的服务和生物多样性的利益。因此，在这项分析中，斯库拉的注意力集中在博奈尔因拥有世界级的潜水业而产生的总财政收入。因为在这一岛屿上没有其他吸引游人的地方，保护水平的下降与海洋资源的退化将同时导致生态利益和经济利益的损失。珊瑚质量和水质的任何损失以及鱼群的减少将导致潜水员的需求转向在这一市场上竞争的其他岛屿。这一市场的损失将很难由其他的旅游者来替代。

为了对此做出分析，斯库拉考察了同博奈尔的潜水旅游业相关的收益与成本。财务分析中包括的主要收益类型为私营部门的总收入和BMP的使用者收费。公园中海水的主要用途为：

① 以潜水为基础的旅游业；

② 小型和娱乐型渔业；

③ 快艇和其他水上运动项目；

④ 海上航行旅游；

⑤ 海洋运输。

陆地上对潜水旅游起辅助性作用的活动包括旅店、餐厅、纪念品出售以及租车。表9-27中列举了同潜水旅游和BMP相关的主要收入和成本，包括潜水员费用。在1992年，潜水员费用（“门票”）和其他使用者费用（从BMP的使用中所得直接收入的一个来源）总计为19万美元。同其他与公园相关的总收入相比，这一数额非常小。

表9-27 同博奈尔海洋公园相关的收益与成本（1991年汇总表）

收益/成本	10^6 美元
直接收益	
潜水员收费(1992年估计数)	0.19
间接(私人部门)收益(毛利)	
旅馆(住宿/餐饮)	10.4
同潜水相关的业务(包括零售业的销售)	4.8
饭店、纪念品、租车、其他服务	4.7
当地空运	3.3
小计	23.39
成本	
保护的成本	
直接成本——建立、最初的运行、恢复	0.52
每年的循环成本	0.15
间接成本	?
机会成本	?

来源：Dixon，Scura与van't Hof，1993。

1991年，估计同潜水有关的旅游所产生的总收入为2339万美元。收入数据是通过对旅馆和潜水经营者的采访获取的。在产生的总收入中，1040万美元归于旅店（包括旅店餐厅的销售），480万美元归于潜水经营（包括潜水商店的零售业），对于其他非旅店餐厅、纪念品和租车等支出的收入估计为470万美元，而潜水旅游者的空中交通给当地航空公司带来的收入为 330 万美元。

就业不应该被严格地当作是一种收益。从经济学的意义上来说，就业是产生总收入的一项成本。虽然如此，但是，就业——特别是当地居民的就业——可能是 BMP 的活动中对当地经济中最持久的“利益”，特别是由于其他的就业机会很少。据估计，在与 BMP 相关的活动中，产生的就业机会为 755 个当地工人和最多 238 个外国工人。

公园娱乐的收益对岛政府的税收收入做出了贡献，还提供了就业。博奈尔岛政府征收了几项直接税和间接税。据估计，1991 年来自间接税（例如收入税、土地税和商业收益税）的政府总收入约为 840 万美元。就算这项收入中应归因于潜水旅游的部分可以很容易地计算出来，这些收入所代表的也是一种转移支付而不是通过使用公园而产生的额外收益。岛政府直接对旅游者征收的税金包括旅馆房间税、娱乐场所税和出发税（departure tax）。房间税按照每晚每间 2.25 美元计算，娱乐税和出发税分别按每位旅游者 1.12 美元和 9.83 美元计算。1991 年，通过上述对来访的潜水员直接征收的税金，所产生的政府总收入估计为 34 万美元。从这些税收中得到的收入可以被看作岛政府通过 BMP 的使用而产生的额外收入。

1. 将经济收益留在博奈尔

然而，也存在一些因素，它们综合起来限制了留在地方经济中的收入量。首先，旅游部门的销售主要是通常所说的凭证式销售，而这种一揽子销售并不在海边进行。旅游者为这一揽子销售向美国或者欧洲的旅行社付账，其中包括博奈尔所要提供的商品和服务，相应地他们得到一份凭证，可以在到达博奈尔后提交旅店和潜水经营代理商。其结果是，在潜水旅游所产生的总收入中，只有很少一部分能够有效地留在博奈尔。然而，在衡量 BMP 对博奈尔的真正经济价值时，这种剩余是更好的一种手段。

2. 保护的成本

建立和保护 BMP 的成本包括直接成本、间接成本和机会成本。根据 BMP 管理部门提供的数据，同 BMP 的建立、后续的重建和初期运行相关的直接成本估计为约 51.8 万美元，每年的重建成本大约为 15 万美元（在 BMP 建立的第一年，即 1992 年，10 美元的使用者费用产生了 17 万美元的收入，足以覆盖运行费用和不可预见支出）。一个公园或保护区的机会成本是指由于这一公园的建立与运行所损失的收益。这些成本包括由于不能利用保护区中的资源而放弃的产出值，或者是放弃将这一场所转化为其他用途的价值。因为 BMP 是作为一片多用途区域来管理的，其中很少有严格禁止的用途，因此机会成本很小。

3. 对 BMP 的支付意愿

围绕一项使用者费用制度的建立，存在很多争议。因此，在 1991 年末进行了一项或有价值评估调查，目的是了解、推断参观者对于为 BMP 而支付费用的一般感受和意愿。占压倒多数的 92%的人认为使用者费用系统是合理的，而且愿意支付所提议的每年每人 10 美元的费率。

在接受调查的人当中，大约有 80%表示愿意支付至少每年每人 20 美元，48%表示愿意支付至少每年每人 30 美元，而 16%表示愿意支付至少每年每人 50 美元，支付意愿的平均值为 27.40 美元（除去 8%根本不愿意付费的人）。除非某个人能够完美地制订区别价格，向每一个来访的潜水员收取其使用公园的全部支付意愿，这样才能取得上述的平均值。当然，没有人能够做到这一点，因此可以设置一个进入许可费，从而可以获得该支付意愿中的一部分。

显然，平均支付意愿超过了1992年制定的10美元，这一费率较为温和（虽然随着需求曲线的上移，这一数额减少了一些使用）。众所周知，人们愿意为某一物品或服务所支付的价值同他们实际上需要支付的价值之间的差距称为消费者剩余（consumer's surplus，CS）。这一价值无法在市场交易中观察到，在BMP的案例中，也没有被潜水经营者或者旅店所抓住。然而，它确实是一项重要的经济价值，因为它代表着潜水体验的价值中超过市场价格（包括交通和地面成本）的那一部分。在目前的潜水旅游比率下（1992年估计为18700人次），门票费用和估计的消费者剩余合计每年51.2万美元，其中32.5万美元为消费者剩余。图9-4描述了从支付意愿调查中获得的这一信息，并表明了剩余的CS部分。

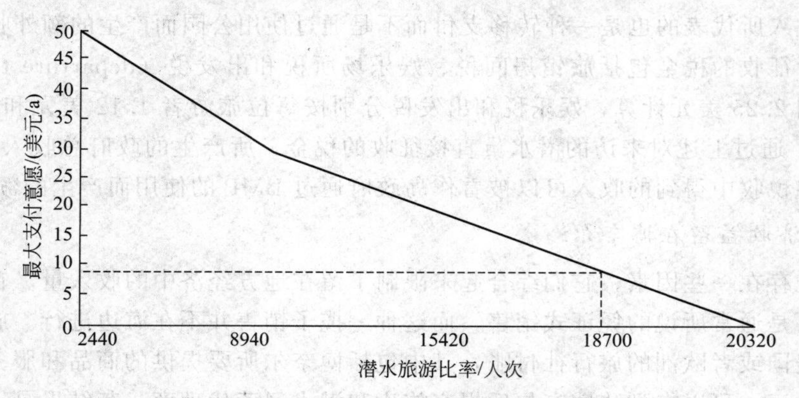

图9-4 博奈尔海洋公园管理的支付意愿

来源：Dixon，Scura和van't Hof，1994。

四、结论

在对海洋生态系统开展的生态研究中，在潜水船停泊处发现了可测量的退化。数据表明，可能存在某个潜水利用的临界值，即每个场所每年4500人次潜水，超过这一限度后珊瑚的退化就会变得很明显［在这个案例中，将有关实际潜水利用的信息同观察到的退化（一个自然指标）进行了对比，从而得到了极限压力水平的估算结果］。

经济分析描述了博奈尔对潜水旅游的依赖性。该岛面积小、资源也不丰富、气候干燥、相对比较偏远，这些因素结合起来限制了其他经济发展形式的潜力。潜水相关收入的增长（例如，吸引更多的潜水员来旅游）和增加留在博奈尔的潜水相关收入都有一定的限度，后者需要改变旅游业开发的类型与方式。

潜水旅游（及其相关经济收益）的持续扩张能同生态系统的保护相容吗？博奈尔的数据指出，潜水旅游的增加可能会迅速地接近一个点，此后，进一步的增长将导致海洋环境出现可测量的退化。然而，自然压力的限制是有可能改变的。图9-5是将纵轴上海洋生态系统的一个表面压力极限同横轴上的潜水使用强度关联了起来。水平A代表了可以观察到珊瑚退化的压力水平（无论是来自潜水员的或者岸上的活动）。在这个水平之下就没有影响，或者影响最小。在这个水平之上，会出现珊瑚的损失、物种多样性的减少、能见度降低和其他影响。

有可能通过改善管理而将表面压力极限提高到水平B，上述改善包括轮换潜水场所、将潜水员分隔开、控制水下摄影（例如，禁止使用三脚架、推广更好的浮力控制设施）、控制

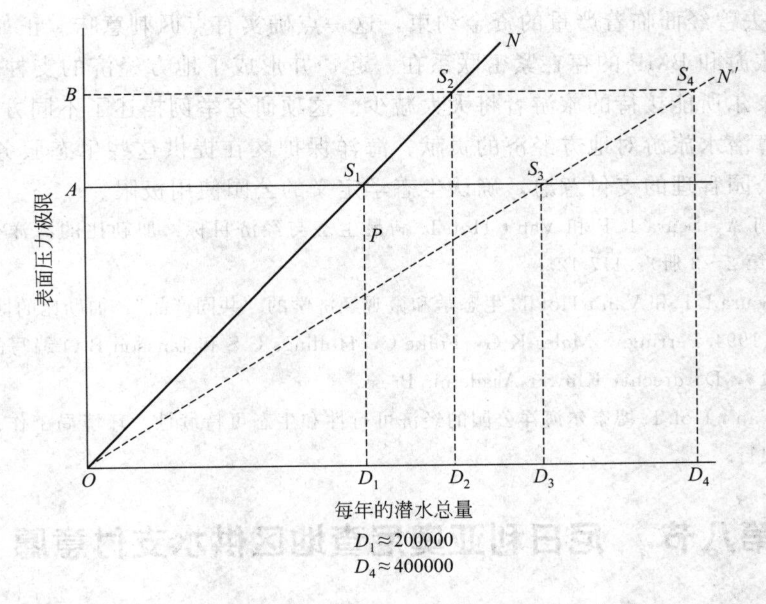

图 9-5　公园管理、潜水员教育和表面压力极限

来源：Dixon，Scura 和 van't Hof，1994。

陆源污染以及对公园使用者进行监测与管理等（这些管理措施并不能提高海洋生态系统对压力的忍耐力，但是它们有助于减少每次潜水的压力负荷，并将这种负荷更均衡地分布到生态系统中去，这些手段既需要资金，也需要法律依据）。

纵轴代表的是对珊瑚产生压力的最重要的直接决定因素——潜水员的活动。ON 线代表了潜水员利用公园所造成的影响，以每年单瓶潜水的数量来计算。在点 S_1，潜水员所造成的生态系统退化将开始被观察到。如果公园的管理得到改善，这一"压力点"将会转移到点 S_2。然而，并非所有的潜水员都是等同的，每次潜水的压力水平也会因潜水员的技巧而不同。一般而言，一个有经验的潜水员有着更好的浮力控制和"珊瑚礼仪"，因而，对珊瑚生态系统所造成的压力也比初学者要小。所以，通过减少每次潜水的压力，并相应增加公园水体的许可使用容量，潜水员培训可以将 ON 线转移到 ON' 线，并使经济利益增长。

这两个因素——改善的公园管理和潜水员培训——的结果是增加任何给定场所以及公园总体上的有效承载力。潜水员培训的改善可以将承载力改变成点 S_3，而公园管理和潜水员培训的改善可以将承载力改变成点 S_4。由于潜水员越多收入就越多，因此，潜水量从 D_1 增加到 D_4 将意味着博奈尔的经济可以从这些管理措施中获得潜在的收益。以研究结果为基础，如果潜水量（和潜水员）翻番，那么相应增长的收入意味着博奈尔每年的收入将增长 2000 万美元甚至更多。

目前，博奈尔海洋公园每年有约 20 万人次潜水，公园已经接待了许多有经验的潜水员，他们有着良好的"珊瑚礼仪"，所以，实际上潜水员的影响已经降低到 ON 和 ON' 之间的一条线上。BMP 管理机构和潜水经营人员对公园的管理也都帮助提高了有效危害极限水平，只有少量的局部珊瑚退化。目前的情况可以用点 P 来代表。虽然如此，博奈尔正在接近两种用途——保护和潜水旅游，依然相容的极限。有可能将目前所估算的每年 20 万人次潜水量提高到每年 30 万～40 万人次，甚至更多。这一情况能否成为现实将直接依赖于改善的管理和改善的潜水员培训。

BMP在过去曾经面临着严重的资金约束，这一点确实有点讽刺意味。正如BMP研究所表明的，潜水旅游和BMP的存在紧密联系在一起，并形成了地方经济的支柱——没有世界级的潜水，博奈尔所能接待的旅游者将大大减少。这项研究举例描述了不同方法在以下各方面的应用，估算潜水旅游对地方经济的贡献，海洋保护区在提供这些生态服务方面的作用，潜水员对改善公园管理的支付意愿，确认生态学定义的公园使用极限。

来源：Dixon J A，Scura L F 和 Van't Hof T. 满足生态与经济目标：加勒比的海洋公园. AMVIO，1993 第XXⅡ卷（第2～3册）：117-125.

Dixon J A，Scura L F 和 Van't Hof T. 生态学和微观经济学的“共同产品”：加勒比的博奈尔海洋公园. 收录于C，1993，1994. Perrings，Maler K G，Folke C，Hollings C S 和 Jansson B O 编写的《生物多样性保护：问题与政策》，Dordrecht：Kluwer Academic Press.

Scura L F，Van't Hof T. 博奈尔海洋公园的经济可行性和生态可持续性. 环境局工作论文，1993. 华盛顿特区：世界银行.

第八节　尼日利亚奥尼查地区供水支付意愿

这是一个关于尼日利亚奥尼查地区水的销售和对于水的支付意愿（WTP）的案例研究（Whittington，Lauria and Mu；1991）。研究描述了用两种方法来估算对家庭供水的支付意愿。购买水的有关信息被用来定义私人分配系统并显示了对饮用水的需求情况。此外，意愿调查法以一种相对简单和快捷的方式被用来估计家庭用水的需求行为。用这两种调查方法收集的数据可以为供水公用事业的管理者提供同政策相关的信息，并且，可以帮助当地水管理机构制定更有效的收费决策。

奥尼查是一个发展较快的城市，约有100000户家庭，位于尼日利亚南部地区，它是一个重要的商业城镇，不少人从事贸易活动，家庭年平均收入约为7000尼元，约合163美元（1987年8月，1美元=4.3尼元），家庭平均规模为6～7人。奥尼查人口的（1/3）～（1/2）居住在贫民区中，没有自来水或室内卫生设施。在进行该项研究时，只有约8000户家庭实现了同公共给水系统的连接。在奥尼查，管道供水是一项公共服务，由地方水管理当局承担有关费用或只在名义上收取水费。由于对供水补贴的负担沉重，水管理当局没有足够的资金来扩展给水设施以向更多的家庭用户提供给水服务。

一、水销售调查

由于国营自来水公司的规模不足，奥尼查有一个高度发达且运作良好的售水体系，该体系由私人建立并运营。销售体系由私人采水井、运水卡车、小的零售商和配水商组成，家庭用户可以从几个销售点购买水。如果居住在运水卡车可以到达的地方，他们可以购买一个储水箱，直接从运水卡车中买水；如果愿意自己用水桶把水运回家中，他们可以从私人的采水井或小零售商处购买水；如果觉得自己买水花费的时间代价太高，他们可以请配水商送水。

这项研究对4类人进行了调查。12个采水井管理者，31个运水卡车司机，34个配水商和235户家庭。在运水的卡车上配备有计量人员，全天伴随司机的行驶，并在日志本上记录下在采水井处装满卡车所需的时间、销售成交的数目、对不同水量收取的价格、每个顾客的身份（居民还是商户）以及将要对水进行转售的顾客数量。由于缺乏定义良好的样本框架所造成的不确定性，调查访问在设计中包含了尽可能多的数据交叉校验。

表 9-28 总结了售水商们在销售分配系统的不同阶段收取的价格。从配水商那里买水的用户比从运水卡车中购买大量水的用户，每升水要多支付 8 倍的费用。两者都比公共事业部门安南布拉（Anambra）国营水公司（ASWC）的供水贵得多。干旱季节奥尼查的水交易概况见图 9-6。在干旱季节，家庭用户平均每天支付给私人售水公司共约 12 万尼元的水费；在雨季，分配体系类似，只是每天从雨水和公共给水方面增加了 230 万加仑（1 加仑约为 3.785L）水；结果，家庭用户从私人销售商那里购买的水量大大减少，每天只花费约 5.1 万尼元。在这两种季节里，公共给水部门每天都只能收到 5000 尼元。

表 9-28 尼日利亚奥尼查地区平均售水价格 单位：尼元/加仑

价格	雨季	旱季
私人取水井		
a. 对运水卡车	0.003	0.004
b. 对个人	0.01	0.02
运水卡车，对个人/商业		
a. 每 1000 加仑	0.014	0.018
b. 每桶	0.04	0.04
小零售商		
对个人	0.04	0.05
配水商		
对单个用户	0.12	0.13

资料来源：Whittington D, Lauria D and Mu X. A Study of Water Vending and Willingness to Pay for Water in Onitsha, Nigeria. World Development, 1991(2/3): 179-198.

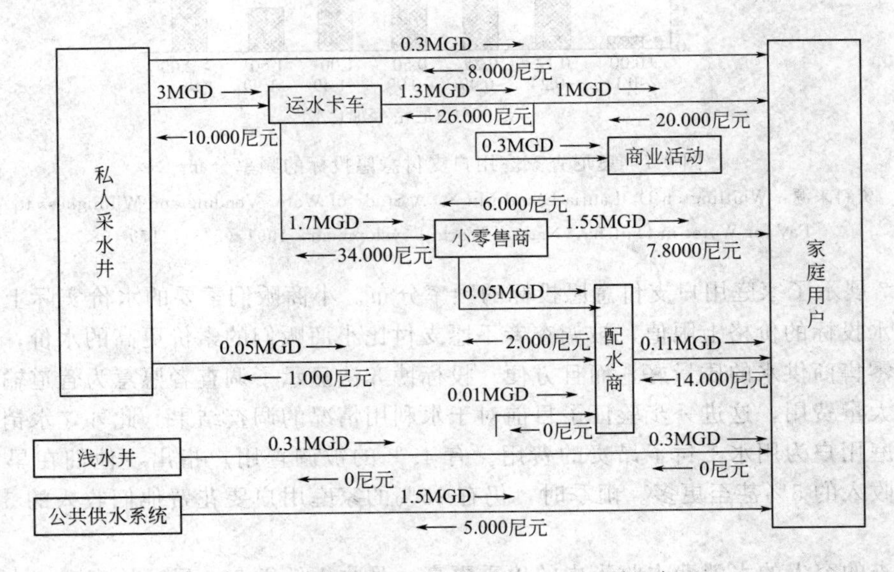

图 9-6 尼日利亚奥尼查地区旱季的水交易（每日）

MGD=百万加仑水/天

注：输入的水并不等于输出的水，因为有一小部分被零售商们自己消费掉了。

资料来源：Whittington D, Lauria D and Mu X. A Study of Water Vending and Willingness to Pay for Water in Onitsha, Nigeria. World Development, 1991 (2/3): 179-198.

二、支付意愿调查

采访完售水商之后，调查人员在整个城市对235户家庭进行了深入采访。涉及的问题包括社会经济特征、用水情况、对水的支付意愿、房屋特性与家庭财产、职业和月收入等。问卷主要集中在家庭用户对于改善供水系统的支付意愿上。调查时，由调查人员向被调查者念一份简明的报告书，其中设置了一个“投标博弈”的情景，请被调查者说出在特定情况下是否愿意为供水支付某一金额的费用。首先，调查人员询问每个被调查者如果每桶（45加仑）水价为1尼元，是否愿意连接到新奥尼查给水体系（NewOnitsha Water Scheme）中并安上水表。如果被调查者回答是肯定的，调查人员就将每桶水价提高到2尼元，再询问被调查者是否愿意计量连接。如果这时的回答是否定的，则将水价降低到每桶1.5尼元，再询问是否愿意接受计量连接。回答完这个问题后，调查人员中止该投标博弈调查。

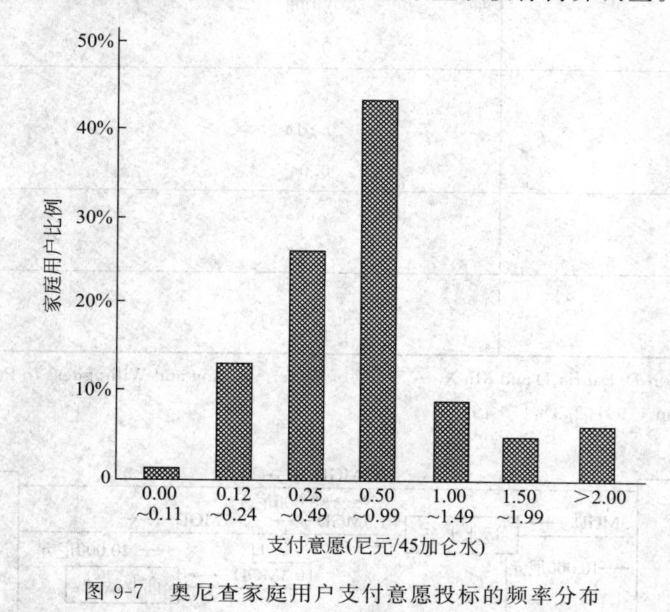

图 9-7　奥尼查家庭用户支付意愿投标的频率分布

资料来源：Whittington D, Lauria D and Mu X. A Study of Water Vending and Willingness to Pay for Water in Onitsha, Nigeria. World Development, 1991（2/3）：179-198.

图9-7展示了家庭用户支付意愿投标的频率分布。小商贩们索要的水价实际上是被调查者愿意对水投标的价格上限值，被调查者不愿支付比小商贩们的索价更高的水价，因为他们认为这些零售商供水的质量好，而且方便。投标博弈法显示了调查者愿意为管道输送系统的供水支付大量费用，这进一步验证了目前对于水利用情况的调查结果。此外，水销售的研究表明，家庭用户为用水支付了昂贵的费用。有49％的被调查用户指出，他们在旱季时用水费用高达收入的5％甚至更多。雨季时，仍有25％的家庭用户要花费他们收入的5％或更多来买水。

奥尼查的穷人的水消费占收入中的比重更高。月收入低于500尼元的家庭（占总样本的58％）旱季时估计要将他们收入的18％用来买水。这些结果与通过水销售研究所得出的结果相符合。例如，如果一个平均6口的家庭从一个零售商那里购买全部用水，每月需要负担72尼元的水费，如果这个家庭有2人有稳定收入，每人每月可获得200尼元，则水费将占去整个家庭月收入的18％。

三、结论

在回答投标博弈的问题时，每个被调查者表达了他或她在特定价格水平情况下对是否连接到自来水管网的偏好。从图 9-7 可以算出，在不同水价时愿意联网的家庭占总样本的百分比。当价格为每 1000 加仑 3 尼元（0.00～0.11 尼元支付意愿投标，图 9-7）时，99％的被调查者表示他们的家庭愿意连网；当价格为每 1000 加仑 6 尼元时，86％的被调查者同意连网。根据水价同愿意联网的家庭用户的比例之间的联系，可以计算出与不同水价相关的年财政收入（当然，被调查者可能不会对支付意愿的问题作出可靠的、真实回答，例如，被调查者可能会提出较低的价格以期望当局制定较低的水价，或者会提出较高的价格，因此，他们认为出价高也许会说服水当局更快地将服务扩展到他们附近）。这种信息可用来说明水管理当局在财政目标同社会目标之间的权衡（图 9-8）。从 A 点移动到 D 点，财政收入和家庭用户愿意连网的比例都将增加。曲线的东北部分（D 点和 F 点之间）表现了水管理机构在财政目标同社会目标之间权衡的特征，并对水管理机构展现了一系列艰难的财政选择方案。

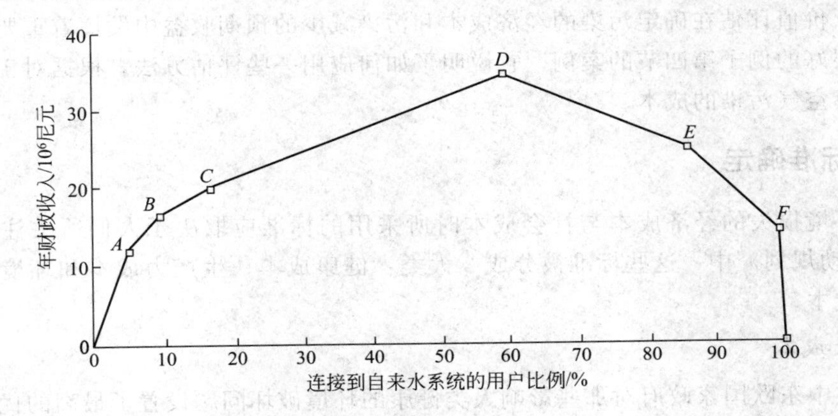

假定每人每天平均用水量为 20 加仑

图 9-8 奥尼查连接到自来水系统的用户比例同水公用事业的年财政收入的关系曲线

资料来源：Whittington D，Lauria D and Mu X. A Study of Water Vending and Willingness to Pay for Water in Onitsha，Nigeria. World Development，1991（2/3）：179-198.

对水价、愿意连入家庭比例同年财政收入之间关系的计算，只应当看成是体现了水管理机构所面临的权衡的一般量级，重要的是强调它们的局限性。所有的关系都取决于支付意愿投标的准确性和合理性。而且，这些计算假定被调查者样本的支付意愿投标频率分布代表了奥尼查全部人口的情况。

通过意愿调查法收集的数据似乎同通过水销售调查得来的数据相符合，且调查结果显示了足够的准确性而有助于决策。每 1000 加仑水收取 8～10 尼元的水费对于奥尼查的大部分家庭都是可以承担的，并且可以给水管理机构带来财政收入的大幅度增长。该价格仍比私人小商贩们每加仑索要的价格少得多（尽管每个家庭消费量将会由于自来水的实现而明显增加）。为了提高市场份额，水当局提供的产品不仅需要比水商贩们的价格更低，而且要求水质和服务的可靠性更好。这是因为家庭调查显示出人们认为运水卡车和小零售商提供的水比旧的公共给水系统的水质量更好。

这个案例说明奥尼查家庭用户为改善水服务设施的支付意愿高得令人吃惊。每年奥尼查家庭用户支付给水商贩的费用比管网分配系统运行维护费用要高出两倍。这表明，家庭用户可以承担连入给水系统的费用，这种费用将足以承担供水的全部经济成本。因为他们将以更低的价格获得更多的水，所以，一旦这些家庭连入给水管网系统后，情况将比从小贩那里买水大为好转。

第九节 优先序在中东欧的设立

在环境问题中设立优先序是一项艰难的任务，因为必须考虑的因素众多且数据质量通常十分可疑。本案例研究致力于利用一种经济学框架来为中东欧（CEE）的不同类型的污染设置优先序。由于经济转型国家面临着大范围的环境问题，而它们可以用来处理这些问题的资源又有限，因此，为了使环境投资的收益最大化，必须设置优先序。既然许多环境问题不能在第一阶段解决，政府干预的选择对于改善环境状况就至关重要。

本书提出的许多评估方法都可以用于这种优先序的设立过程。设立优先序是一个三阶段的过程，它需要确定评估环境问题的标准、识别最严重的环境问题、识别实现环境目标的最有效方式。价值评估在确定污染的经济成本和污染减少的预期收益中发挥着重要的作用。方面的一个很好的例子第四节的案例，它说明了如何应用一些评估方法，根据对于人类健康的影响来估算空气污染的成本。

一、标准确定

评估环境损失的经济成本与社会成本时所采用的标准应取决于人们所关注的问题。在《中东欧行动规划》中，这些标准被分成3大类：健康成本、生产力成本和环境质量的损失或舒适性成本。

1.健康成本

大多数中东欧国家政府对那些影响人类健康的环境破坏问题设置了最高的优先序。由于可靠的当地研究工作相对较少，所以，评估中东欧国家环境破坏的后果意味着主要将依赖经济合作与发展组织（OECD）国家的流行病学研究。健康损失是一些富裕的OECD国家环境污染的主要成本，因而它也可能是中东欧环境破坏的最大组成部分。

2.生产力成本

环境退化会降低自然资源和物质资本的生产力。生产力降低的成本在中东欧分布很不均匀。例如，采矿场含盐废水的排放是波兰和捷克斯洛伐克共和国一小部分地区的问题之一。而在一些地区，土壤污染、盐碱化和酸化都引起了相当大的农业生产力损失，并造成了森林和湖泊的破坏。

3.环境质量损失

一处亮丽的景色或一个原始的湖泊都是环境质量改善的例子。人们为了享受更好的环境质量所带来的好处，往往愿意放弃对于其他商品与服务的支出。环境质量的这一方面尤其难以量化，并且，对于中东欧地区环境改善所带来的舒适价值也所知甚少。

二、最严重问题的确定

中东欧在单一环境问题中最重要的是由空气污染（尤其是暴露于较高颗粒物水平下）造成的人体健康损害。其次是水体的含盐量高（由煤矿排水造成）和径流中的硝酸盐浓度高，它们最终都流入各国的主要河流中，造成高昂的生产力成本。城市空气质量差也造成了一些舒适性成本。

《中东欧行动规划》利用选定的污染“热点”地区中主要工业企业位置的现有数据，尝试了如何确认人们因特定污染而暴露于特定健康风险的位置场所。研究发现，最普遍的健康问题往往是暴露于少数几种污染物的后果，其中最为重要的是空气和土壤中的铅，它可能影响儿童的智力发展；由空气传播的尘埃，它可能引起急性和慢性呼吸道疾病；二氧化硫（SO_2）和其他气体，它们会产生同呼吸有关的问题并对酸雨做出贡献。

越来越多的科学证据表明，空气中的细微颗粒物污染会引起严重的健康损害且使死亡风险大大增加。最近的研究对8111个成年人进行了14～16年的跟踪调查，并根据他们的年龄、性别、吸烟状况、教育水平和职业健康风险做了调整，得出的结论是死亡率同细微颗粒物有很强的相关性（Dockers等，1993）。这些颗粒物通常以PM_{10}表示，其粒径小于$10\mu m$。对于人体健康而言，空气污染是潜在的最为严重的短期和中期环境问题。空气污染比水污染更难以避免，它无所不在地影响并破坏着人群健康、建筑物和自然界。

中东欧国家空气污染的主要原因是家庭用户和小企业大量使用劣质褐煤，这种煤同西欧常用的煤相比，灰分量（颗粒物的产生源）和含硫量（SO_2产生源）都较高。表9-29中比较了波兰的高、低烟囱排放的污染所造成的最小损失成本。低烟囱排放的颗粒物造成的破坏比高烟囱高12倍。同高烟囱相比，低烟囱是使人群暴露于颗粒物的更集中、更直接的来源，因而低烟囱的污染对人群健康将造成更为严重的危害。

表9-29 高、低烟囱排放污染的最小损失成本 单位：美元/t

来源	二氧化硫	颗粒物	氮氧化物
高烟囱	265	60	180
低烟囱	650	720	460

资料来源：Environmental Assessment of the Gas Development Plan for Poland (World Bank)。

三、实现环境目标最有效方式的识别

为了确认实现环境目标的最有效方式，需要对政策的成本及其可能的收益加以权衡。这种方法为各种替代行动方案的排序提供了一个简易的基础。对一项政策的收益的最保守估计应该是在没有实施该项政策的情况下所产生的环境损失。

原则上，费用-效益分析应被用来排列优先序，以便确实增加每单位的资源对环境改善所产生的影响最大。在实际应用中，由于存在着许多收益成本比相近的可能项目，这一方法变得复杂。因此，必须识别出哪些干预是紧迫的，而哪些干预并不那么紧迫。

《中东欧行动规划》提出了用来识别最佳干预的基本原则，包括以下几项。

1. 清晰地定义环境问题

这将在很大程度上决定解决问题的办法和实施政策的途径。在《中东欧行动规划》中，主要问题是由家庭取暖和小型工业企业燃煤所造成的颗粒物空气污染。解决此问题存在着一定的风险，即投资后却发现并没有真正解决问题。例如，当严重污染的实际原因主要源于家庭取暖和小型工业企业时，却投入了大量资金去削减某家大电厂的污染。

2. 寻找同时解决几种问题的办法

由于好些环境问题有时与同一种原因有关（如煤的使用），因此，某些方法可以同时减少几种污染。在中东欧地区，煤使用量的减少不仅会降低颗粒物所带来的健康风险，而且还能削减 SO_2、酸雨和温室气体。

3. 致力于预防

预防耗费的成本通常要低于问题发生后再来清除或缓解的成本。因而，改善煤的开采和处理过程中的效率（目的是减少损失）将比清除土壤中的铅产生更多的净收益。

4. 先看经济政策

一些经济政策，如市场改革、提高能源价格和改善工业效率等，都是“双赢”政策，因为它们实现环境效益的成本非常低。在中东欧地区，取消能源补贴将对空气污染产生两个作用：首先，它将促进节能；其次，它将使燃料使用结构从煤转移到别的燃料。

5. 要记住关键是增量收益费用比

投资比较的基础必须是追加每单位投资于某一环境问题后可以获得多大的环境改善。

有关颗粒物与气体对健康影响的相对重要性方面的知识，并不能为设置环境行动的优先序（把某种类型的污染而不是其他污染定为首要治理目标）提供基础。然而，尽管粉尘和废气对人体健康的影响相类似，但是，控制颗粒物的成本通常要低很多。

表 9-30 中的数字给出了控制火电厂和区域集中供热部门的颗粒物和气体排放的典型成本。数字表明，控制颗粒物的成本（10～90 美元/t）比控制 SO_2 或 NO_x 的成本（400～45000 美元/t）要低很多。因而，应当优先考虑的是，要求目前尚未安装颗粒物控制设备的火电厂安装控制设备，并对目前不能按照设计能力来运行的设备加以维修或升级。

表 9-30 控制火电厂和区域集中供热部门排放的典型成本

污染物	削减技术	去除效率/%	削减成本/[美元/(年·吨)]
颗粒物	a. ESP①	97～98	15～65
	b. 高效 ESP	99～99.9	20～90
	c. 袋式集尘器	99～99.9	15～65
	d. 机械采集器	50～90	10～70
SO_2	a. 干式脱硫	50～80	400～3500
	b. 半干式 FGD②	80～95	600～4000
	c. 湿式烟道气脱硫	96～98	800～5000
NO_x	a. 低 NO_x 燃烧器	30 ～70	750～7000
	b. SCR③	80～90	5000～45000

① 静电除尘器。

② 烟道气体脱硫。

③ 选择催化还原法。

资料来源：The World Bank and Organization for Economic Co-operation and Development，Environmental Action Plan for Central and Eastern Europe，1993.

资料来源：

The World Bank and the Organization for Economic Co-operation and Development，Environmental Action Programme for Central and Eastern Europe：Setting Priorities. Document of the Mirusterial Conference，Luceme，Switzerland，April 1993.

Dockery D W et al. An Association between Air Pollution and Mortality in six U. S. Cities. New England Journ，al of Medicine 1993，329：1753-1759. This article also refers to 18 earlier studies.

附　录

附录1　中华人民共和国环境影响评价法

中华人民共和国主席令

第四十八号

《中华人民共和国环境影响评价法》已由中华人民共和国第十二届全国人民代表大会常务委员会第二十一次会议于2016年7月2日通过，现予公布，自2016年9月1日起施行。

中华人民共和国主席习近平

2016年7月2日

目　录

第一章　总　则

第一条　为了实施可持续发展战略，预防因规划和建设项目实施后对环境造成不良影响，促进经济、社会和环境的协调发展，制定本法。

第二条　本法所称环境影响评价，是指对规划和建设项目实施后可能造成的环境影响进行分析、预测和评估，提出预防或者减轻不良环境影响的对策和措施，进行跟踪监测的方法与制度。

第三条　编制本法第九条所规定的范围内的规划，在中华人民共和国领域和中华人民共和国管辖的其他海域内建设对环境有影响的项目，应当依照本法进行环境影响评价。

第四条　环境影响评价必须客观、公开、公正，综合考虑规划或者建设项目实施后对各种环境因素及其所构成的生态系统可能造成的影响，为决策提供科学依据。

第五条　国家鼓励有关单位、专家和公众以适当方式参与环境影响评价。

第六条　国家加强环境影响评价的基础数据库和评价指标体系建设，鼓励和支持对环境影响评价的方法、技术规范进行科学研究，建立必要的环境影响评价信息共享制度，提高环境影响评价的科学性。

国务院环境保护行政主管部门应当会同国务院有关部门，组织建立和完善环境影响评价的基础数据库和评价指标体系。

第二章　规划的环境影响评价

第七条　国务院有关部门、设区的市级以上地方人民政府及其有关部门，对其组织编制的土地利用的有关规划，区域、流域、海域的建设、开发利用规划，应当在规划编制过程中组织进行环境影响评价，编写该规划有关环境影响的篇章或者说明。

规划有关环境影响的篇章或者说明，应当对规划实施后可能造成的环境影响作出分析、预测和评估，提出预防或者减轻不良环境影响的对策和措施，作为规划草案的组成部分一并报送规划审批机关。

未编写有关环境影响的篇章或者说明的规划草案，审批机关不予审批。

第八条　国务院有关部门、设区的市级以上地方人民政府及其有关部门，对其组织编制的工业、农业、畜牧业、林业、能源、水利、交通、城市建设、旅游、自然资源开发的有关专项规划（以下简称专项规划），应当在该专项规划草案上报审批前，组织进行环境影响评价，并向审批该专项规划的机关提出环境影响报告书。

前款所列专项规划中的指导性规划，按照本法第七条的规定进行环境影响评价。

第九条　依照本法第七条、第八条的规定进行环境影响评价的规划的具体范围，由国务院环境保护行政主管部门会同国务院有关部门规定，报国务院批准。

第十条　专项规划的环境影响报告书应当包括下列内容：

（一）实施该规划对环境可能造成影响的分析、预测和评估；

（二）预防或者减轻不良环境影响的对策和措施；

（三）环境影响评价的结论。

第十一条　专项规划的编制机关对可能造成不良环境影响并直接涉及公众环境权益的规划，应当在该规划草案报送审批前，举行论证会、听证会，或者采取其他形式，征求有关单位、专家和公众对环境影响报告书草案的意见。但是，国家规定需要保密的情形除外。

编制机关应当认真考虑有关单位、专家和公众对环境影响报告书草案的意见，并应当在报送审查的环境影响报告书中附具对意见采纳或者不采纳的说明。

第十二条　专项规划的编制机关在报批规划草案时，应当将环境影响报告书一并附送审批机关审查；未附送环境影响报告书的，审批机关不予审批。

第十三条　设区的市级以上人民政府在审批专项规划草案，作出决策前，应当先由人民政府指定的环境保护行政主管部门或者其他部门召集有关部门代表和专家组成审查小组，对环境影响报告书进行审查，审查小组应当提出书面审查意见。

参加前款规定的审查小组的专家，应当从按照国务院环境保护行政主管部门的规定设立的专家库内的相关专业的专家名单中，以随机抽取的方式确定。

由省级以上人民政府有关部门负责审批的专项规划，其环境影响报告书的审查办法，由国务院环境保护行政主管部门会同国务院有关部门制定。

第十四条　审查小组提出修改意见的，专项规划的编制机关应当根据环境影响报告书结论和审查意见对规划草案进行修改完善，并对环境影响报告书结论和审查意见的采纳情况作出说明；不采纳的，应当说明理由。设区的市级以上人民政府或者省级以上人民政府有关部门在审批专项规划草案时，应当将环境影响报告书结论以及审查意见作为决策的重要依据。

在审批中未采纳环境影响报告书结论以及审查意见的，应当作出说明，并存档备查。

第十五条　对环境有重大影响的规划实施后，编制机关应当及时组织环境影响的跟踪评价，并将评价结果报告审批机关；发现有明显不良环境影响的，应当及时提出改进措施。

第三章　建设项目的环境影响评价

第十六条　国家根据建设项目对环境的影响程度，对建设项目的环境影响评价实行分类管理。

建设单位应当按照下列规定组织编制环境影响报告书、环境影响报告表或者填报环境影响登记表（以下统称环境影响评价文件）：

（一）可能造成重大环境影响的，应当编制环境影响报告书，对产生的环境影响进行全面评价；

（二）可能造成轻度环境影响的，应当编制环境影响报告表，对产生的环境影响进行分析或者专项评价；

（三）对环境影响很小、不需要进行环境影响评价的，应当填报环境影响登记表。

建设项目的环境影响评价分类管理名录，由国务院环境保护行政主管部门制定并公布。

第十七条　建设项目的环境影响报告书应当包括下列内容：

（一）建设项目概况；

（二）建设项目周围环境现状；

（三）建设项目对环境可能造成影响的分析、预测和评估；

（四）建设项目环境保护措施及其技术、经济论证；

（五）建设项目对环境影响的经济损益分析；

（六）对建设项目实施环境监测的建议；

（七）环境影响评价的结论。

环境影响报告表和环境影响登记表的内容和格式，由国务院环境保护行政主管部门制定。

第十八条　建设项目的环境影响评价，应当避免与规划的环境影响评价相重复。作为一项整体建设项目的规划，按照建设项目进行环境影响评价，不进行规划的环境影响评价。已经进行了环境影响评价的规划包含具体建设项目的，规划的环境影响评价结论应当作为建设项目环境影响评价的重要依据，建设项目环境影响评价的内容应当根据规划的环境影响评价审查意见予以简化。

第十九条　接受委托为建设项目环境影响评价提供技术服务的机构，应当经国务院环境保护行政主管部门考核审查合格后，颁发资质证书，按照资质证书规定的等级和评价范围，从事环境影响评价服务，并对评价结论负责。为建设项目环境影响评价提供技术服务的机构的资质条件和管理办法，由国务院环境保护行政主管部门制定。

国务院环境保护行政主管部门对已取得资质证书的为建设项目环境影响评价提供技术服务的机构的名单，应当予以公布。

为建设项目环境影响评价提供技术服务的机构，不得与负责审批建设项目环境影响评价文件的环境保护行政主管部门或者其他有关审批部门存在任何利益关系。

第二十条　环境影响评价文件中的环境影响报告书或者环境影响报告表，应当由具有相应环境影响评价资质的机构编制。

任何单位和个人不得为建设单位指定对其建设项目进行环境影响评价的机构。

第二十一条　除国家规定需要保密的情形外，对环境可能造成重大影响、应当编制环境影响报告书的建设项目，建设单位应当在报批建设项目环境影响报告书前，举行论证会、听证会，或者采取其他形式，征求有关单位、专家和公众的意见。

建设单位报批的环境影响报告书应当附具对有关单位、专家和公众的意见采纳或者不采纳的说明。

第二十二条　建设项目的环境影响报告书、报告表，由建设单位按照国务院的规定报有审批权的环境保护行政主管部门审批。

海洋工程建设项目的海洋环境影响报告书的审批，依照《中华人民共和国海洋环境保护法》的规定办理。

审批部门应当自收到环境影响报告书之日起六十日内，收到环境影响报告表之日起三十日内，分别作出审批决定并书面通知建设单位。

国家对环境影响登记表实行备案管理。

审核、审批建设项目环境影响报告书、报告表以及备案环境影响登记表，不得收取任何费用。

第二十三条　国务院环境保护行政主管部门负责审批下列建设项目的环境影响评价文件：

（一）核设施、绝密工程等特殊性质的建设项目；

（二）跨省、自治区、直辖市行政区域的建设项目；

（三）由国务院审批的或者由国务院授权有关部门审批的建设项目。

前款规定以外的建设项目的环境影响评价文件的审批权限，由省、自治区、直辖市人民政府规定。

建设项目可能造成跨行政区域的不良环境影响，有关环境保护行政主管部门对该项目的环境影响评价结论有争议的，其环境影响评价文件由共同的上一级环境保护行政主管部门审批。

第二十四条　建设项目的环境影响评价文件经批准后，建设项目的性质、规模、地点、采用的生产工艺或者防治污染、防止生态破坏的措施发生重大变动的，建设单位应当重新报批建设项目的环境影响评价文件。

建设项目的环境影响评价文件自批准之日起超过五年，方决定该项目开工建设的，其环境影响评价文件应当报原审批部门重新审核；原审批部门应当自收到建设项目环境影响评价文件之日起十日内，将审核意见书面通知建设单位。

第二十五条　建设项目的环境影响评价文件未依法经审批部门审查或者审查后未予批准的，建设单位不得开工建设。

第二十六条　建设项目建设过程中，建设单位应当同时实施环境影响报告书、环境影响报告表以及环境影响评价文件审批部门审批意见中提出的环境保护对策措施。

第二十七条　在项目建设、运行过程中产生不符合经审批的环境影响评价文件情形的，建设单位应当组织环境影响的后评价，采取改进措施，并报原环境影响评价文件审批部门和建设项目审批部门备案；原环境影响评价文件审批部门也可以责成建设单位进行环境影响的后评价，采取改进措施。

第二十八条　环境保护行政主管部门应当对建设项目投入生产或者使用后所产生的环境影响进行跟踪检查，对造成严重环境污染或者生态破坏的，应当查清原因、查明责任。对属于为建设项目环境影响评价提供技术服务的机构编制不实的环境影响评价文件的，依照本法第三十二条的规定追究其法律责任；属于审批部门工作人员失职、渎职，对依法不应批准的建设项目环境影响评价文件予以批准的，依照本法第三十四条的规定追究其法律责任。

第四章　法律责任

第二十九条　规划编制机关违反本法规定，未组织环境影响评价，或者组织环境影响评价时弄虚作假或者有失职行为，造成环境影响评价严重失实的，对直接负责的主管人员和其他直接责任人员，由上级机关或者监察机关依法给予行政处分。

第三十条　规划审批机关对依法应当编写有关环境影响的篇章或者说明而未编写的规划草案，依法应当附送环境影响报告书而未附送的专项规划草案，违法予以批准的，对直接负责的主管人员和其他直接责任人员，由上级机关或者监察机关依法给予行政处分。

第三十一条　建设单位未依法报批建设项目环境影响报告书、报告表，或者未依照本法第二十四条的规定重新报批或者报请重新审核环境影响报告书、报告表，擅自开工建设的，由县级以上环境保护行政主管部门责令停止建设，根据违法情节和危害后果，处建设项目总投资额1%以上5%以下的罚款，并可以责令恢复原状；对建设单位直接负责的主管人员和其他直接责任人员，依法给予行政处分。

建设项目环境影响报告书、报告表未经批准或者未经原审批部门重新审核同意，建设单位擅自开工建设的，依照前款的规定处罚、处分。

建设单位未依法备案建设项目环境影响登记表的，由县级以上环境保护行政主管部门责令备案，处五万元以下的罚款。

海洋工程建设项目的建设单位有本条所列违法行为的，依照《中华人民共和国海洋环境保护法》的规定处罚。

第三十二条　接受委托为建设项目环境影响评价提供技术服务的机构在环境影响评价工作中不负责任或者弄虚作假，致使环境影响评价文件失实的，由授予环境影响评价资质的环境保护行政主管部门降低其资质等级或者吊销其资质证书，并处所收费用一倍以上三倍以下的罚款；构成犯罪的，依法追究刑事责任。

第三十三条　负责审核、审批、备案建设项目环境影响评价文件的部门在审批、备案中收取费用的，由其上级机关或者监察机关责令退还；情节严重的，对直接负责的主管人员和其他直接责任人员依法给予行政处分。

第三十四条　环境保护行政主管部门或者其他部门的工作人员徇私舞弊，滥用职权，玩忽职守，违法批准建设项目环境影响评价文件的，依法给予行政处分；构成犯罪的，依法追究刑事责任。

第五章　附　　则

第三十五条　省、自治区、直辖市人民政府可以根据本地的实际情况，要求对本辖区的县级人民政府编制的规划进行环境影响评价，具体办法由省、自治区、直辖市参照本法第二章的规定制定。

第三十六条　军事设施建设项目的环境影响评价办法，由中央军事委员会依照本法的原则制定。

第三十七条　本法自2016年9月1日起施行。

附录 2 建设项目环境影响评价技术导则总纲

（中华人民共和国国家环境保护标准 2017 年 1 月 1 日起实施）

1 适用范围

本标准规定了建设项目环境影响评价的一般性原则、通用规定、工作程序、工作内容及相关要求。

本标准适用于需编制环境影响报告书和环境影响报告表的建设项目环境影响评价。

2 术语和定义

下列术语和定义适用于本标准。

2.1 环境要素（environmental elements）

指构成环境整体的各个独立的、性质各异而又服从总体演化规律的基本物质组成，也叫环境基质，通常是指大气、水、声、振动、生物、土壤、放射性、电磁等。

2.2 累积影响（cumulative impact）

指当一种活动的影响与过去、现在及将来可预见活动的影响叠加时，造成环境影响的后果。

2.3 环境保护目标（environmental protection objects）

指环境影响评价范围内的环境敏感区及需要特殊保护的对象。

2.4 污染源（pollution Sources）

指造成环境污染的污染物发生源，通常指向环境排放有害物质或对环境产生有害影响的场所、设备或装置等。

2.5 污染源源强核算（accounting for pollution sources intensity）

指选用可行的方法确定建设项目单位时间内污染物的产生量或排放量。

3 总则

3.1 环境影响评价原则

突出环境影响评价的源头预防作用，坚持保护和改善环境质量。

a）依法评价

贯彻执行我国环境保护相关法律法规、标准、政策和规划等，优化项目建设，服务环境管理。

b）科学评价

规范环境影响评价方法，科学分析项目建设对环境质量的影响。

c）突出重点

根据建设项目的工程内容及其特点，明确与环境要素间的作用效应关系，根据规划环境影响评价结论和审查意见，充分利用符合时效的数据资料及成果，对建设项目主要环境影响予以重点分析和评价。

3.2 建设项目环境影响评价技术导则体系构成

由总纲、污染源源强核算技术指南、环境要素环境影响评价技术导则、专题环境影响评价技术导则和行业建设项目环境影响评价技术导则等构成。

污染源源强核算技术指南和其他环境影响评价技术导则遵循总纲确定的原则和相关

要求。

污染源源强核算技术指南包括污染源源强核算准则和火电、造纸、水泥、钢铁等行业污染源源强核算技术指南；环境要素环境影响评价技术导则指大气、地表水、地下水、声环境、生态、土壤等环境影响评价技术导则；专题环境影响评价技术导则指环境风险评价、人群健康风险评价、环境影响经济损益分析、固体废物等环境影响评价技术导则；行业建设项目环境影响评价技术导则指水利水电、采掘、交通、海洋工程等建设项目环境影响评价技术导则。

3.3　环境影响评价工作程序

分析判定建设项目选址选线、规模、性质和工艺路线等与国家和地方有关环境保护法律法规、标准、政策、规范、相关规划、规划环境影响评价结论及审查意见的符合性，并与生态保护红线、环境质量底线、资源利用上线和环境准入负面清单进行对照，作为开展环境影响评价工作的前提和基础。

环境影响评价工作一般分为三个阶段，即调查分析和工作方案制定阶段，分析论证和预测评价阶段，环境影响报告书（表）编制阶段。具体流程见附录图 1。

3.4　环境影响报告书（表）编制要求

3.4.1　环境影响报告书编制要求

a）一般包括概述、总则、建设项目工程分析、环境现状调查与评价、环境影响预测与评价、环境保护措施及其可行性论证、环境影响经济损益分析、环境管理与监测计划、环境影响评价结论和附录附件等内容。

概述可简要说明建设项目的特点、环境影响评价的工作过程、分析判定相关情况、关注的主要环境问题及环境影响、环境影响评价的主要结论等。总则应包括编制依据、评价因子与评价标准、评价工作等级和评价范围、相关规划及环境功能区划、主要环境保护目标等。附录和附件应包括项目依据文件、相关技术资料、引用文献等。

b）应概括地反映环境影响评价的全部工作成果，突出重点。工程分析应体现工程特点，环境现状调查应反映环境特征，主要环境问题应阐述清楚，影响预测方法应科学，预测结果应可信，环境保护措施应可行、有效，评价结论应明确。

c）文字应简洁、准确，文本应规范，计量单位应标准化，数据应真实、可信，资料应翔实，应强化先进信息技术的应用，图表信息应满足环境质量现状评价和环境影响预测评价的要求。

3.4.2　环境影响报告表编制要求

环境影响报告表应采用规定格式。可根据工程特点、环境特征，有针对性突出环境要素或设置专题开展评价。

3.4.3　环境影响报告书（表）内容涉及国家秘密的，按国家涉密管理有关规定处理。

3.5　环境影响识别与评价因子筛选

3.5.1　环境影响因素识别

列出建设项目的直接和间接行为，结合建设项目所在区域发展规划、环境保护规划、环境功能区划、生态功能区划及环境现状，分析可能受上述行为影响的环境影响因素。

应明确建设项目在建设阶段、生产运行、服务期满后（可根据项目情况选择）等不同阶段的各种行为与可能受影响的环境要素间的作用效应关系、影响性质、影响范围、影响程度

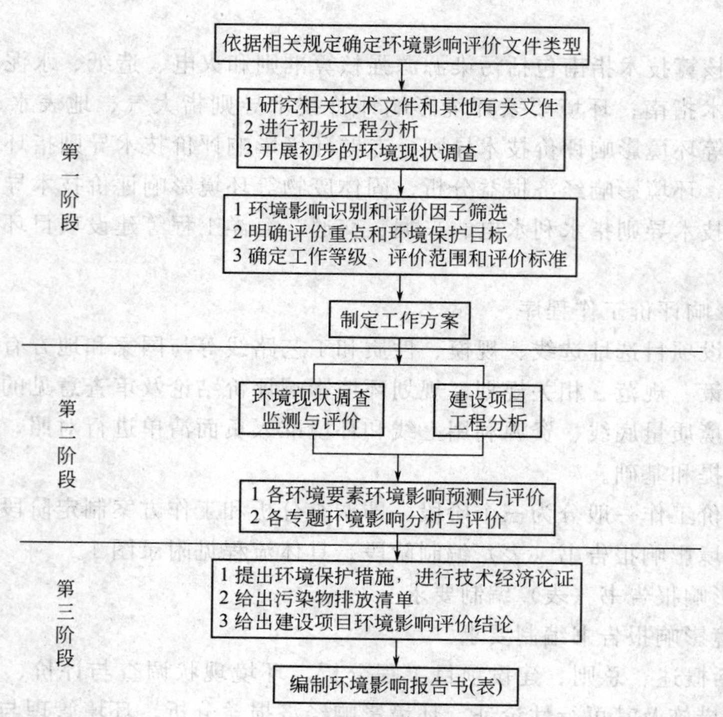

附录图 1 建设项目环境影响评价工作程序图

等，定性分析建设项目对各环境要素可能产生的污染影响与生态影响，包括有利与不利影响、长期与短期影响、可逆与不可逆影响、直接与间接影响、累积与非累积影响等。

环境影响因素识别可采用矩阵法、网络法、地理信息系统支持下的叠加图法等。

3.5.2 评价因子筛选

根据建设项目的特点、环境影响的主要特征，结合区域环境功能要求、环境保护目标、评价标准和环境制约因素，筛选确定评价因子。

3.6 环境影响评价等级的划分

按建设项目的特点、所在地区的环境特征、相关法律法规、标准及规划、环境功能区划等划分各环境要素、各专题评价工作等级。具体由环境要素或专题环境影响评价技术导则规定。

3.7 环境影响评价范围的确定

指建设项目整体实施后可能对环境造成的影响范围，具体根据环境要素和专题环境影响评价技术导则的要求确定。环境影响评价技术导则中未明确具体评价范围的，根据建设项目可能影响范围确定。

3.8 环境保护目标的确定

依据环境影响因素识别结果，附图并列表说明评价范围内各环境要素涉及的环境敏感区、需要特殊保护对象的名称、功能、与建设项目的位置关系以及环境保护要求等。

3.9 环境影响评价标准的确定

根据环境影响评价范围内各环境要素的环境功能区划确定各评价因子适用的环境质量标准及相应的污染物排放标准。尚未划定环境功能区的区域，由地方人民政府环境保护主管部门确认各环境要素应执行的环境质量标准和相应的污染物排放标准。

3.10 环境影响评价方法的选取

环境影响评价应采用定量评价与定性评价相结合的方法，以量化评价为主。环境影响评价技术导则规定了评价方法的，应采用规定的方法。选用非环境影响评价技术导则规定方法的，应根据建设项目环境影响特征、影响性质和评价范围等分析其适用性。

3.11 建设方案的环境比选

建设项目有多个建设方案、涉及环境敏感区或环境影响显著时，应重点从环境制约因素、环境影响程度等方面进行建设方案环境比选。

4 建设项目工程分析

4.1 建设项目概况

包括主体工程、辅助工程、公用工程、环保工程、储运工程以及依托工程等。

以污染影响为主的建设项目应明确项目组成、建设地点、原辅料、生产工艺、主要生产设备、产品（包括主产品和副产品）方案、平面布置、建设周期、总投资及环境保护投资等。

以生态影响为主的建设项目应明确项目组成、建设地点、占地规模、总平面及现场布置、施工方式、施工时序、建设周期和运行方式、总投资及环境保护投资等。

改扩建及异地搬迁建设项目还应包括现有工程的基本情况、污染物排放及达标情况、存在的环境保护问题及拟采取的整改方案等内容。

4.2 影响因素分析

4.2.1 污染影响因素分析

遵循清洁生产的理念，从工艺的环境友好性、工艺过程的主要产污节点以及末端治理措施的协同性等方面，选择可能对环境产生较大影响的主要因素进行深入分析。

绘制包含产污环节的生产工艺流程图；按照生产、装卸、储存、运输等环节分析包括常规污染物、特征污染物在内的污染物产生、排放情况（包括正常工况和开停工及维修等非正常工况），存在具有致癌、致畸、致突变的物质，持久性有机污染物或重金属的，应明确其来源、转移途径和流向；给出噪声、振动、放射性及电磁辐射等污染的来源、特性及强度等；说明各种源头防控、过程控制、末端治理、回收利用等环境影响减缓措施状况。

明确项目消耗的原料、辅料、燃料、水资源等种类、构成和数量，给出主要原辅材料及其他物料的理化性质、毒理特征，产品及中间体的性质、数量等。

对建设阶段和生产运行期间，可能发生突发性事件或事故，引起有毒有害、易燃易爆等物质泄漏，对环境及人身造成影响和损害的建设项目，应开展建设和生产运行过程的风险因素识别。存在较大潜在人群健康风险的建设项目，应开展影响人群健康的潜在环境风险因素识别。

4.2.2 生态影响因素分析

结合建设项目特点和区域环境特征，分析建设项目建设和运行过程（包括施工方式、施工时序、运行方式、调度调节方式等）对生态环境的作用因素与影响源、影响方式、影响范围和影响程度。重点为影响程度大、范围广、历时长或涉及环境敏感区的作用因素和影响源，关注间接性影响、区域性影响、长期性影响以及累积性影响等特有生态影响因素的分析。

4.3 污染源源强核算

4.3.1 根据污染物产生环节（包括生产、装卸、储存、运输）、产生方式和治理措施，核算建设项目有组织与无组织、正常情况与非正常情况下的污染物产生和排放强度，给出污染因子及其产生和排放的方式、浓度、数量等。

4.3.2 对改扩建项目的污染物排放量（包括有组织与无组织、正常工况与非正常工况）的统计，应分别按现有、在建、改扩建项目实施后等几种情形汇总污染物产生量、排放量及其变化量，核算改扩建项目建成后最终的污染物排放量。

4.3.3 污染源源强核算方法由污染源源强核算技术指南具体规定。

5 环境现状调查与评价

5.1 基本要求

5.1.1 对与建设项目有密切关系的环境要素应全面、详细调查，给出定量的数据并作出分析或评价。对于自然环境的现状调查，可根据建设项目情况进行必要说明。

5.1.2 充分收集和利用评价范围内各例行监测点、断面或站位的近三年环境监测资料或背景值调查资料，当现有资料不能满足要求时，应进行现场调查和测试，现状监测和观测网点应根据各环境要素环境影响评价技术导则要求布设，兼顾均布性和代表性原则。符合相关规划环境影响评价结论及审查意见的建设项目，可直接引用符合时效的相关规划环境影响评价的环境调查资料及有关结论。

5.2 环境现状调查的方法

环境现状调查方法由环境要素环境影响评价技术导则具体规定。

5.3 环境现状调查与评价内容

根据环境影响因素识别结果，开展相应的现状调查与评价。

5.3.1 自然环境现状调查与评价

包括地形地貌、气候与气象、地质、水文、大气、地表水、地下水、声、生态、土壤、海洋、放射性及辐射（如必要）等调查内容。根据环境要素和专题设置情况选择相应内容进行详细调查。

5.3.2 环境保护目标调查

调查评价范围内的环境功能区划和主要的环境敏感区，详细了解环境保护目标的地理位置、服务功能、四至范围、保护对象和保护要求等。

5.3.3 环境质量现状调查与评价

a）根据建设项目特点、可能产生的环境影响和当地环境特征选择环境要素进行调查与评价。

b）评价区域环境质量现状。说明环境质量的变化趋势，分析区域存在的环境问题及产生的原因。

5.3.4 区域污染源调查

选择建设项目常规污染因子和特征污染因子、影响评价区环境质量的主要污染因子和特殊污染因子作为主要调查对象，注意不同污染源的分类调查。

6 环境影响预测与评价

6.1 基本要求

6.1.1 环境影响预测与评价的时段、内容及方法均应根据工程特点与环境特性、评价工作等级、当地的环境保护要求确定。

6.1.2 预测和评价的因子应包括反映建设项目特点的常规污染因子、特征污染因子和生态因子，以及反映区域环境质量状况的主要污染因子、特殊污染因子和生态因子。

6.1.3 须考虑环境质量背景与环境影响评价范围内在建项目同类污染物环境影响的叠加。

6.1.4 对于环境质量不符合环境功能要求或环境质量改善目标的，应结合区域限期达标规划对环境质量变化进行预测。

6.2 环境影响预测与评价方法

预测与评价方法主要有数学模式法、物理模型法、类比调查法等，由各环境要素或专题环境影响评价技术导则具体规定。

6.3 环境影响预测与评价内容

6.3.1 应重点预测建设项目生产运行阶段正常工况和非正常工况等情况的环境影响。

6.3.2 当建设阶段的大气、地表水、地下水、噪声、振动、生态以及土壤等影响程度较重、影响时间较长时，应进行建设阶段的环境影响预测和评价。

6.3.3 可根据工程特点、规模、环境敏感程度、影响特征等选择开展建设项目服务期满后的环境影响预测和评价。

6.3.4 当建设项目排放污染物对环境存在累积影响时，应明确累积影响的影响源，分析项目实施可能发生累积影响的条件、方式和途径，预测项目实施在时间和空间上的累积环境影响。

6.3.5 对以生态影响为主的建设项目，应预测生态系统组成和服务功能的变化趋势，重点分析项目建设和生产运行对环境保护目标的影响。

6.3.6 对存在环境风险的建设项目，应分析环境风险源项，计算环境风险后果，开展环境风险评价。对存在较大潜在人群健康风险的建设项目，应分析人群主要暴露途径。

7 环境保护措施及其可行性论证

7.1 明确提出建设项目建设阶段、生产运行阶段和服务期满后（可根据项目情况选择）拟采取的具体污染防治、生态保护、环境风险防范等环境保护措施；分析论证拟采取措施的技术可行性、经济合理性、长期稳定运行和达标排放的可靠性、满足环境质量改善和排污许可要求的可行性、生态保护和恢复效果的可达性。

各类措施的有效性判定应以同类或相同措施的实际运行效果为依据，没有实际运行经验的，可提供工程化实验数据。

7.2 环境质量不达标的区域，应采取国内外先进可行的环境保护措施，结合区域限期达标规划及实施情况，分析建设项目实施对区域环境质量改善目标的贡献和影响。

7.3 给出各项污染防治、生态保护等环境保护措施和环境风险防范措施的具体内容、责任主体、实施时段，估算环境保护投入，明确资金来源。

7.4 环境保护投入应包括为预防和减缓建设项目不利环境影响而采取的各项环境保护措施和设施的建设费用、运行维护费用，直接为建设项目服务的环境管理与监测费用以及相关科研费用。

8 环境影响经济损益分析

以建设项目实施后的环境影响预测与环境质量现状进行比较，从环境影响的正负两方面，以定性与定量相结合的方式，对建设项目的环境影响后果（包括直接和间接影响、不利和有利影响）进行货币化经济损益核算，估算建设项目环境影响的经济价值。

9 环境管理与监测计划

9.1 按建设项目建设阶段、生产运行、服务期满后（可根据项目情况选择）等不同阶段，针对不同工况、不同环境影响和环境风险特征，提出具体环境管理要求。

9.2 给出污染物排放清单，明确污染物排放的管理要求。包括工程组成及原辅材料组分要求，建设项目拟采取的环境保护措施及主要运行参数，排放的污染物种类、排放浓度和总量指标，污染物排放的分时段要求，排污口信息，执行的环境标准，环境风险防范措施以及环境监测等。提出应向社会公开的信息内容。

9.3 提出建立日常环境管理制度、组织机构和环境管理台账相关要求，明确各项环境保护设施和措施的建设、运行及维护费用保障计划。

9.4 环境监测计划应包括污染源监测计划和环境质量监测计划，内容包括监测因子、监测网点布设、监测频次、监测数据采集与处理、采样分析方法等，明确自行监测计划内容。

a）污染源监测包括对污染源（包括废气、废水、噪声、固体废物等）以及各类污染治理设施的运转进行定期或不定期监测，明确在线监测设备的布设和监测因子。

b）根据建设项目环境影响特征、影响范围和影响程度，结合环境保护目标分布，制定环境质量定点监测或定期跟踪监测方案。

c）对以生态影响为主的建设项目应提出生态监测方案。

d）对存在较大潜在人群健康风险的建设项目，应提出环境跟踪监测计划。

10 环境影响评价结论

对建设项目的建设概况、环境质量现状、污染物排放情况、主要环境影响、公众意见采纳情况、环境保护措施、环境影响经济损益分析、环境管理与监测计划等内容进行概括总结，结合环境质量目标要求，明确给出建设项目的环境影响可行性结论。

对存在重大环境制约因素、环境影响不可接受或环境风险不可控、环境保护措施经济技术不满足长期稳定达标及生态保护要求、区域环境问题突出且整治计划不落实或不能满足环境质量改善目标的建设项目，应提出环境影响不可行的结论。

参考文献

[1] 侯伟丽. 环境经济学 [M]. 北京：北京大学出版社，2016.

[2] [美] 查尔斯·D·科尔斯塔德. 环境经济学 [M]. 傅晋华等译. 北京：中国人民大学出版社，2011.

[3] 曾贤刚. 环境影响经济评价 [M]. 北京：化学工业出版社，2003.

[4] 国家发展改革委、建设部. 建设项目经济评价方法与参数 [M]. 北京：中国计划出版社，2006.

[5] [美] J. A. 迪克逊等. 环境影响的经济分析 [M]. 何雪炀等译. 北京：中国环境科学出版社，2001.

[6] 高敏雪，许健，周景博. 综合环境经济核算——基本理论与中国应用 [M]. 北京：经济科学出版社，2007.

[7] 吴健. 环境经济评价 [M]. 北京：中国人民大学出版社，2012.

[8] 左玉辉. 环境经济学 [M]. 北京：高等教育出版社，2003.

[9] 汤姆·蒂坦伯格，琳恩·刘易斯. 环境与自然资源经济学 [M]. 北京：中国人民大学出版社，2011.

[10] 任保平，宋宇. 微观经济学 [M]. 北京：科学出版社，2016.

[11] 过建春，率肇. 自然资源与环境经济学 [M]. 北京：中国林业出版社，2007.

[12] [美] 达利，[美] 柯布. 21世纪生态经济学 [M]. 王俊等译. 北京：中央编译出版社，2015.

[13] 中国社会科学院环境与发展研究中心编. 中国环境与发展评论 [M]. 北京：社会科学文献出版社，2004.

[14] 徐嵩龄. 中国环境破坏的经济损失计量 [M]. 北京：中国环境科学出版社，1998.

[15] 刘向华. 生态系统服务功能价值评估方法研究 [M]. 北京：中国农业出版社，2009.

[16] 张英，牟建国. 资产评估学 [M]. 北京：科学出版社，2007.

[17] 钟水映. 人口、资源与环境经济学 [M]. 北京：科学出版社，2011.

[18] 余谋昌，王耀先. 环境伦理学 [M]. 北京：高等教育出版社，2004.

[19] 毛文永. 生态环境影响评价概论 [M]. 北京：中国环境科学出版社，2003.

[20] 郑玉歆. 环境影响的经济分析：理论、方法与实践 [M]. 北京：社会科学文献出版社，2003.

[21] [美] 巴里·菲尔德. 环境经济学 [M]. 原毅军，陈莹等译. 北京：中国财政经济出版社，2006.

[22] 环境保护部环境工程评估中心编. 环境影响评价技术方法 [M]. 北京：中国环境科学出版社，2015.